忻州师范学院专题研究项目成果

# 五台山及其邻区
## 陆壳演化特征研究

郑庆荣 著

山西出版传媒集团
山西人民出版社

## 图书在版编目（CIP）数据

五台山及其邻区陆壳演化特征研究 / 郑庆荣著. -- 太原：山西人民出版社，2015.8
ISBN 978-7-203-09145-5

Ⅰ.①五… Ⅱ.①郑… Ⅲ.①五台山—地壳运动—研究 Ⅳ.①P548.225.3

中国版本图书馆CIP数据核字（2015）第169976号

**五台山及其邻区陆壳演化特征研究**

| 著　　　者：郑庆荣 |
| 责任编辑：何赵云 |
| 装帧设计：刘彦杰 |
| 出　版　者：山西出版传媒集团·山西人民出版社 |
| 地　　　址：太原市建设南路21号 |
| 邮　　　编：030012 |
| 发行营销：0351-4922220　4955996　4956039　4922127（传真） |
| 天猫官网：http://sxrmcbs.tmall.com　电话：0351-4922159 |
| E－mail：sxskcb@163.com　发行部 |
| 　　　　　sxskcb@126.com　总编室 |
| 网　　　址：www.sxskcb.com |
| 经　销：山西出版传媒集团·山西人民出版社 |
| 承　印　厂：山西臣功印刷包装有限公司 |
| 开　　　本：890mm×1240mm　1/32 |
| 印　　　张：8.875 |
| 字　　　数：200千字 |
| 印　　　数：1—1000册 |
| 版　　　次：2015年8月　第1版 |
| 印　　　次：2015年8月　第1次印刷 |
| 书　　　号：ISBN 978-7-203-09145-5 |
| 定　　　价：26.00元 |

如有印装质量问题请与本社联系调换

# 总 序

经历了约1000年的发展嬗变,现代大学逐步形成了集人才培养、科学研究和社会服务三大基本功能于一身的发展模式。中国的现代大学虽然只有百余年历史,但发展迅速,已经成为实施科教兴国和人才强国战略的主力军。在新的历史时期,大学主动融入社会主义现代化建设事业中,努力实现与经济社会发展的良性互动是中国高等院校的必然选择和神圣使命。

基于这样的背景,忻州师范学院积极探索深度融入地方经济社会发展、不断增强服务社会能力的转型发展之路。作为一个地方性本科院校,我院选择了以"相互作用大学"为代表的地方大学与地方经济共生模式,改变大学以自我需求与利益考虑为中心的思想,树立以社区公众、企业和政府的需要与利益为导向的价值理念,努力在服务地方上下功夫。以此为基础,我院明确提出了科研工作的重大战略转向,即"三个面向":面向地方经济社会文化发展、面向基础教育教学改革、面向高等师范院校教学改革。

作为落实"三个面向"战略的一部分,2012年我院设立了"专题研究项目",每年遴选资助20项针对忻州地方经济社会文化发展的研究课题,每项课题的研究成果为专著和咨询报告,这就是本系列专著的由来。希望通过这一系列的研究成果,能够促进忻州经济社会发展,促进忻州文化传承创新,促进忻州师范学院与忻州地方的共同发展。

忻州师范学院
2015.6.26

# 前 言

古老的华北克拉通记录着地球演化过程中的各种信息。这些信息或者书写在天书般的沉积地层之中,或者蕴藏在不同质地的岩浆岩体之中,或者镌刻在地壳之上形成各种构造形迹。识别和判读各种信息是认识地球了解地球的基本方法。然而,选择一个既全面又多样,同时又易于解读地球信息的区域是非常重要的。五台山及其邻区就是这样一个理想之地。这里地层出露齐全,岩浆活动频繁,构造形迹典型,矿产资源丰富,历来是中外地质学者关注的热点。自1871年德国人李希霍芬首次穿越恒山、五台山来此考察地质以来,一百多年来许多地质工作者在此展开研究,取得了丰富的成果,为人类认识地球起到巨大作用。

本书研究围绕五台山及其邻区陆壳演化特征,综合分析其沉积建造序列、岩浆建造序列和构造演化序列。通过地层序列的厘定和分析,建立本区陆壳形成演化框架,以沉积间断和地层特征,确定陆壳形成阶段,分析陆壳演化的重大事件;通过岩浆建造序列的厘定和分析,了解各地质时期的岩浆活动特征,重点分析有争议地区的岩浆活动情况,探讨其构造背景,分析动力背景转换及构造活动深度；通过构造演化序列的厘定和分析，反映各个形成演化阶段的区域动力学背景，探讨华北板块动力学转换过程，划分陆壳演化的阶段，进而建立五台山及其邻区陆壳演化模式。

研究过程中重视野外考察与室内测试分析结合，分别对区内地层沿7条剖面进行了考察，其中穿越性考察3条：峨口—豆村剖面，主要观察太古界地层；河边—豆村剖面，主要观察元古界地层；奇村—分水岭，主要观察太古界、古生界、中生界地层。实测剖面4条，并分别建立地层柱状图：原平芦庄剖面，实测建立寒武奥陶系地层柱状图；宁武新堡红土沟剖面，实测建立石炭二叠系地层柱状图；宁武刘家沟—二马营剖面，主要建立三叠系地层柱状图；宁武陈家半沟剖面，主要建立侏罗系地层柱状图。

分别对系舟山断裂带及周边岩体水峪钾长花岗岩体、居士山二长岩体、土岭口花岗岩体、瓦扎坪花岗岩体、戎家庄花岗岩体进行了考察；对五台山北麓断裂及周边的莲花山黑云母花岗岩、凤凰山角闪花岗岩体、王家会片麻状花岗岩进行了考察；对云中山断裂及周边的云中山花岗岩体、悬钟村黑云母花岗岩体进行了考察。

选择系舟山断褶带北缘的居士山岩体进行了详细的研究，在其附近新发现了茶房口岩株群，采取填图、采样、室内岩石学、岩石地球化学、年代学、稀土微量元素地球化学的测试和分析，证实居士山岩体为吕梁期的产物，纠正了前人认为是燕山期产物的认识。

对横跨滹沱河河谷的繁峙玄武岩进行了详细调查，实测了塔西沟剖面并系统采样进行岩石学、岩石地球化学、稀土微量元素地球化学的测试和分析，对滹沱河河谷南北两侧玄武岩进行了观察对比，确证了岩浆溢流通道在滹沱河裂陷带，裂谷深度深达地幔。

# 前言

在丰富翔实的考察成果基础上，总结了五台山及其邻区陆壳演化模式，将演化过程分为3个阶段和细分为7个演化期。同时获得了一些重要认识：一是提出建立五台山及其邻区陆壳演化模式原则和途径。即建造连续的原则、改造鲜明的原则、动力背景一致的原则和地层接触关系的剖析，沉积建造与岩浆建造的剖析，形变特征、形变序列与成生联系的剖析三种途径。二是提出中生代吕梁山北段隆起的时限应该不晚于中侏罗世大同组时期的认识。三是纠正了前人认为居士山岩体是中生代燕山期产物的错误认识，论证了居士山岩体与茶房口岩株群属于同源产物，居士山岩体与新发现的茶房口岩株群形成于1786–1797Ma时期，应属于吕梁期的产物。推测应属于同一岩体的分枝，可称为茶房口—居士山岩体。四是野外考察找到了繁峙玄武岩熔浆流动方向的证据，为溢流通道位置的确定提供了确证。岩石地球化学分析还显示：繁峙玄武岩具有大陆裂谷型火山岩的特征，岩石中发育橄榄石包裹体，表明岩浆来源于上地幔。

本书的研究过程收集和利用了许多前人的研究成果与资料，在书中已经一一注明，这些成果及资料为本书研究提供了巨大的帮助，在此表示由衷的感谢！研究思路和野外考察及分析测试得到了许多老师和同志们的帮助。特别感谢太原理工大学刘鸿福教授、周安朝教授、曾凡桂教授、孙二虎博士、张和生博士、吕义清博士、张新军博士等在研究过程和野外考察中的帮助。特别感谢国土资源部太原矿产资源监督监测中心李建新高工、陈建国高工和中国冶金地质勘查总局第三地质中心实验室刘翠花高工在分析测试中给予的大力支持。

本书研究是在山西省高等学校人文社会科学重点研究基地项目(2012330)资助和忻州师范学院专题研究项目(ZT201201)资助下完成的,在此表示感谢!

　　作者水平有限,书中定有不妥之处,敬请批评指正!

郑庆荣于五台山栖仙阁迎宾馆<br>
2014年4月30日

# 目 录

**第一章 五台山及其邻区区位特点与研究意义** …………… 1
  一、区位特点 ………………………………………………… 1
  二、研究意义 ………………………………………………… 2
  三、研究现状 ………………………………………………… 5
  四、学术指导思想与研究内容 …………………………… 13
  五、进展认识与展望 ……………………………………… 15

**第二章 区域地质概况** ……………………………………… 20
  一、地形地貌 ……………………………………………… 20
  二、地球物理场特征 ……………………………………… 22
  三、地层分布 ……………………………………………… 27
  四、区域构造格局 ………………………………………… 27
  五、岩浆岩分布 …………………………………………… 30

**第三章 地层沉积特征及古地理环境分析** ……………… 31
  一、太古界地层建造序列 ………………………………… 32
  二、元古界地层建造序列 ………………………………… 51
  三、古生界地层建造序列 ………………………………… 61
  四、中生界地层建造序列 ………………………………… 74

1

五、新生界地层建造序列 …………………… 90
　　六、地层建造重要认识 ……………………… 94

**第四章　岩浆岩特征及构造背景分析** ………… 95
　　一、前寒武纪岩浆建造特征 ………………… 96
　　二、中生代岩浆建造特征 …………………… 126
　　三、新生代岩浆建造特征 …………………… 132
　　四、岩浆活动的构造背景 …………………… 142
　　五、岩浆活动重要认识 ……………………… 170

**第五章　构造演化特征及动力学背景分析** …… 172
　　一、基地构造特征 …………………………… 172
　　二、中生代构造特征 ………………………… 181
　　三、新生代叠加裂谷带 ……………………… 188
　　四、动力背景演变分析 ……………………… 191
　　五、研究区构造演化重要认识 ……………… 199

**第六章　五台山及其邻区陆壳演化模式建立** … 202
　　一、模式建立的原则与途径 ………………… 202
　　二、基地形成阶段 …………………………… 206
　　三、盖层发育阶段 …………………………… 210
　　四、改造破坏阶段 …………………………… 215
　　五、重要认识 ………………………………… 216

**参考文献** ………………………………………… 219
**附录** ……………………………………………… 232

# 第一章　五台山及其邻区区位特点与研究意义

## 一、区位特点

（一）自然地理位置

五台山及其邻区地处山西中北部，位于我国三级阶梯的第二阶梯黄土高原东部，区内盆岭相间排列，从东向西依次为太行主峰五台山、忻定盆地、吕梁山北端的云中山、管涔山，神池五寨黄土丘陵区、河保偏沿黄峁状丘陵区。区内气候属典型的季风大陆性半干旱气候，其特点是四季分明，夏季短暂，炎热多雨，冬季漫长，寒冷干燥，春季较长，风沙盛行，秋季较短，天气温和。山区受自然地理垂直分异影响，局部会形成小气候，五台山、云中山、系舟山、恒山及管涔山大多形成夏季凉爽的避暑胜地，地形雨的产生会增加局部降水量，植被发育，区内森林公园大多分布于此。

（二）构造位置特点

五台山及其邻区位于山西板内造山带的中北部，主体行政隶属于山西省忻州市辖区。东邻华北平原，西与鄂尔多斯盆地隔河相望，南北为同属汾渭大陆裂谷系的晋中盆地和大同盆地。区内基本构造格架由北东至北北东向的复合构造带组成。

本区在大地构造上处于特殊位置，东部为太行山板内造山带，东北部紧靠燕山板内造山带的南端，北部与华北北缘板内活动带相距不过百余公里，西部是华北克拉通稳定地块鄂尔多斯盆地。因此，本区的沉积地层、岩浆活动和构造演变特征受周边地质环境影响明显，形成颇具特色的大陆构造格局。东部的五台山—恒山背斜被新生代断陷盆地——忻定盆地切穿，西部为中生代残留构造盆地——宁静盆地与偏关—神池块坪雁状排列。本区基本特点为：地层出露较齐全，构造形迹复杂，岩浆活动频繁，成矿作用明显。区内五台山—恒山区域地质调查为中国现代地质研究的启蒙地之一，同时也是中国早前寒武纪地质研究的经典地区之一，区内宁静盆地保留了中生界从三叠系到侏罗系的连续沉积，是研究华北陆壳中生代演化的重要地区，新生代滹沱新裂陷是研究新构造运动的地区之一，总之研究区具有重要的地质科学研究价值。

## 二、研究意义

(一)沉积地层序列的研究意义

本区地层出露较齐全，从太古界、元古界、古生界、中生界直到新生界，均有出露，这些地层较完整地记录了陆壳演变的信息，为研究华北板块演变提供了良好的证据，同时也为不同区域间的对比奠定了基础。特别值得关注的是本区五台山—恒山地区分布的太古界地层阜平岩群、五台群、滹沱群是我国研究早前寒系地质的良好科研基地和天然实验室。它们为研究地球早期演化历史和板块构造起源提供了直接证据。另一个值得关注的是中生代残留构造盆地——宁静盆地，中生界从三叠系到侏罗系连续沉积，是山西板块中生代最为齐全的地层序列，为研究华北陆壳中生代的演化提供了证据。而区内元古界地层也携带了元古代华北板块裂陷槽的信息；古生界寒武奥陶系反映了陆表海相古地理环境，石炭二叠

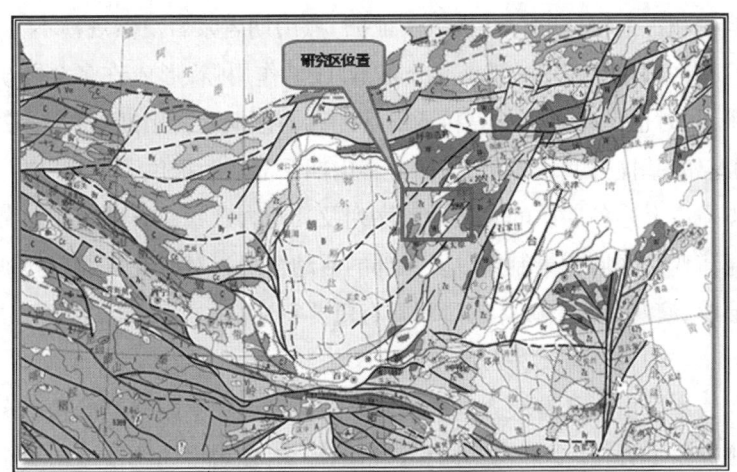

图1-1 研究区构造位置图

系反映了海陆交互成煤环境；新生界的保德红土、静乐红土反映了第三纪干热的高原环境，第四系黄土携带着我国地貌格局变化进而引起气候变化的信息，盆地内第四系河湖沉积反映了新生代裂谷断陷的信息。这些地层均为研究各个地质时期陆壳演化提供了信息，是研究本区陆壳演化的基础。综上所述，本区沉积序列较完整，各个地质时期特色鲜明，系统地进行沉积地层序列的研究，有助于提高对华北陆壳演化的认识水平。

(二)岩浆活动序列的研究意义

本区岩浆活动频繁，五台期太古界变质岩中有相当一部分为从超基性到中性中酸性岩浆岩变质而成的正变质岩，表明在陆壳形成初期火山活动和岩浆侵入的频繁，也正是多期次的岩浆活动为陆壳增生、加厚、拼贴提供了条件，为华北克拉通基底的结晶成形提供了物质基础。区内存在广泛分布的吕梁期岩浆岩体具有规模大、期次多、岩性复杂的特点，这为研究吕梁期古陆壳拉张、再拼合、重结晶提供了条件，规模大、分布广泛的基性岩墙为研究古裂陷槽和古地幔柱的存在提供了证据。燕山期岩浆岩虽然规模不大，但在区内东部、东北部成群分布，且成矿作用强，形成许多金属矿床，同时也是研究华北克拉通破坏的有力证据。喜山期裂谷扩张，引起的基性玄武岩溢出，为研究喜山期深部活动提供了信息。进一步厘清上述各期次的岩浆活动序列及其动力背景，有助于了解陆壳演变受区域背景制约以及深部的活动情况，对研究华北克拉通形成、演变、改造、破坏的过程具有重要意义。

(三)构造演化序列的研究意义

本区由于具有较齐全的地层出露，为识别不同时期的构造形迹提供了方便。受周边不同构造带的影响，使得区内构造变形复杂多变，但总体来讲，各期构造格局鲜明，易于识别。著名的铁堡不整合为五台群与阜平群的分界面，代表了太古界一次重要的构造运动——阜平运动的主幕，是研究古陆壳变动的一个重要证据。五台运动的不同期次由甘泉不整合和探马石不整合反映。反映吕梁运动不同期次的有小营河不整合和红石头不整合。这些重要不整合面为陆壳基底形成阶段的构造演化提供了信息。进入盖层发展阶段后，沉积地层的不同特征使古生代以来的构造形迹更易于识别，受燕山运动的挤压作用使本区形成以北东向为主的断裂褶皱呈雁行状排列的格局，而喜山期新构造运动则表现为以拉张为主的张性断裂和裂谷盆地，叠加在燕山运动形成的构造格局之上。由此可见，不同时期具有不同鲜明特点的构造演化序列，对研究华北板块的大陆动力学背景转换具有重要意义。

(四)综合研究意义

在前人多角度广泛研究成果的基础上，结合新的野外调查和室内分析测试成果，进行以"沉积地层为格架，岩浆活动为指征，构造演变为背景"的相互印证和综合分析，进一步总结"五台山及其邻区陆壳演化模式",有助于提高对山西板块形成演变的认识,有助于提高对华北克拉通形成、演化、破坏过程的了解。总结区内构造演变规律对发展与完善大陆动力理论,充实板内造山机制,丰富盆—山耦合理论,以及厘清不同时期构造——岩浆活动与成矿环境之间关系都具有一定的理论和实际意义。

总之,选择五台山及其邻区进行深入研究,综合分析区域"沉积—岩浆—构造"序列,形成"五台山及其邻区陆壳演化模式",对提高陆壳演变的认识,完善大陆动力学理论,认识成矿作用与矿产分布以及地质灾害防治都具有重要意义。

## 三、研究现状

(一)陆壳研究现状

大陆地壳至少有 4.2Ga 的年龄,已成为地球 90%历史的唯一博物馆,但一些重大的谜团仍有待解决(肖庆辉,1993)[1]。陆壳的生成和演化与板块构造的关系至今不清,是板块构造研究中的重大前沿课题。以研究岩石圈组成、结构、运动和演化为对象的大地构造学,受科技手段和研究方法的局限,实际上重点研究的是大陆地壳表层几千米之内区域的组成结构、运动和历史演化(万天丰,2004)[2]。不难理解,目前有关陆壳的研究即是围绕大地构造学理论而展开的。造山带与沉积盆地是地壳岩石圈形成演化的主要地质记录,是大陆结构中紧密相关的两个基本构造单元,20 世纪 90年代以来,造山带与沉积盆地已成为当代大陆动力学研究的基本内容(周安朝,2002)[3]。目前有关陆壳的研究现状可从三个方面概况:一是大地构造学理论的进展,二是大陆造山带的研究,三是沉积盆地的研究。

1.大地构造学理论的进展

19世纪传统地质学形成发展初期,建立在矿物学、岩石学、地层古生物学和构造地质学等基础地质学科之上的"地槽—地台"说是大地构造学说思想的传统和经典理论,(巫建华、刘帅,2008)[4],美国学者霍尔(J.Hall)1859年提出地槽的概念、1883年,美国的丹纳(J.D.Dana)在研究北美构造时也得到同样的概念。随后,卡尔宾斯基、奥格、布勃诺夫、施蒂勒等人也对地槽进行深入研究,地槽的概念也在不断完善。目前地槽一般理解为:地槽是地壳上具有强烈活动的狭窄长条状地带,早期强烈差异下降接受巨厚沉积,后期强烈褶皱上升形成巨大山系。时间上一般指古生代以来曾经有过强烈活动的地带(黄邦强等,1984)[5]。地台的概念是奥地利地质学家修斯(E.Suess)1885年提出的,他认为地台是地壳上稳定的,自形成后不再遭受褶皱变形的地区,地貌平坦,故称为地台。卡尔宾斯基也注意到地台的存在,阿尔汉格尔斯基1923年指出了"地台具有双层结构"。通常,把寒武纪以前结束活动转化为稳定的地区,称为地台;把古生代以来结束活动转为稳定地区称为褶皱带(巫建华、刘帅,2008)[4]。具有鲜明垂直运动论和大陆固定论的槽台说一直盛行了一百多年。

20世纪初,德国气象学家魏格纳(A.L.Wegener)创建了大陆漂移说。1962年美国地质学家赫斯(H.H.Hess)提出了海底扩张说,并得到了海深地质学、地球物理学和古地磁学的论证,为板块构造说的诞生奠定了基础。20世纪60年代中期,威尔逊(Wilson)、摩根(Morgan)、勒皮雄(Le Pichon)等人提出了以水平运动论和活动论为特征的板块构造说。板块构造说解决了许多地质疑问,引起了地球科学界的一场革命,成为当代大地构造学术的主导思想,得到地球科学各领域的广泛应用,也极大地推动了地球科学理论的发展。

20世纪80年代末以来,岩石圈研究不断深入,对大陆岩石圈的形成演化有了更新的认识,并提出了地幔柱构造说的学术思想。Morgan 自 1971 年提出地幔柱的概念以来,Lason 于 1991 年提出了超地幔柱的概念,Campbell 于 1992 年提出冷地幔柱问题,Hill、Maruyama、Kumazawa 等随后做了深入研究,他们认为地幔柱构造说是大陆漂移和板块构造说之后,人类认识地球的第三次浪潮(巫建华、刘帅,2008)[4]。地幔柱构造说提供了一种解释固体地球不同圈层间相互作用的动力学框架,讨论了地幔内部的垂直运动,作为一种地球的力学理论,它将板块构造的产生、消亡与地幔柱作用有机联系起来,为全球构造新概念的建立奠定了基础(牛树银等,2007)[6]。

我国的大地构造学不仅在地球科学研究中占重要地位,而且对我国社会发展,经济建设起到重要作用,在资源寻找,环境保护和灾害预防方面起到重要指导作用。20 世纪 60 年代以前,我国大地构造学应用槽台说进行了区域大地构造的研究,六七十年代间基本上在地质力学指导下开展相互研究,80 年代开始,板块构造说引进,成为主要的学术指导。在我国,大地构造学和区域大地构造学是紧密联系的,我国学者的大地构造学和区域大地构造学的理论体系常见的有五种类型:一是以大地构造单元为主线[7-10],二是以构造演化历史为主线[2,11-16],三是以构造模式为主线[17,18],四是以构造解决方法为主线[19],五是以大地构造学为总论、区域大地构造学为各论的[4,5,20]。

以上诸多论述代表了我国地质学者在大地构造学和区域大地构造学方面的努力探索和成果,为大地构造学的发展做出了贡献,也为研究区域构造提供了指导。

2.大陆造山带的研究

关于地壳运动的问题,一直是地球科学和基础地学研究中的一个根本问题,与构造运动相关联的造山带,在大陆构造及其演化中占有重要位置。然而,对于造山带与造山作用的基本含义,造山带类型划分等仍有颇为不同的认识。槽台说注重于造山带的空间展布特征及其中的各种地质作用记录与邻区的差别,认为造山带是一个狭长的带状构造带,其中各种构造作用相对同时期构造单元更为集中或更为强烈。板块构造说注重对板缘、板间造山作用和造山带的研究,Dewey和Biad提出把造山带分为岛弧型和碰撞型两大类,进一步细分为五种类型:大陆边缘岩浆弧造山带(科迪勒拉型);岛弧造山带;陆—陆碰撞型造山带;弧—陆碰撞型造山带;洋—陆碰撞型造山带(李晓波,1993)[21]。显然,这个分类只涉及汇聚型的板块边缘地带,未论及板块内部的造山带。许多学者早已注意到远离板块边缘的地方,也曾发生过造山作用并形成了造山带。20世纪60年代初,北京地质学院区域地质教研室[7],将这种特殊地质构造单元创定为"台褶带"概念。黄汲清先生[11]提出"准地槽"的概念,德国学者Mantin(1983)提出"陆内褶皱带"概念。近年来,许多学者愈来愈注意这一特殊造山带类型,并提出陆内造山带,板内造山带、断裂造山带等不同名称[22-28]。板内造山带具有独特的大地构造位置,形成演化历史及形成机制,全球性中新生代板内造山带有两大类型:一是在前寒武纪古克拉通基础上发育而成的板内造山带,特征是:在前寒武纪不同时期克拉通基底形成,前中新生代一定阶段稳定型克拉通盖层发育,中新生代某一时期,经过板内型造山作用形成板内造山带,如我国的燕山板内造山带。二是在前中生代陆缘、陆间造山带基础上发育而成的板内造山带,特点是:先期为陆缘或陆间造山带发育过程,随后转化为相对稳定区之后的发展过程,最后经过以新生代为主的重造山期形成陆内造山带,如俄罗斯的乌拉尔山脉。宋鸿林[26]在研究燕山式板内造山带时,总结出其基本特征是:前期已经固结的岩石圈重新演化;前期地壳基底的复活对后期构造的控制和造山期新生的构造对前期地壳的改造。对于板内造山带的展布特点、造山带的形成机制的深入研究,对深化大陆动力学研究具有重要意义。

3.沉积盆地的研究

沉积盆地与造山带是岩石圈研究不可缺少的两个组成部分。盆地内的沉积地层记录了地球表面的地质演化历史,反映了岩石圈的变化,沉积盆地分析成为地质科学中发展最快的领域之一。沉积盆地分析是建立在大地构造与沉积作用上的,其起源可追溯到19世纪中叶的地槽理论,直到20世纪中叶,一直利用盆地中沉积物厚度来研究大地构造。板块构造理论形成以后,使沉积盆地分析进入了第二个阶段,Dickinson和许靖华在20世纪70年代论述了板块构造对沉积盆地的控制原理,随之,一种新的沉积盆地研究方法产生,即通过确定充填在沉积盆地中的硅质碎屑成分来研究沉积盆地形成时的构造背景。这种方法在某种程度上构建了碎屑岩物原区与板块构造的关系,Dickison(1979)的砂岩成分三角图解已成为盆地分析者熟悉的图解并成为重要方法之一[29]。与此同时,Crowell(1974)进行沉积体系和沉积环境的典型研究,形成了沉积相模式的沉积环境解释。随着地球物理技术和计算机技术的发展,层序地层学与盆地模拟技术引入盆地分析,使盆地的整体和动态分析成为可能。目前盆地分析研究正向着定量、整体和综合方向发展,热点研究的问题包括以下方面:盆地形成和演化的地球动力学;盆地内部构造形态与运动学;盆地中流体的运转规律;盆地的热状态和热演化史;沉积体系的时空演化(刘树臣,1993)[30]。我国学者注意到盆地演化与造山带之间的耦合关系,国家自然科学基金委员会也把盆山构造体系研究列为优先资助领域。相关成果层出不穷[3,31-43]。这类研究使得盆地演化与造山带演化联系起来,形成多学科交叉,多方法应用的研究特点。盆山关系的切入点首先是物质转移过程,即物源供应与物质堆积之间的关系。一方面,造山带的构造演化制约着盆地的沉积作用,盆地沉积对相邻造山带必然有构造响应。另一方面,造山带经强烈改造或剥蚀,地质记录保存不全,而相邻盆地沉积则记录着造山带的大量信息。将盆地与造山带综合起来进行分析,能起到相互补充,相互印证的作用,有助于研究其形成演化过程中的大陆动力学背景,是区域构造研究的良好选择。

(二)五台山及其邻区的区域地质研究

山西地块历来是地质学家关注的热点,这里矿产资源丰富,构造变形复杂,地层出露齐全,记录了大量的地质历史信息。早在1871年就有德国人李希霍芬(Richthofen)穿越恒山、五台山来此进行地质调查,随后有美国人维里斯(1904),瑞典人那琳(1922)等来此考察。我国早期学者王竹泉、翁文灏、孙健初、杨杰、侯德封、李士林、杨钟健、李四光等均来此作过地质调查。新中国成立后,中央政府组织展开大规模的地质调查,为本区的基础地质积累了大量资料。改革开放以后,科学研究蓬勃发展,有关山西地块的研究成果层出不穷。

有关山西中北部的区域地质调查研究开始于20世纪中叶,目前已完成了1:20万的区域地质调查和部分1:5万区域调查[44-50]。本区区域地质调查研究程度较高,资料丰富,为本文研究提供了大量的基础资料。

由于本区矿产资源种类较多,相关的研究也有很多。李树勋等(1986)[51],对五台山地区的铁矿进行了相关研究,对五台山区变质岩系的铁矿进行了较为详细的论述,探讨了铁建造的分布规律及形成条件。李生元等(2000)[52]对五台山—恒山地区多金属矿进行研究,较为系统地论述了本区燕山期的花岗岩和次火山岩以及控矿的网状断裂系统。骆辉等(1994)[53]、田永清(1991)[54]等对区内铁金矿进行了研究。相关论文数量可观,这些研究对区内的岩浆及构造都有不同程度的论述。

关于沉积盆地的研究主要出现在对华北聚煤盆地和中生代大鄂尔多斯盆地的研究文献中,陈钟惠(1984),尚冠雄(1997)和周安朝(2010)[55-57]等,对本区古生代的沉积聚煤过程作了论述,研究了本区古生代的沉积环境和演变过程。对中生代时本区沉积盆地—宁静盆地的研究尚未见到专门研究,但在王瑜(1998)[38],赵重远和刘池洋(1990)[58]等关于中生代鄂尔多斯盆地的研究中均有论述,但总体来讲,有关宁静盆地的沉积研究还很薄弱。

关于早前寒武纪的研究以白瑾等(1986)[59]为代表,根据五台群内的不整合,重新厘定了阜平群、五台群和滹沱群划分,提出了构造演变的过程。自从 1984 年刘敦一等五台群中获得的 25 亿 U–Pb 锆石同位素年龄(刘敦一等,1984)[60]起,研究者开始注重用同位素年龄来研究前寒武纪地层的划分。其后,伍家善获得滹沱群的同位素年龄为 23 亿年前(伍家善等,1986)[61],一直持续到 90 年代中期,大量锆石 SHRIMP 方法、单颗粒蒸发法同位素定年在恒山—五台—阜平地区获的大量的数据[62-70],为正确认识前寒武纪地层层序提供了可靠的依据。在此基础上,李继亮等(1990)[71]提出用碰撞造山理论去认识五台群,李江海等(1991)[72]重新鉴定了原龙泉关群实际上为一大型韧性剪切带,王凯怡等(1997)[73]提出了五台山原金刚库组内超基性岩块为蛇绿混杂岩的认识,孙淑芬等(1998)[74]在大石岭组和青石村组的千枚岩内发现最古老的真核生物化石,代表华北古生命演化的飞跃。随着华北地区基底研究的深入，尤其是华北北部麻粒岩相变质作用的研究及高压麻粒岩的发现，将华北陆块基底划分为东西部陆块和中部造山带的概念产生并逐渐被大多数人所接受[75-82]。许多学者把研究区作为早前寒武纪研究的窗口，各种研究成果不断发表。然而，许多理论仍然争论不休，许多认识还有差异，深入研究仍有很大空间。

(三) 有待深入研究的问题

综合分析前人的资料不难看出，前人的大量工作多有侧重。区域调查资料虽然丰富，但多为对地层、岩浆岩和构造的描述，综合分析、系统研究还很薄弱，加之许多研究成文于20世纪80年代之前，指导理论局限在垂直活动论的槽台说和以构造形迹为体系的地质力学之内，利用板块构造学说进行剖析的比较少见，新的理论如陆内造山、盆山耦合、地幔柱等理论的应用才刚刚开始。近年来出现的许多有关研究区的地质文献，也是有所侧重，概括起来有：侧重于基底形成和前寒武系研究的[62,72-82]；侧重于地壳深部活动研究的[83-86]；侧重于岩浆活动研究的[52,87-91]；侧重于新构造运动与地震研究的[92-94]；侧重于成矿作用研究的[51,52,54,95]；侧重于构造变形研究的[96-97]。

前人多角度的研究无疑大大地推动了研究区岩浆活动、深部活动以及构造演变等方面的研究进展，但还存在以下问题有待深入研究：以往研究内容多以岩浆、构造或沉积地层单方面为主，对相互印证、综合分析的研究不够，因而难以全面认识研究区陆壳演化的完整过程，缺乏各个时期动力背景分析及转换过程的分析；中生代时期宁静盆地的构造位置尚不清楚，与鄂尔多斯盆地的关系还需进一步分析，西部吕梁山隆起的时期仍有不同认识，深入研究有助于了解燕山期本区的构造演变过程以及华北克拉通中部的破坏状况；吕梁运动时期本区构造演变与岩浆活动之间的关系尚需研究,前人已做了许多吕梁期岩体的研究,但构造演变与岩浆活动的关系,岩浆活动所反映构造背景仍然有不同认识;新生代滹沱裂谷张开在本区发育有大面积的第三纪玄武岩流,前人研究已初步了解了其溢出期次、岩石类型和分布区域。但溢出通道的位置尚需有力的证据支持,只有详细的野外调查,弄清溢流方向,确定溢流通道的位置,才能探讨溢流溢出模式,进一步分析与构造活动的关系,为滹沱新裂谷张开时间提供约束证据;中生代时期区内形成的构造格局与区域动力背景的关系,尚要深入研究,由古生代时期同处华北克拉通盆地,到中生代时期发生差异变形,最终形成凹凸相间的格局,这个过程的分析,将揭示研究区中生代以来的构造演化过程和动力学背景转换,具有重要意义。

## 四、学术指导思想与研究内容

(一)指导思想

论文围绕五台山及其邻区陆壳的演化特征,综合分析研究区的沉积建造序列、岩浆建造序列和构造演化序列。通过地层序列的厘定和分析,建立本区陆壳形成演化框架,以沉积间断和地层特征,确定陆壳形成阶段,分析五台山及其邻区陆壳演化的重大事件;通过岩浆建造序列的厘定和分析,了解五台山及其邻区陆壳各地质时期的岩浆活动特征,重点分析有争议地区的岩浆活动情况,探讨其构造背景,分析动力背景转换及构造活动深度;通过构造演化序列的厘定和分析,反映各个形成演化阶段的区域动力学背景,探讨华北板块动力学转换过程,正确划分陆壳演化的阶段。

(二)研究内容

1.地层序列的研究

在广泛收集已有资料和分析前人研究成果的基础上,通过野外地质调查和典型剖面观察和实测,查清研究区地层的分布特点,分析沉积间断和地层的岩性组合特征,厘定陆壳形成演化的阶段,建立五台山及其邻区陆壳的形成演化格架。分别针对不同时期的地层特点应用岩石学、矿物学、沉积学、岩相古地理学、地貌学等原理,综合分析揭示五台山及其邻区岩石地层与形成环境演化特征。

2.岩浆序列研究

综合分析现有基础资料和前人研究成果,厘定岩浆建造序列,重点选择有争议地区的代表性岩浆岩体,进行野外调查、填图、采样,通过室内岩石学、岩石地球化学、年代学、同位素地球化学、稀土微量元素地球化学的测试和分析,探讨各个时期研究区岩浆活动特征,分析岩浆活动与构造背景之间的关系。

3.构造序列的研究

着眼于宏观构造和中小变形的综合研究,以重要不整合面、褶皱构造、断裂构造为对象,综合分析构造格局的形成演变特征。重点选取重要不整合面和区内的深断裂构造加以解剖,厘定五台山及其邻区陆壳形成演化各阶段的构造格局和区域应力背景的转换特征,力求揭示各阶段华北板块的动力学背景。在野外观察和资料收集的基础上,综合应用大地构造学、构造地质学的方法和原理,分析揭示研究区的构造变形和动力学背景特征。

4.形成演化序列研究

综合前人研究成果和各种资料,在分析上述地层—岩浆—构造序列的基础上,对五台山及其邻区陆壳的形成演化,进行阶段划分,通过各阶段发生的主要地质事件、动力学背景、地层沉积环境和构造变形特征、岩浆活动特征分析来探讨五台山及其邻区陆壳形成演化过程及其动力学背景,建立五台山及其邻区陆壳演化模式。

(三)研究技术线路

研究的技术路线见图1-2。通过资料收集和野外调查,寻找五台山及其邻区地层序列、构造序列、岩浆序列建立的证据,为正确合理划分山西中北部陆壳形成演化序列做基础。通过丰富和典型的野外证据、文献资料,研究成果,确定形成演化格架,反映华北板块各个时期的动力学背景,进而总结归纳五台山及其邻区陆壳形成演化特征,建立五台山及其邻区陆壳演化模式。

## 五、进展认识与展望

(一)野外考察与新的进展

野外考察主要在五台山区、系舟山区、管涔山区、恒山区、云中

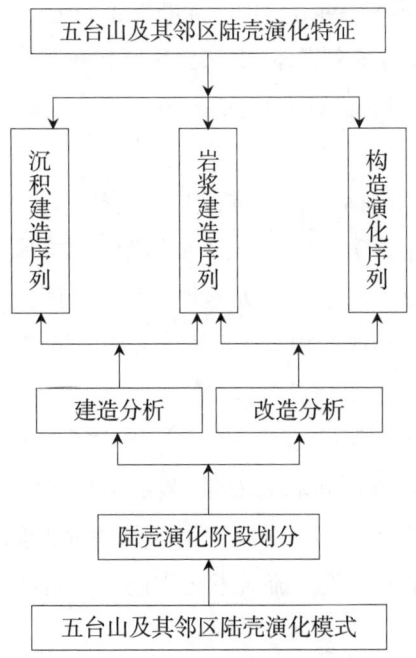

图1-2 研究内容及技术路线图

山区,宁静向斜盆地、滹沱断陷盆地进行地质调查、剖面实测和样品采集。

分别对区内地层沿7条剖面进行了考察,其中穿越性考察3条:峨口—豆村剖面,主要观察太古界地层;河边—豆村剖面,主要观察元古界地层;奇村—分水岭,主要观察太古界、古生界、中生界地层。实测剖面4条,并分别建立地层柱状图:原平芦庄剖面,实测建立寒武奥陶纪地层柱状图;宁武新堡红土沟剖面,实测建立石炭二叠纪地层柱状图;宁武刘家沟—二马营剖面,建立三叠纪地层柱状图;宁武陈家半沟剖面,建立侏罗纪地层柱状图。

研究过程分别对系舟山断裂带及周边岩体水峪钾长花岗岩体、居士山二长岩体、土岭口花岗岩体、瓦扎坪花岗岩体、戎家庄花岗岩体进行了考察;对五台山北麓断裂及周边的莲花山黑云母花岗岩、凤凰山角闪花岗岩体、王家会片麻状花岗岩进行了考察;对云中山断裂及周边的云中山花岗岩体、悬钟村黑云母花岗岩体进行了考察。

选择系舟山断褶带北缘的居士山岩体进行了详细的研究,在其附近新发现了茶房口岩株群,采取填图、采样、室内岩石学、岩石地球化学、年代学、稀土微量元素地球化学的测试和分析,证实居士山岩体为吕梁期的产物,纠正了前人认为是燕山期产物的错误认识。

对横跨滹沱河河谷的繁峙玄武岩进行了详细调查,实测了塔西沟剖面并系统采样进行岩石学、岩石地球化学、稀土微量元素地球化学的测试和分析,对滹沱河河谷南北两侧玄武岩进行了观察对比,确证了岩浆溢流通道在滹沱河裂陷带,裂谷深度深达地幔。

对区内重要地层、不整合面以及重要断裂进行了有选择性的考察,分析了构造背景的转变过程。

(二)重要认识

通过对研究区沉积地层建造序列、岩浆活动序列和构造格局演化序列的深入分析,对研究区陆壳形成演化过程进行了总结和归纳,厘定其形成演化的阶段与演化期建立了形成演化的模式。同时着重对中生代宁静盆地的构造位置、茶房口—居士山岩体和繁峙玄武岩进行有重点地研究,在以下方面取得了重要的认识:

第一,提出建立陆壳演化模式的原则和途径。三大原则:即建造连续的原则、改造鲜明的原则、动力背景一致的原则;三种途径:地层接触关系的剖析,沉积建造与岩浆建造的剖析,形变特征、形变序列与成生联系的剖析。

第二,提出中生代吕梁山北段隆起的时限应该不晚于中侏罗世大同组时期的重要认识。

第三,纠正了前人认为居士山岩体是中生代燕山期产物的错误认识,论证了居士山岩体与茶房口岩株群属于同源产物,居士山岩体与新发现的茶房口岩株群形成于 1786-1797Ma 时期,应属于吕梁期的产物。推测应属于同一岩体的分枝,可称为茶房口—居士山岩体。

第四,野外考察找到了繁峙玄武岩熔浆流动方向的证据,为溢流通道位置的确定提供了确证。岩石地球化学分析还显示:繁峙玄武岩具有大陆裂谷型火山岩的特征,岩石中发育橄榄石包裹体,表明岩浆来源于上地幔。

第五,综合分析建立了五台山及其邻区陆壳形成演化模式。将演化过程分为 3 个阶段和 7 个演化期。

(三)不足与展望

本研究虽然通过综合分析对五台山及其邻区陆壳演化进行

了较为详细的研究,取得了一些新的认识,但由于研究时间有限,研究还很肤浅。笔者感觉以下几个方面仍存在不足,有待深入研究。

1.对研究区在华北克拉通破坏中反映研究不足

华北板块经历了基底形成与盖层发育以后,直到中生代一直处于稳定的克拉通环境,但它的东部在中生代时发生了重大的构造机制的转变,克拉通基底发生了破坏、置换和再造,这就是近年来地学界研究的热点问题——华北克拉通破坏研究。笔者已经关注到研究区中生代同样存在重大构造机制转变的事件,而且几乎同期东北部存在强烈的岩浆活动和火山活动,到新生代又有滹沱裂陷带的玄武岩溢流,岩浆活动深及地幔,这些现象无疑携带一些华北克拉通破坏的信息,有待于进一步深入研究。

2.对研究区古大陆再造和古大陆漂移的反映研究不足

古大陆再造是全球地球科学研究热点问题之一,其目的就是再现现今各个大陆在不同地质时期的相对位置以及海陆关系,20世纪60年代,板块构造成为古大陆再造的理论基础,现有研究认为[130]太古代末至元古代末,可能至少出现3次全球规模的超级大陆聚合期(或陆块拼合时期),依次为太古代末(2600Ma~2300Ma)、中元古代初(1500Ma)及中元古代末(1300Ma~1000Ma,Rodinia)超级大陆[131]。寒武纪以来,华北板块不断漂移,最终与扬子板块和塔里木板块拼贴为一体,形成统一的中国大陆地块的主体[110]。以上研究对认识研究区在各个地质时期的古大陆位置提供了依据,也为正确认识和理解研究区复杂多变的地质现象开拓了思路。同时研究区发育有较为齐全的地层和多期次的岩浆岩体,必然携带有古大陆漂移的信息。因此,在研究区展开古大陆漂移和古大陆再造的研究是很有必要的。

以上两个方面的深入研究对深刻理解和全面分析研究区陆壳乃至岩石圈的演化具有重要意义,期待后人能够对这些方面继续加以深入研究。

# 第二章 区域地质概况

五台山及其邻区主体行政隶属于山西省忻州市辖区,北跨大同、朔州,南跨吕梁、太原和阳泉的部分县城。研究区位于东经111°00′—114°00′,北纬38°00′—39°30′,面积约4.36万平方公里(见图2-1)。

## 一、地形地貌

研究区地处黄土高原山西中北部,位于我国三级阶梯的第二阶梯,区内盆岭相间排列,从东向西依次为太行主峰五台山、忻定盆地、吕梁山北端的云中山、管涔山,神池五寨黄土丘陵区、河保偏沿黄峁状丘陵区。

五台山为华北最高峰,其北台顶海拔3061米,号称华北屋脊。五台山区地形

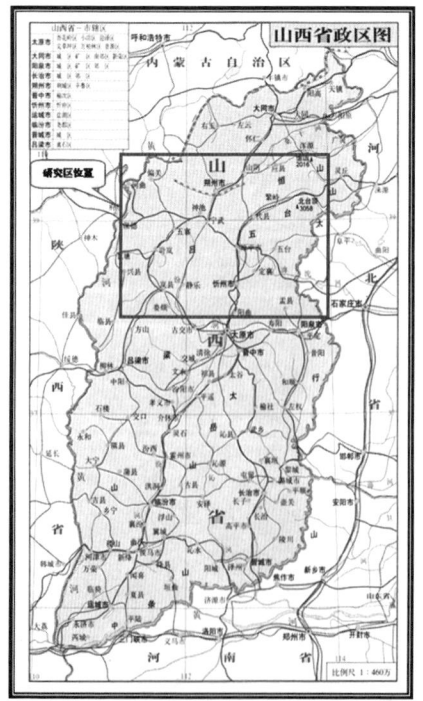

图2-1 五台山及其邻区区域位置图

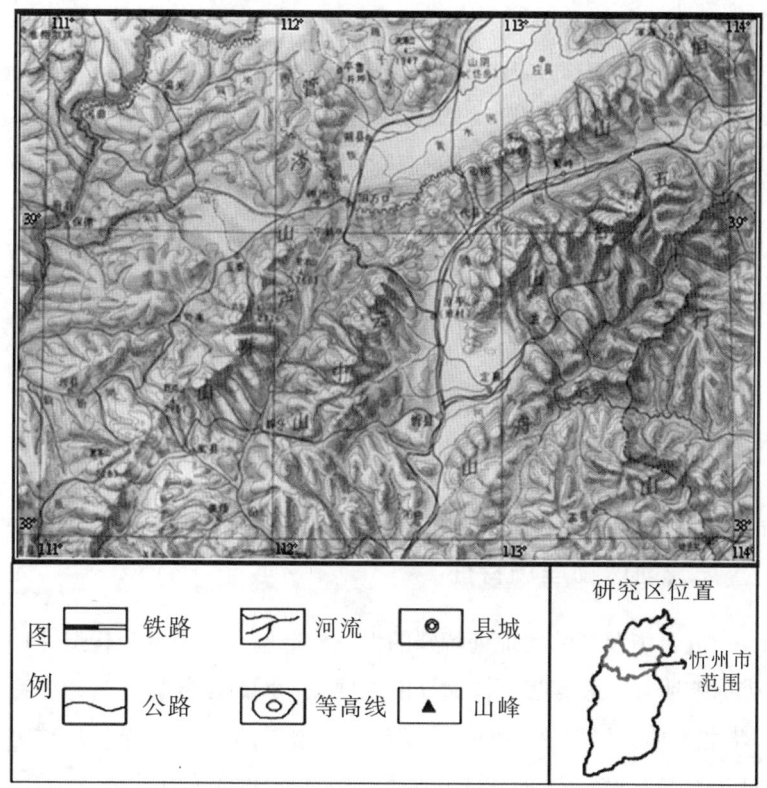

图 2-2　研究区地形地貌图

复杂,表现为重峦叠嶂,丘陵起伏,沟壑纵横,高低悬殊。以五个台顶为主的山地属于剥蚀构造的断块高中山地,呈北东向斜列,其东南的山间黄土台地为一串断陷的山间盆地组成,分别为豆村、茹村、沟南、东冶和同川盆地。山地与山间盆地被滹沱河与清水河环绕,河谷地带为水蚀冲刷与沉积的地貌,形成黄土丘陵区。

忻定盆地(也称滹沱裂陷盆地)为鱼钩形状的断陷盆地,由繁代凹陷、原平凹陷和忻定凹陷三部分组成,它们是喜山期新构造运动的产物,将五台隆起断裂。盆地中间为河川地貌,两侧为黄土丘陵与山地相连。

吕梁山北段的云中山和管涔山一带由宁静向斜盆地组成,为构造残留盆地隆升后形成,属高中山地。位于宁武县城南部的分水岭村为黄河与海河的分水岭,向南为汾河上游,汾河汇入黄河,向北为恢河,并入桑干河后汇入海河。

神池五寨黄土丘陵区由偏关－神池块坪组成,为黄土高原的东部边缘,主要由黄土丘陵组成,海拔一般在1300～1600米之间,五寨县城附近为断陷山间盆地,位于朱家川河上游。

河保偏与黄河相邻,黄土台地被黄河支流横向切割,形成沿黄河排列的峁状丘陵区,地表破碎,沟壑纵横,植被稀少,水土流失严重,一般海拔在1000米以上。

## 二、地球物理场特征

五台山及其邻区地处特殊的大地构造位置,受多个构造活动带影响明显,发育了不同时期的地层和不同时期的岩浆岩,堪称"华北地质天窗"。在多期构造变动的作用下,形成了复杂的地球物理场。巨厚的沉积,强烈的构造变形,差异较大的岩性特征,高差巨大的地貌特征,剧烈的裂陷,引起了磁场、重力场、地热场的独特面貌[98]。

(一)磁力场特征

沉积盖层基本无磁性,结晶岩系中,浅变质岩系地层为弱磁性,磁化率平均仅 $(35-75) \times 10^{-6} \times 4\pi SI$,深变质岩系地层中有较强磁性,磁化率平均达 $(750-1150) \times 10^{-6} \times 4\pi SI$,二者差异明显。航磁原平面化极区域异常图上,可以反映出两类区域地质现象,一是反映结晶基底中前五台深变质岩系和五台—滹沱浅变质岩系的大体分布范围,前者为区域正磁异常区,后者为区域负磁异常区;

二是大范围航磁级梯带,可反映深部大型断裂构造带。从山西地区航磁异常图上可以看出,研究区正负异常东西向相间排列,走向以北北东为主,前寒武纪基底处于复杂的构造环境中(见图2-3)。

(二)重力场特征

重力异常的产生原因是密度界面的纵横变化。山西地区存在的密度界面影响大的主要有两个[98],一是沉积盖层与结晶基底中的密度界面,埋藏浅,形成"浅部"重力异常,二是莫霍界面,埋藏深,形成"深部"重力异常。浅部重力异常突出反映盖层,特别是新生界地层的起伏变化,而深部重力异常主要反映莫霍面起伏变化特征。而莫霍面的起伏变化是研究山西地块深部活动的重要证据,尤其值得重视。图2-4为山西省深部重力异常图。显示出山西地区莫霍面的形态特征为"东西斜坡,中间隆起,南北夹持"。东缘太行带是莫霍面深度陡变带,东部五台—沁水一带是莫霍面相对平凹带;中部汾渭裂谷系为莫霍面相对隆起带,南部隆起幅度稍高于北部;西部与鄂尔多斯盆地相连,莫霍面为平稳,相对凹区。从莫霍面的等深线走向来看,区域上为NNE向,但内部仍有NE、NW向局部变化,分割成小区。山西南北两端莫霍面等深线走向变化亦有规律,南部转为NEE向,北部为迈EW-NEE向,反映了南北夹持的构造格局。研究区横跨裂谷系,其莫霍面分布特点为"东西凹,中间凸",即东西五台山与宁静向斜莫霍面下凹,中间忻定盆地莫霍面上凸,与地貌呈镜向对应关系。

(三)地热场特征

大地热流值是研究岩石圈—软流圈结构的重要依据。居里等温面深度较明显地反映了山西地壳温度场的区域变化,从图2-5山西省居里等温面深度图可看出,山西地热场有两个特征:一是裂谷系中,居里等温面普遍偏浅,一般在18~20km之上,地温梯度

图2-3 山西省航磁异常略图(引自文献98)

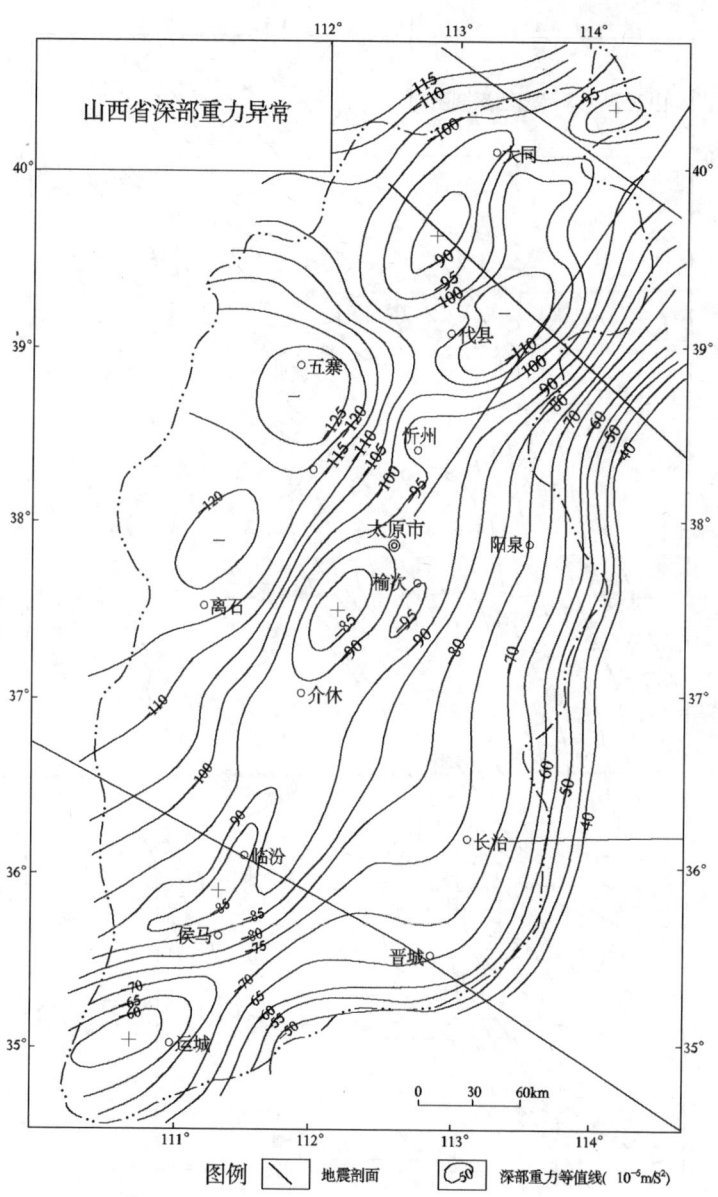

图 2-4 山西省深部重力异常图(引自文献 98)

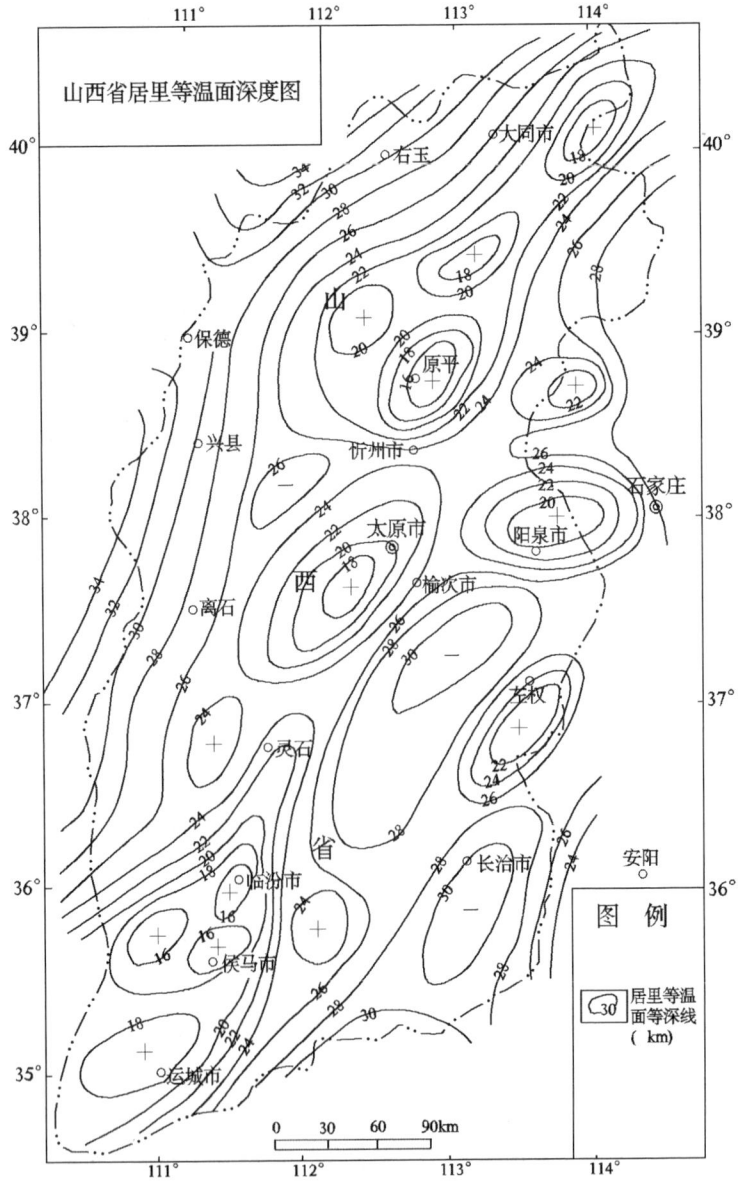

图 2-5 山西省居里等温面深度图(引自文献 98)

升高,二是在裂谷周边山区居里等温面明显变深达 30~36km,地温梯度也相应明显降低。研究区内忻定盆地属高地热值异常区,分布有众多的地热井,如:原平市大营地热点、忻府区奇村、顿村、芦野地热点,定襄县汤头地热点。周边山区则属低地热背景区。大地热流值的分布特征主要是受上地幔部分熔融的高温软流圈活动影响,由于软流圈的温度比岩石圈高出 500℃~700℃,软流圈隆起部位热流值便高;新构造运动活动带相对热流值也高;而岩石圈巨属的古老地块则热流值明显偏低[98]。

## 三、地层分布

五台山及其邻区地层出露齐全,太古界阜平群和五台群、古元古界滹沱群,广泛分布于恒山、五台山及吕梁山北端,构成克拉通基底,古生界寒武系、奥陶系(缺上统)主要分布于系舟山区、云中山北部、宁静向斜盆地两翼偏关—神池台坪以及沿黄河的河保偏和岢岚、兴县一带;石炭系、二叠系主要分布在宁静向斜盆地两翼和沿黄河保偏、兴县一带和系舟山断褶带的小型残留盆地中;中生界三叠系分布于宁静向斜盆地两翼和沿黄河保德—兴县一带,而侏罗系中下统仅局限在宁静向斜盆地的中部。新生界以第四系松散堆积为主,局部出露第三系玄武岩和保德红土、静乐红土,分布在裂谷盆地及周边山坡(见表2-1)。

## 四、区域构造格局

研究区内构造格局成型于燕山期,在喜山期受张应力改造,叠加了裂谷系。按中生代构造框架,可以将区内从西向东划分为三个构造单元:偏关—神池块坪、宁静向斜和五台山—恒山复背斜,新生代滹沱裂陷叠加在五台山—恒山复背斜上。三个构造单元呈北

表 2-1 研究区发育地层简表

| 界 | 系 | 统(区内出露) | 组(区内出露) | 地层符号 |
|---|---|---|---|---|
| 新生界 | 第四系 | 更新统,全新统 | 4个组 | $Q_1, Q_2, Q_3, Q_4$ |
| | 第三系 | 始新统,上新统 | 3个组 | $E_2, N_2$ |
| 中生界 | 侏罗系 | 中统 | 3个组 | $J_2$ |
| | 三叠系 | 下统,中统 | 4个组 | $T_1, T_2$ |
| 古生界 | 二叠系 | 下统,上统 | 4个组 | $P_1, P_2$ |
| | 石炭系 | 上统 | 2个组 | $C_2$ |
| | 奥陶系 | 下统,中统 | 4个组 | $O_1, O_2$ |
| | 寒武系 | 下统,中统,上统 | 7个组 | $\epsilon_1, \epsilon_2, \epsilon_3$ |
| 元古界 | 长城系 | 长城系下统 | 2个组 | Ch |
| | 滹沱群 | 郭家寨亚群 | 3个组 | |
| | | 东冶亚群 | 6个组 | |
| | | 豆村亚群 | 3个组 | $Pt_1$ |
| 太古界 | 五台群 | 高凡亚群 | 2个组 | |
| | | 台怀亚群 | 2个组 | |
| | | 石咀亚群 | 5个组 | $Ar_3$ |
| | 阜平群 | 龙泉关亚群 | 2个组 | $Ar_2$ |

东向相间排列,各自有着不同的构造特征。偏关—神池块坪由一系列较宽缓的北东向背向斜相间排列组合而成,断裂不太发育,地貌上形成台地,是晋西北黄土台地的主体。宁静向斜盆地呈长条状北北东向展布,保留形状较完整,呈北高南低,向南掀斜状产出,其西侧为芦芽山背斜,地貌上为高山耸立,核部为汾河上游谷地,东部与五台山—恒山复背斜的北支相接。五台山—恒山复背斜呈北东向展布,中间被滹沱裂陷断开,分为北支和南支,北支为恒山—雁门隆起,地貌上呈高山状北东向斜列;南支为五台山隆起,从东北向西南一直延伸到忻口一带,并在忻定盆地中有金山凸起残留。与

南支相并列的是系舟山断褶带,其北东部与五台山复背斜相融合,西南被忻定盆地相隔,东南为泌水盆地的西北边缘。滹沱断陷为新生代发育在五台山—恒山复背斜上的裂谷盆地,其形状特殊呈"鱼钩状"布展,由北向南由三个组成部分:①繁代裂陷,北东向展布,至原平崞阳一带转弯与原平裂陷相连;②原平裂陷,北北东向展布,向南由忻口一带金山残留凸起与忻定裂陷相连;③忻定裂陷,北东向展布。上述三部头尾相接形成一个"鱼钩状"形态。反映了裂谷张开时期受中生代断裂的影响明显,也反映了区域内复杂的构造背景特点(见图2-6)。

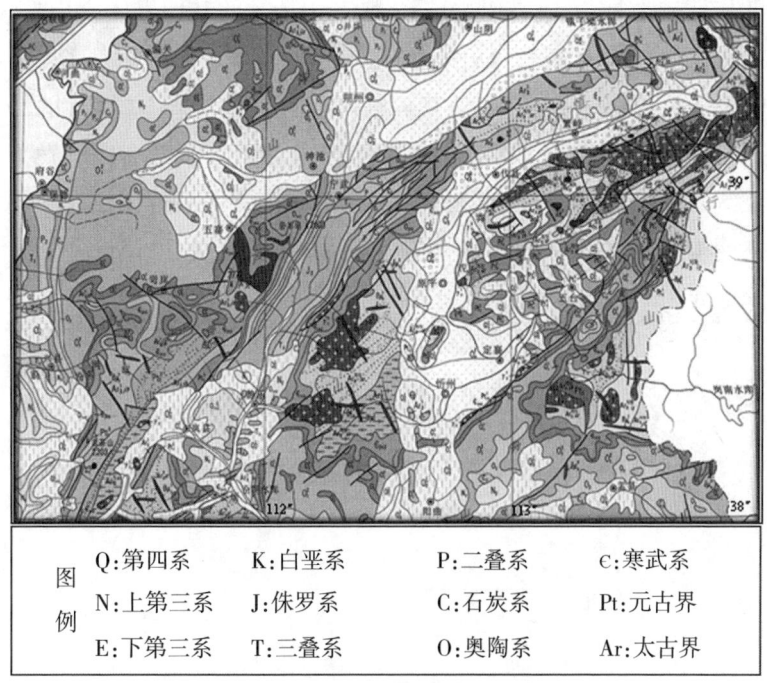

| 图例 | Q:第四系 | K:白垩系 | P:二叠系 | ∈:寒武系 |
| --- | --- | --- | --- | --- |
| | N:上第三系 | J:侏罗系 | C:石炭系 | Pt:元古界 |
| | E:下第三系 | T:三叠系 | O:奥陶系 | Ar:太古界 |

图2-6 五台山及其邻区地质简图

## 五、岩浆岩分布

研究区内各期岩浆岩出露较齐全,反映了区内频繁的岩浆活动。吕梁期及以前的岩浆岩体主要分布在太古界及元古界出露的老地层范围内,老地层中还有变质的古老海底火山喷发产物。燕山期岩浆岩主要分布在区内的东北部地区,系舟山断褶带和偏关—神池块坪有少量出露。喜山期主要是第三纪繁峙玄武岩,规模较大,横跨滹沱裂陷南北两侧。

区内岩浆岩岩性从基性岩到酸性岩均有分布。吕梁期及以前的岩性较为复杂,既有以岩墙、岩脉产出为主的基性岩体,也有规模较大的岩基、岩株等酸性岩体,还有已经发生了变质的海底火山喷发的沉积物——变基性火山岩等。燕山期则主要是中酸性的侵入岩和喷出岩,规模都小于吕梁期的岩体。喜山期为裂谷张开发生溢流的基性火山岩—玄武岩。从分布特征来看,各期岩浆活动均与同期构造密切相关,显示了构造—岩浆活动的相关性,也反映了同期地壳深部活动的特点(见图2-6)。

# 第三章　地层沉积特征及古地理环境分析

陆壳的形成与沉积建造作用和岩浆建造作用密不可分。不同时期不同特征的沉积地层,是陆壳形成的物质基础,同时也蕴含了不同时期陆壳形成演化的信息,反映了陆壳演化过程中所经历的古地理环境特征和古构造变动特征。如与造山作用密切相关的有磨拉石建造、代表造山期后环境的红层建造、代表海陆交互相的含煤建造、代表稳定构造环境的碳酸岩建造等等,这些建造都携带了大量的陆壳演化信息,为深入研究陆壳演化过程、演化的动力机制和分析总结陆壳演化模式提供了依据。

在广泛收集整理前人资料的基础上,对区内沉积地层沿7条剖面进行了考察,其中穿越性考察3条:峨口—豆村剖面,主要观察太古界地层;河边—豆村剖面,主要观察元古界地层;奇村—分水岭,主要观察太古界、古生界、中生界地层。实测剖面4条,并分别建立地层柱状图:原平芦庄剖面,实测建立寒武奥陶系地层柱状图;宁武新堡红土沟剖面,实测建立石炭二叠系地层柱状图;宁武刘家沟—二马营剖面,实测建立三叠系地层柱状图;宁武陈家半沟剖面,实测建立侏罗系地层柱状图。综合分析区内地层,确立了地层和沉积建造的基本序列,并进行了古地理环境特征的分析。

## 一、太古界地层建造序列

区内太古界地层全属变质地层，主要分布在恒山—五台山区和吕梁山区北端，对区内太古界地层的研究历史悠久，早在1871年，德国人李希霍芬即穿越恒山、五台山，创立了桑干片麻岩、五台绿片岩等变质地层名称。,1904年，美国学者维里士，1928年我国地质学家孙健初，1936年杨杰，1950年王曰伦，1956年马杏垣，1960年代初山西区测队武铁山、徐朝雷、张居星等，20世纪80年代李树勋、冀树楷、田永清、白瑾等均对本区太古界地层做了大量的工作。对太古界地层的认识也在不断提升，通过近百年研究，特别是近30年来对上述研究的总结，太古界分为阜平群和五台群两个大套地层已成共识。

（一）分布区域

研究区太古界地层分布可划分为四个区域：①五台山—恒山地区；②吕梁山北端地区；③云中山区；④太行山中北端地区附近（见图3-1研究区太古界地层分布图）。

五台山—恒山地区太古界出露面积较大，除中间被滹沱裂谷断陷中新生界覆盖外，大面积出露。裂谷北部从浑源的恒山向西南一直延伸到代县雁门关一带；南部则为五台山区大面积广泛分布。

吕梁山北端的出露沿宁静向斜盆地西北翼，从岚县界河口镇一带向东北到宁武芦芽山附近均有出露。

云中山区主要分布在云中山南端，从静乐康家会一带向北东经忻州牛尾、三交、陀罗山一直延伸到原平上阳武一带，基本上围绕云中山岩体出露。

太行山中北端主要是研究区东南部与河北阜平交界处，主体出露在河北阜平—龙泉关一带，区内仅有一小部分出露。

从上面可以看出，太古界地层主要分布特征是以高山峻岭为主的山地地貌区出露广泛，研究区五台山、恒山、云中山、芦芽山等几大山区均有分布。

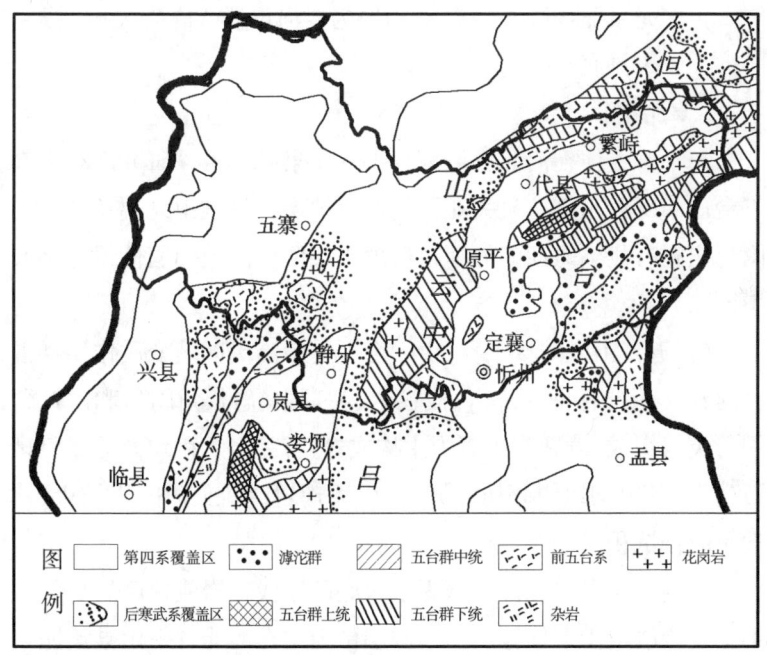

图 3-1 研究区太古界地层分布图（引自文献 100）

(二)地层层序及岩性组合

区内太古界地层可划分为两个大套即下部的阜平群和上部的五台群，每一套中按照接触关系又可划分为若干亚群和若干组。

上覆:滹沱群豆村亚群

―――――――――――不整合―――――――――――

五台群

　　高凡亚群（$Ar_3^3$）

　　台怀亚群（$Ar_3^2$）

石咀亚群（$Ar_3^1$）

～～～～～～～～～～不整合～～～～～～～～～～

阜平群（$Ar_2$）

　　龙泉亚群（AL）（吕梁山区为界河口群 AJ）

　　未见底

1.阜平群

阜平群主体在河北省境内阜平——龙泉关一带，研究区东南部五台山南部仅出露龙泉关亚群的部分地层，吕梁山北端及芦芽山附近出露有相当时期的界河口群地层。两个区域的岩性组合略有不同。

（1）五台山区的阜平群：由一套经受中高级区域变质作用和混合岩化作用的各种片麻岩、浅粒岩、大理岩、斜长角闪岩和磁铁角闪石英岩组成，以副变质岩为主构成，另有一定沉积韵律的类复理石建造，各组均以粗碎屑岩开始，以大理岩或斜长角闪岩结束，体现了海侵沉积韵律[49]。

区内以龙泉关亚群出露为主，底部以浅粒岩或片麻岩呈区域不整合接触覆于下伏地层的不同层位上，在河北省平山县桑园口村北可见其与下伏岩层呈明显角度不整合关系接触。

龙泉关亚群可分两个岩性组，从老到新为：

①跑泉厂组（$Ar_2^3p$）

命名地段在五台县跑泉厂，主要为各种混合岩化黑云斜长片麻岩、含磁铁黑云斜长片麻岩、浅粒岩和含铁浅粒岩夹斜长角闪岩组成。其顶界在北部为一套斜长角闪岩、透闪大理岩，南延相变为黑云角闪斜长片麻岩和黑云变粒岩。下部浅粒岩中有磁铁石英岩的夹层。底部浅粒岩中有矽线石英集合体。混合岩化作用愈向南愈趋强烈，出现较多的混合花岗片麻岩。地层厚度变化较大，跑泉厂地区厚997m;向北变薄,厚仅100m;向南亦变薄。

②榆树湾组($Ar_2^3 y$)

命名地段在五台县东南榆树湾,岩性以巨厚的黑云(角闪)斜长片麻岩夹斜长角闪岩为主,横向变化显著。在五台县桃花界一带,底部有巨厚的含磁铁浅粒岩,该组最厚处达2000m,向北变薄,向南相变为片麻岩夹薄层浅粒岩;长城岭一带,因区域混合岩化影响强烈,发育着眼球状混合岩,即前人所称的"龙泉关眼球状片麻岩";榆树湾一带,厚层斜长角闪岩中夹有少量绿泥片岩及透闪岩薄层,向南地层中常见含磁铁角闪石英岩、透闪岩、蛇纹岩等岩层。已知最大厚度5365m,未见顶。

(2)吕梁山北端的界河口群:主要岩性为遭受不同类型混合岩化的各种片麻岩、变粒岩、片岩,夹少量浅粒岩、长石石英岩、大理岩和磁铁英岩。下部奥家滩组是一套巨厚的变质程度较高的高铝片岩夹变粒岩、大理岩组成的沉积变质岩,其中,不同岩性呈明显的"类复理式状"重复出现。上部有小蛇头组、黑崖寨组、马国寨组、烧炭沟组,是一套巨厚的,经历不同混合岩化的片麻岩夹石英岩、斜长角闪岩、大理岩的组合,另有明显的旋回性特征。由老到新分述如下:

①奥家滩组($Ar_2^α$)

按岩性特征划分为四个岩性段,从下至上:

第一段为界河口群最底部,交楼申一带主要是一套黑云斜长片麻岩夹黑云变粒岩及斜长角闪岩。岩性变化较大:在店子上一带,为黑云变粒岩及含石墨黑云变粒岩夹薄层状或透镜状石英岩;务周会一带,为白云石英片岩、白云片岩夹黑云斜长片麻岩及斜长角闪岩;南端在汉高山北麓变为白云变粒岩和白云片岩组成的韵律层。出露厚度数十米到数百米(未见底)。

第二段以厚层大理岩发育为特征,主要由含石墨、透闪石(或透辉石)的大理岩和条带状大理岩组成,并有较多的黑云变粒岩、含硫斜长角闪岩,夹方解黑云变粒岩、白云片岩、二云片岩、黑云斜长片麻岩及石英岩等。本段地层韵律发育,典型韵律自下而上由石英岩→变粒岩→斜长角闪岩→不纯大理岩→纯大理岩组成。但下部韵律多以石英岩为底,向上渐变到斜长角闪岩为止,而上部韵律常始于变粒岩,止于纯大理岩。本段地层向北东片麻岩比例增大,其他岩性锐减,大理岩变薄变少,多成透镜状或薄层状;向南岩性变化不大,厚度以羊坪上一带最大(达1200m),向南、向北均变薄。

第三段以富铝片岩为特征,以矽线片岩、白云片岩、二云片岩、石英片岩和变粒岩等为主,此外,尚有黑云斜长片麻岩、薄层大理岩。以变粒岩(片麻岩)→石英片岩→云母片岩→大理岩韵律重复出现。岩性横向变化显著:向北,片岩减少,大理岩增多,且出现较多的斜长角闪岩和少量的石英岩;向南,黑云变粒岩、片岩渐少,片麻岩增多。厚度以贺家湾一带最大(3545m),北延迅速变薄,至杨家圪台一带仅1640m。

第四段岩性单一,为一套巨厚的黑云钾长片麻岩,顶部有黑云变粒岩、斜长角闪岩和各种片岩的夹层。自东向西片麻岩减少,片岩渐增,片麻岩由以斜长片麻岩为主到以钾长片麻岩为主。厚度变化在1200~1800m之间,东薄而西厚。

②小蛇头组($Ar_2^x$)

从剖面上可清楚地分出上、下两个岩性段:下段底部为含砾石英岩,下部为巨厚黑云斜长片麻岩夹少量黑云变粒岩及长英片岩,上部为混合岩化的变粒岩、片麻岩;上段主要是斜长角闪岩夹长石石英岩、石英岩和少量透闪大理岩组成。

下段岩性变化剧烈,西部郭家圪台一带:下部发育较厚的斜长角闪岩、绿泥片岩、矽线黑云片岩、巨厚的眼球状混合岩;上部主要为混合岩化浅粒岩及较多的斜长角闪岩和片麻岩夹凸镜状石英岩,且厚度急增,向东各种夹层减少,几乎全由斜长角闪岩组成。本组最大厚度2772m,向东渐薄。

③黑崖寨组($Ar_2^h$)

主要见于兴县郭家圪台、牛家坪一带,从代表性剖面明显地可分为四个岩性段。第一段:下部以浅粒岩、绢云黑云长英片岩为主,夹一层石英岩;上部为混合岩化片麻岩夹斜长角闪岩。厚1327m,西厚东薄。第二段:以各种黑云片岩夹黑云变粒岩为主,下部为角闪黑云斜长片麻岩夹石英岩,局部出现含矽线黑云片岩及长英片岩,上部为较多黑云斜长片麻岩夹石英岩。厚约900m。第三段:混合岩化片麻岩夹黑云角闪斜长片麻岩,局部夹石英岩和浅粒岩。厚644~280m。第四段:斜长角闪岩夹石英岩,局部出现较多的黑云矽线片岩、薄层长英片岩和石墨、金云大理岩。厚度变化在175~385m间。

④马国寨组($Ar_2^m$)

分布于兴县恶虎滩、岢岚县大涧以南地区,可分为上、下两段。下段主要为混合岩化黑云斜长片麻岩、黑云变粒岩夹角闪黑云斜长片麻岩。局部地段出现黑云石英片岩及薄层石英岩。上段主要为一套矽线片岩,下部有较多的斜长角闪岩和黑云变粒岩,夹少量黑云石英片岩和薄层透闪大理岩。本组厚2036m。下段西薄东厚,上段西厚东薄。

⑤烧炭沟组($Ar_2^s$)

分布在兴县恶虎滩、岢岚县界河口至大涧一带。最大厚度1200m。下部为条带状混合岩化黑云斜长片麻岩、角闪斜长片麻岩夹斜长角闪岩及浅粒岩。上部以条带状混合岩化黑云斜长片麻岩为主,局部夹绿泥黑云片岩。

2.五台群

五台群的命名地即在本研究区,前述太古界的四个分布区域,其中三个广泛分布,即五台山—恒山地区、吕梁山北端地区和云中山地区,以五台山区为代表(见图3-2),五台群自下而上划分为石咀亚群、台怀亚群、高凡亚群三个群,根据岩性进一步划分到组。

(1)石咀亚群:底部为板峪口组,是一套陆源碎屑夹浅海碳酸盐岩;金岗库组为一套铁铝沉积岩系,下部夹有基性火山岩熔岩;庄旺组以酸性凝灰岩为主,夹有变基性火山岩;文溪组为一套角闪质岩石,以斜长角闪岩为主,夹黑云变粒岩、磁铁石英岩,滑车岭组以变质的中酸性火山岩石灰岩为主。由老到新特征如下:

①板峪口组($Ar_3^1b$)

主要出露于五台山的东南部、盂县北部和云中山南部,灵丘南山仅有少量分布,恒山地区缺失。一般由两大层石英岩、长石石英岩夹黑云变粒岩、角闪变粒岩及透闪大理岩构成。本组一般厚200~300m。下部,含砾长石石英岩交错层发育,砾径大小不等。粗砾主要成分是石英岩,偶见片麻岩,砾径为3~10cm,滚圆度良好,稀疏分布,细砾主要成分是长石、石英,砾径为0.5~1cm,呈浑圆状,含量可达3%。本组最底部与下伏地层接触处,常有黑云片岩垫衬,厚0.5~2m不等,其中,偶见有砾石产出;中部,由黑云变粒岩、黑云石英片岩和黑云片岩等夹粗晶大理岩、透闪大理岩、条带状斜长角闪岩组成,厚300m左右;上部,一般由细粒条纹状或薄层石英岩构成,水平纹层发育,有时出现条带状细粒长石石英岩,厚10m左右。本组厚度在五台山区由西南向北东递减,石咀一带厚500m,口泉一带厚200m;大理岩层的厚度变化较大,口泉一带占地层总厚40%,石咀一带占地层总厚10%,红安一带大理岩缺失

(相变成透闪变粒岩)。盂县北部板峪口组变质程度相对较高,下部长石石英岩相变成黑云斜长片麻岩(仍含砂砾),大理岩呈断续分布,上部石英岩中出现砾石。在云中山区赤水一带为黑云变粒岩胶结的变质砾岩;砾石成分除石英岩和脉石英外尚有花岗岩、伟晶岩,偶见磁铁石英岩;砾径为5~15cm,呈半滚圆状。在罗务山一带,变成石英岩夹大理岩。在灵丘南山的下关一带,本组已超覆变薄,仅保留顶部的石英岩(相变为浅粒岩),厚60m。东北部串岭之南,全组缺失。

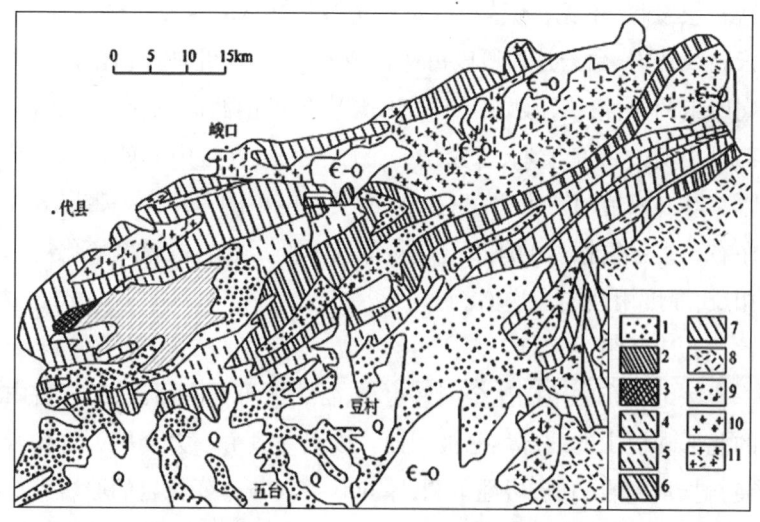

1.滹沱群绿片岩相;2-3高凡亚群;2.绿片岩相;3.角闪岩相;4-5台怀亚群;
4.绿片岩相;5.角闪岩相;6-7石咀亚群;6.绿片岩相;7.角闪岩相;
8.阜平群高角闪岩相;9.绿片岩相片麻岩;10.片麻岩;11.角闪岩相片麻岩

图3-2 五台山区变质岩分布图(引自文献100)

②金岗库组($Ar_3^1j$)

金岗库组是石咀亚群中分布最广的地层,在有石咀亚群分布区均有出露。

该地金岗库组岩性二分性清楚:下部为角闪质岩石夹磁铁石英岩为主,厚近600m;上部为白云石英片岩及二云斜长片麻岩,厚500m左右。故可称下部含铁岩段与上部富铝岩段。

五台山东南区,这样的二分性变化极大:大五台县红安一带,下部富铁岩段缺失,相反上部出现含铁岩段;繁峙县庄旺一带富铝段不明显,仅在镜下可见蓝晶石等矿物。盂县北部这种二分性也不明显,有时下部出现富铝岩层,铁矿层除了底部常见产出外中上部亦有所见。到云中山区岩性变化亦如此。灵丘南山的复向斜南翼含铁岩层发育,不见富铝岩段;而复向斜北翼富铝岩段十分发育,二云矽线片岩、白云片岩厚度可达百余米。五台山北坡及恒山地区金岗库组两分性保存较好:下部富铁岩段厚度由西向东递减,恒山西部中平安一带厚千米,朱家坊一带厚600m,五台山北麓官地一带厚200m,四道河一带厚仅有100m,灵丘南山的东河南一带厚80m左右;上部富铝岩的厚度变化规律与下部富铁岩段厚度变化规律相反,厚度由西向东递增。

③庄旺组($Ar_3^1z$)

该组分布的范围比金岗库组小,各山区虽都有出露,但五台山的北部和恒山的北部均已被剥蚀。该组一般由一大套黑云变粒岩夹斜长角闪岩构成,岩性单调,厚600~2000m。变粒岩的原岩大部分为凝灰岩、粉砂质岩,斜长角闪岩的原岩可能是基性火山岩。本组中偶夹少量蓝晶片岩、矽线片岩。各地区岩性变化均不显著。

④文溪组($Ar_3^1w$)

为一套角闪质岩石,以斜长角闪岩为主,含大量角闪斜长片麻岩夹黑云变粒岩,上部以出现较多的磁铁石英岩为特征。五台山区的文溪组处于向斜褶皱扬起部位,核部最新层位为含铁岩段。东延,在灵丘南山于含铁岩段之上尚有数百米厚的斜长角闪岩夹少量白云石英片岩。在云中山区仅出露该组底部的角闪岩系。在盂县北部,该组中含铁岩系很不发育,仅在均才岩体中有少量磁铁石英岩残留体。在定襄县戎家庄一带,出露了数百米厚的变流纹岩,其层位可能相当本组顶部。在灵丘南山的磨石沟、原平市章腔和令狐一带,岩石变质程度较浅,可见原生杏仁构造,其原岩为火山岩,化学成分相当于大洋拉斑玄武岩。

⑤滑车岭组($Ar_3^1h$)

该组仅在灵丘南山复向斜核部出露,分布于灵丘县来湾、滑车岭、银厂一线。

本组以黑云变粒岩为主,夹角闪变粒岩及少量二云变粒岩。变质程度较浅,绝大部分属绿帘角闪岩组。镜下观察:岩石中保存有火山凝灰结构,原岩系酸性凝灰岩。据某些岩层中所夹的十字石、白云母等矿物看,部分原岩为泥质沉积岩。

(2)台怀亚群:划分为柏枝岩组和鸿门岩组,各组均由下段变碎屑岩段和上段变火山岩体构成旋回组:

①柏枝岩组($Ar_3^2b$)

该组底部为变质砾岩,在五台山区中部甘泉、宽滩一带出露较好。砾岩的砾石成分复杂,有石英岩、磁铁石英岩、变质火山岩和花岗岩类等,含量可达60%;砾石被压扁现象明显,椭圆形砾石常被挤压成剑鞘状,横断面呈凸镜状,故过去常把它视为"假砾石";胶结物一般为绿泥片岩。这种砾岩在盂县北部会理、牛心沟也有分布。砾岩层之上通常有石英岩、绢云石英岩呈连续出露,石英岩中可见交错层。在发育完整区(如繁峙县宽滩到大西沟一带),石英岩之上出现绢英片岩及千枚岩、变质泥质岩。在繁峙县龙须沟附近,砾岩层中夹有绿片岩、大理岩及磁铁石英岩。砂砾岩层的厚度变化较大:繁峙县大西沟一带为270m,甘泉一带为近百米,定襄县南庄一带厚为近千米,盂县会理一带为百余米(由两大层组成)。柏枝岩组上段(变火山岩段),以含磁铁石英岩为特征,故也称含铁岩段,厚近900m±,火山岩经变质多为绿泥片岩类。绿片岩中气孔、杏仁构造发育,并有炉渣状熔岩淬火面及枕状构造,表明它是水下喷发的。该岩段除了含磁铁石英岩外,还常有透镜状大理岩产出,在代县康家沟一带所夹的白云大理岩厚达200m。铁矿常赋存于柏枝岩组含铁岩段的上、下部位,中间很少或不含铁矿。铁矿以条带状磁铁石英岩为主,上部层位铁矿中常有铁白云石、菱铁矿等铁碳酸盐矿物共生。繁峙县太平沟上部含铁岩段的铁白云岩中出现"Ω"形花纹,它可能是低级叠层石。本组所夹磁铁石英岩都呈不连续的凸镜体状;单层连续最长不超过2km,一般厚1~4m,最厚可达百米(由于鸿门岩向斜的北侧次级褶皱叠加)。

柏枝岩组在鸿门岩向斜北翼几乎全由基性火山岩组成,而南翼则出现较多的酸性成分的绢英片岩、绢片岩等。在盂县地区铁矿层不发育,砾岩层之上全为绿泥片岩。

②鸿门岩组($Ar_3^2h$)

鸿门岩位于繁峙县砂河至五台县台怀分水岭处。该组分布在鸿门岩复向斜的核部,东起繁峙县三十亩地,向西经鸿门岩、五台县竹林寺、李家庄到娘娘瑙,然后折向东北过代县崔家庄、繁峙县岩头,止于代县甘霖头一带。鸿门岩组包括下部碎屑岩、中部绿片岩(变基性火山岩)和上部变质粉砂质岩三个岩性段。下部碎屑岩段不稳定,常表现为白色较纯的石英岩,有时夹钙质长石石英岩(厚5~60m),有时相变成绢云石英片岩;盂县北部会理到南庄一线分布较连续,可作标志层;盂县七东村东山梁,本层石英岩下部出现直径为1~3m的砾石,含量占15%~30%。石英岩中常见细小的交错层。中部绿片岩段是鸿门岩组的主体,绿片岩中杏仁、气孔构造普遍发育,Na$_2$O 含量高(可达 4% ~ 6%),可称为变细碧岩,本段一般厚 600 ~ 800m。上部凝灰质粉砂质岩段在各处岩性有所不同:在豆村北山到金阁寺一带,为灰绿、灰黑色凝灰质千枚岩,出露厚近百米;在岩头一带,为褐色、白色钠长石英岩及钙质石英岩;台怀镇周围,为白色绢英岩、绢英片岩为主,其中可见粒级序与波痕。

综合柏枝岩组、鸿门岩组的特征,可以对台怀亚群总结出如下几点:①台怀亚群底部的变质砾岩,砾石含量变化大,成分复杂,厚度大,具有典型的底砾岩特征。在下部碎屑岩段沉积之后,进入以火山岩为主的喷发沉积阶段。②柏枝岩组和鸿门岩组的绿片岩几乎全由基性火山熔岩、基性凝灰岩变质而成,绢云片岩、绢英片岩可能为酸性火山岩,反映了柏枝岩组、鸿门岩组火山活动均由基性向酸性演化的趋势。因此,台怀亚群火山岩与石咀亚群基本相同,亦由两个从基性到酸性旋回构成。③柏枝岩组的铁矿分布在台怀亚群复向斜的北翼,常形成大、中型工业矿床。而复向斜南翼的铁矿量小,质差,形不成工业矿床,其原因除受复向斜次级褶皱叠加程度控制外,可能与铁矿围岩(基性火山岩发育程度)有关。

(3)高凡亚群:是一套浅变质的沉积岩,以暗色千枚岩为主,夹多层石英岩、变粉砂岩。按岩性分为两个组,下部洪寺组全由石英岩组成,上部羊蹄沟组以千枚岩为主,分述如下:

①洪寺组(Ar$_3^3$h)

洪寺组由厚层石英岩构成,厚度 20 ~ 100m。在殷家会村一带它由下部青黑色石英岩及上部白色石英岩夹变质粉砂岩组成,向西南到洪寺一带为白色石英岩。石英岩硅化程度高,常显油脂光泽,并与密集的石英脉伴生,呈厚层块状,偶见有波痕、交错层。沿走向可见它与变质粉砂岩呈相变关系。除西部选全梁以南到赵杲观一带缺失外,全区分布稳定。是高凡亚群底部的标志层。

②羊蹄沟组（$Ar_3^3y$）

按沉积旋回划分（包括底部洪寺组石英岩在内），由碎屑岩到泥质岩共可划分五个沉积旋回。每个旋回厚130~250m。一般旋回由石英岩→变粉砂岩→粉砂质千枚岩→千枚岩四种岩性组成。发育得较好的旋回，其最上部以黑色碳质千枚岩告终。

高凡亚群石英岩中波痕发育，一般为对称不分叉小波痕，属弱浪带滨岸环境下形成。常伴生有小交错层系，厚10~20cm，斜层理倾角为10~20°，呈多向多次切割。羊蹄沟组泥质粉砂岩中交错层十分发育，弧形交错层多次切割，纵断面呈鱼鳞状，斜层理倾角一般为20°左右；粉砂质千枚岩的韵律层特别发育，由深浅不同色泽的条带和粉砂质、泥质条带构成，递变层厚3~4cm，最大可达20~30cm。此岩类常发育有包卷层理，有的含黑色燧石结核。这些特征反映它是动荡环境下的产物，其暗灰的色调代表了还原环境，无泥裂表明处于水下，包卷层代表了水下斜坡。在高凡和西会等地，尚可见到比较完整的鲍玛序列，因此，它具浊流沉积特点。

(三)原岩分析与古构造环境分析

太古界地层普遍经历了广泛的区域变质作用，但变质作用的程度有所差别，阜平群及相当的地层变质程度较深，属于角闪岩相—麻粒岩相，并经历了后期变质作用的叠加和改造，常发生退变质作用，岩石中的混合化作用较强烈，以大面积出露条带状、条痕状混合岩为特征。五台群及相当的地层变质程度略浅一些，达绿片岩相、低角闪岩相，由于变质作用时间长，期次多，变质引起的叠加结构、叠加构造及退变质现象十分发育。由于变质岩的形成，其原岩既有沉积岩，也有岩浆岩，因而分析正、副变质岩和对原岩的类型进行分析具有重要意义，可以进一步分析原岩形成时期的古地理和古构造环境。

1.原岩分析

识别和恢复变质岩的性质是一项十分重要的工作,必须综合研究各种可能的标志,以指示原岩在作用前的形成特点,经研究的标志有几个方面[49]:①地质产状和岩石组合,副变质岩一般承袭层状地层的特点,变质岩组合上有些表现出沉积旋回或其他沉积建造的共生组合;正变质产状一般为不规则的封闭形较扁或成脉状穿插围岩。②矿物成分和矿物共生组合,某些沉积岩与岩浆岩在化学成分特点上不同,因而正副变质岩中的矿物成分及其组合可有很大的差别,形成不同的标志矿物组合。③结构、构造特征,变质作用后保留下来的原岩结构、构造特征是识别和恢复原岩性质的可靠标志。副变质岩中常可见到砂状结构、泥状结构、泥性构造、层面构造等变余结构构造,正变质岩中则常见有变余辉长、辉绿结构、变余杏仁构造、变余花岗结构等特征。④岩石地球化学特征,利用计算和图解的方法,采用岩浆岩和沉积岩的化学成分可以直接进行对比来进行正副变质岩的判断。⑤副矿物特征,副矿物由于变化不大,往往能保留了原岩的特征,对恢复原岩也能起到一定的作用。总之,通过野外仔细观察,充分收集资料,结合室内分析即可对原岩进行恢复。

本研究区的原岩恢复工作已有较深入的研究,总结前人的工作[49],研究区的变质岩与原岩有以下几个类型:

(1)浅粒岩:常见保留某些原始成层特点,另有一定层位,多与大理岩等正常沉积共生,组成沉积韵律,自身发育变余沉积结构构造,副矿物呈明显碎屑产出,分析其为副变质岩,原岩主要为长石质砂岩。

(2)黑云斜长片麻岩—角闪斜长片麻岩:此类岩石类型较多,基于其多呈层状产出,多构成浅粒岩—大理岩韵律的中间组合,具局部残留沉积构造和部分副矿物碎屑;具此类特征的为副变质岩,原岩为长石质砂岩,少数杂砂岩、泥质砂岩、粘土岩;也有些呈团块、透镜状和不规则团块的,认为属正变质岩,原岩主要为中酸性的闪长岩或花岗闪长岩。

(3)斜长角闪岩:多呈夹层产于片麻岩中,也有斜截层理,零散分布于地层中。据其产状、结构构造、矿物组合可分为两类:①副变质的斜长角闪岩,多赋存于大理岩系中,或与含铁岩系具成生联系,与其他岩石组成明显的沉积韵律,原岩分析为碳酸盐质含铁粘土岩和部分泥灰岩,个别长石质砂岩。②正变质斜长角闪岩,一般呈小岩株、岩盘、岩脉、透镜状、团块状等不规则形态,平行或斜交围岩层理,与围岩呈侵入接触,原岩分析为辉长—辉绿岩类侵入岩为主,少量辉长—闪长岩类侵入岩。

(4)麻粒岩:可分为两类浅色麻粒岩和深色麻粒岩,虽然岩性不同,但具有共同性:成层产出,成夹层赋存于副变质的片麻岩中,或与大理岩共生,并具相似的沉积特征,分析其原岩主要为粘土沉积岩。

(5)大理岩及白云质大理岩:多呈层状出现于各组段地层上部或顶部,有时成透镜状夹于片麻岩中,常与斜长角闪岩,透辉变粒岩等共生或互呈相变,分析其原岩,为各类灰岩、白云岩,均属正常沉积岩。

(6)变粒岩:可分为云母变粒岩、角闪变粒岩和透辉变粒岩。多呈夹层赋存于片麻岩、浅粒岩中,透辉变粒岩有时可构成大理岩夹层,并与大理岩、斜长角闪岩呈相变关系。①云母变粒岩据其呈层状,常夹于沉积变质含铁岩系地层中,赋存于浅粒岩或长石石英岩—大理岩的沉积韵律中,分析原岩主要为粘土及半粘土质岩,部分以富铝或含碳质为特征。②角闪变粒岩,据其成层状,常与云母变粒岩共生,或为相变,分析原岩为富铁镁的半粘土质或粘土岩。③透辉变粒岩,多产于大理岩系中呈夹层产出,或与大理岩互呈相变,分析原岩为不纯钙(镁)质沉积岩。

(7)长石石英岩:主要产于大理岩系岩层中,或与浅粒岩、石英岩伴生,多为夹层,长英矿物呈碎屑状,石英呈砂状残余,分析原岩为长石石英质砂岩。

(8)石英岩:多见于大理岩系地层中,呈夹层或构成沉积韵律的底部岩层。含大量石英、碎屑状石英,以及矽线石、石墨等典型沉积变质矿物,含砾,副矿物的滚圆状及碎屑颗粒,分析其原岩为石英砂岩。

(9)片岩类:具有明显片状构造为特征,可划分为云母片岩、石英片岩、绿泥片岩、角闪片岩等类型。

①云母片岩、云母石英片岩:多呈层状产出,常与云母变粒岩呈过渡关系,延伸较稳定,可见变余层状构造;变余砂状结构,原岩分析认为:云母片岩为泥质岩和砂质泥岩;云母石英片岩为砂质岩,部分为火山凝灰岩及泥质岩,少数为酸性火山岩。

②绿片岩及绿泥石英片岩类:以绿泥石、阳起石等绿色矿物为主的一种片岩类。原岩结构残留较多,常见有变余斑状、变余辉绿、变余交织等结构以及变余气孔、变余杏仁、变余枕状、变余熔渣状构造等火山熔岩的结构构造,分析原岩为火山岩和火山碎屑岩,绝大部分为拉斑玄武岩,少数为细碧岩。

③角闪片岩和角闪石英片岩类:呈夹层状产于变粒岩和斜长角闪岩中。结合产状和结构构造,分析原岩类型大致有熔岩、凝灰岩和砂质碎屑岩三种,特征分别为:熔岩形成的角闪片岩单层厚度较大,偶见变余的不规则气孔构造;凝灰岩形成的,常呈斜长角闪岩及变粒岩夹层,厚度小,岩性不均一;砂质碎屑岩多形成角闪石

英片岩,呈变粒岩的夹层,是砂质岩的化学特征。

(10)板岩、千枚岩类:板岩是板状构造特征,板理承袭了原岩层理或与层理斜交;千枚岩的片状矿物(绢云母等)是明显的定向性,构成丝绢光泽和千枚构造。从它们成层产出,与上下岩层整合接触,同碎屑岩、碳酸盐类岩石呈渐变过渡关系,岩石中变余沉积结构明显分析认为,板岩、千枚岩的原岩为粘土岩、粘土质岩、粘土质粉砂岩,少量为火山凝灰岩。

2.沉积建造分析与古地理环境分析

研究区太古界两套地层虽然都经过了变质作用,但根据原岩恢复的分析,可以反演其原有的沉积建造类型,推断其古地理环境特征(见图3-3)。

(1)阜平群:根据原岩恢复分析,阜平群主要为一套砂质、砂泥质和泥砂质、粘土和半粘土、含碳粘土、碳酸盐质含铁粘土、不纯碳酸盐岩和碳酸盐岩,以及硅铁质沉积,同时,还有少量基性火山岩和酸性火山岩,其沉积厚度巨大,最大厚度超过2万米。综合主体在河北省的阜平群下部各组岩性分析,其特点是各组以粗碎屑岩开始,以大理岩或斜长角闪岩结束,体现了海侵沉积韵律,构成了具有一定沉积韵律的类复理石建造,下部陈庄亚群沉积环境,从原岩为砂泥岩、泥砂岩和类似成分的粘土岩或半粘土岩沉积物分析,古地理环境应为海中离岸较远的沉积环境,部分地段伴有碳酸盐质含铁粘土岩以及碳酸盐岩或不纯碳酸盐岩的沉积也说明了这一点。中部蛟潭庄亚群成分相对均一,简单的长石石英岩、长石砂岩、石英岩及相应砂泥质、泥砂质、半粘土质岩石,表明沉积环境为远距离搬运,能够得到较好分选的地段,加之各组时期出现的较厚质地较纯的碳酸盐岩石、白云质碳酸盐岩石,反映了地壳运动相对平稳处于广阔的浅海环境。上部龙泉关亚群沉积之前经历了一次构造运动(桑园口变动),使龙泉关亚群与下伏蛟潭庄亚群呈不整合接触(桑园口不整合)。龙泉关亚群原多接受各种砂质、砂泥质、泥砂质沉积,表现了地壳处于极其频繁的动荡条件,各组段晚期沉积有少量碳酸盐岩石,反映晚期短暂处于浅海平静环境,此处一直处于海水较浅,但不稳定环境,故多堆积多种碎屑物质。

总之,由阜平群各组大都由浅粒岩→片麻岩或变粒岩→斜长角闪岩→钙硅酸岩→大理岩系构成的旋回,反映了原岩为碎屑岩→泥质岩→泥质灰岩→碳酸盐的沉积建造系列,也表明了沉积环境为不平稳动荡到相对平稳,古地形差异较大到相对平坦的海相环境。

(2)五台群:变质程度较阜平群浅,石咀亚群为角闪岩相,台怀亚群和高凡亚群属绿片岩相,各亚群之间均为角度不整合接触,表明经历了多次构造运动。各亚群沉积建造的特征各不相同,反映了不同的古地理环境。①石咀亚群,划分五个组,从下到上,板峪口组以变质沉积岩为主,是陆源碎屑岩建造,夹少量浅海碳酸盐建造,反映地壳下沉开始;金岗库组出现铁铝建造,先沉积铁后沉积铝,反映长时期风化剥蚀后(铁堡运动之后风化剥蚀见照片1)地壳再次下沉,接受海侵早期正常沉积序列,其间夹斜长角闪岩表明有基性熔岩喷发;从庄旺组开始到文溪组和滑车岭组开始进入火山岩沉积为主的阶段,庄旺组为层凝灰岩建造,文溪组为拉斑玄武岩建造和火山硅铁建造,滑车岭组为中酸性火山凝灰岩、层凝灰岩建造,反映了火山喷发的基性—酸性旋回。其中的正常沉积岩夹层以泥质、粉砂质为主,据残存微层理、韵律层分析,应属浊流相,代表深水环境,标志着石咀亚群古地理环境由早期浅水相进入深水相。②台怀亚群下部为柏枝岩组,底部为厚达百余米的变质砂砾岩,表明石咀亚群经历强烈风化剥蚀作用(甘泉运动),然后才开始沉积,

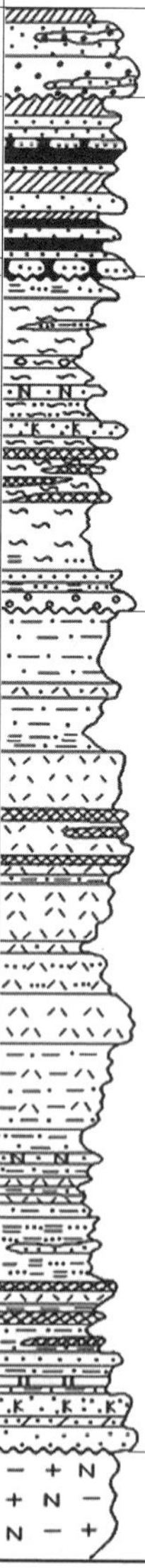

| 地层划分 | | | 岩性花纹 | 厚度(米) 1:5万 | 岩性简述 | 地质作用特征 | |
|---|---|---|---|---|---|---|---|
| 群 | 组 | 段 | | | | 沉积建造 | 变质作用 |
| 滹沱群 | 四集庄组 | | | | 变质砾岩 | 底部碎屑建造 | 次绿片岩相 |
| | | | | | | —金洞梁运动— | |
| 高凡亚群 | 羊蹄沟组 | | | 1073 | 石英岩、变粉砂岩、千枚岩组成五个沉积旋回 | 粉砂岩黑色页岩、浊流建造 | |
| | 洪寺组 | | | 88 | | | |
| | | | | 115 | | —探马石运动— | |
| 台怀亚群 | 鸿门岩组 | | | 737 | 上下碎屑岩段 中间绿泥片岩、绿泥石英片岩夹绢云片岩、绿泥钠长片岩 | 细碧岩建造 | 绿片岩相 |
| | | | | 91 | | | |
| | 柏枝岩组 | 含铁岩段 | | 395 | 绿泥片岩夹磁铁石英岩 | 火山——硅铁建造 | |
| | | 绿片岩段 | | 464 | 绿泥片岩 | | |
| | | 碎屑岩段 | | 276 | 变质砂岩 | 底部碎屑建造 | |
| | | | | | | —甘泉运动— | |
| 石咀亚群 | 滑车岭组 | | | 890 | 黑云变粒岩夹角闪变粒岩少量二云变粒岩 | 中酸性火山凝灰岩、层凝灰岩建造 | 角闪岩相区域变质、局部混合化 |
| | 文溪组 | 含铁岩段 | | 720 | 斜长角闪岩夹磁铁石英岩 | 火山——硅铁建造 | |
| | | 角闪岩段 | | 1126 | 斜长角闪岩夹少量角闪变粒岩、角闪石英片岩及黑云变粒岩 | 接斑玄武岩建造 | |
| | 庄旺组 | | | 1118 | 黑云变粒岩夹少量云角闪变粒岩及少量浅粒岩斜长角闪岩 | 凝灰岩、层凝灰岩建造 | |
| | 金岗库组 | 富铝岩段 | | 395 | 白云石英片岩、二云石英片岩夹少量石英岩 | 下部铁铝建造 | |
| | | 富铁岩段 | | 440 | 黑云变粒岩夹磁铁石英岩斜长角闪岩 | | |
| | 板峪口组 | | | 80 | 上下碎屑岩段(石英岩) | 底部碎屑建造 | |
| | | | | 200 | | | |
| | | | | 397 | 中间黑云变粒岩夹透闪大理岩 | | |
| | | | | | | —铁堡运动— | |
| 阜平群 | | | | | 混合岩化黑云斜长片麻岩 | | |

图3-3 五台山及邻区太古界综合柱状图(引自文献100)

砾石成分复杂,变化大,反映砾岩只是近距离搬运,属滨海近岸碎屑沉积建造。柏枝岩组和鸿门岩组的绿片岩几乎全由基性火山熔岩、基性凝灰岩变质而成,既有枕状构造,又与碳酸盐沉积伴生,反映了海相水下喷发环境,下部以基性熔岩为主,上部出现酸性凝灰质岩石,反映基性→酸性的喷发旋回。其中柏枝岩组磁铁石英岩与基性火山岩发育呈正相关,表明火山喷发与铁矿富集有关。③高凡亚群是一大套浅变质的沉积岩,以泥质岩为主,夹石英与变粉砂岩,构成五个沉积旋回。一般由石英岩→变粉砂岩→粉砂质千枚岩→千枚岩四种岩性。石英岩中波痕发育,常为对称不分叉小波痕,表明为弱波带滨岸环境。泥质粉砂岩中交错层理十分发育,粉砂质千枚岩韵律层十分发育,常有包卷层理,有黑色结核出现,反映了动荡环境下的产物,暗灰的色调表明处于还原环境,无泥裂出现说明处于水下,包卷层代表水下斜坡,显然,这是浊流沉积建造的特点。

## 二、元古界地层建造序列

区内元古界地层可划分为两套,下部是下元古界的滹沱群,分布在五台山南麓地区,由豆村亚群、东冶亚群和郭家寨亚群组成,吕梁山区分布有相当的地层——岚河群、野鸡山群和黑茶山群。两个地区的三个层可以对比,具有相似的岩性特征。上部中元古界长城系出露较少,仅在五台山局部地段分布有常洲沟组和高于庄组以及吕梁山临县汉高山一带分布有汉高山群。滹沱群的研究历史较早,与下伏五台群、阜平群现认为是华北克拉通基底的三套地层,具有对比意义。长城系由于出露不全,分布零散,对其研究曾有较大的争议,特别是对早期研究者(李希霍芬,1871;维理士,1904;葛利普,1992)观点的修正,经历了相当长的时间,随着对具有标志意义的"汉高山砂岩"、"茶坊子灰岩"、"霍山砂岩"的归属逐步厘定,目前已基本确定了区内长城系出露地层的层序与归属。

(一)地层分布区域

研究区元古界地层分布可划分为两个区域:五台山—恒山地区和吕梁山北端地区。

五台山—恒山地区下元古界滹沱群出露面积大,主要分布在五台山南麓向西南延伸至忻定盆地中的金山凸起,呈北东向展布;中上元古界仅有长城系地层,长城系地层则仅出露在五台山—恒山东部呈零星状分布,从南到北分布于五台、繁峙到灵丘、浑源一带。

吕梁山北端地区下元古界岚河群、野鸡山群和黑茶山群从南向北呈长条状分布在临县汉高山、兴县黑茶山、岚县、岢岚、静乐直到宁武芦芽山一带。长城系则仅在阳曲县关口一带钻孔中发现汉高山群"关口火山岩",区内地面未见出露。

(二)地层层序及岩性组合

区内元古界地层可划分为两大套,即下元古界滹沱群和中元古界长城系地层,每一套又划分若干群(或组)。

上覆:古生界寒武系以后地层

～～～～～～～～～不整合～～～～～～～～～

长城系:高于庄组

　　　　上常洲沟组

滹沱群:郭家寨亚群(黑茶山群)

　　　　东冶亚群(野鸡山群)

　　　　豆村亚群(岚河群)

～～～～～～～～～不整合～～～～～～～～～

下伏:太古界地层

1.滹沱群

滹沱群主要分布在五台山南麓滹沱河两岸,是滹沱群的命名地,出露广泛;吕梁山北端地区则出露相当于滹沱群的岚河群、野鸡山群和黑茶山群。

(1)五台山区滹沱群,是一套以浅变质的沉积岩为主的,发育着叠层石的地层,内部包含数个不整合面和沉积间断面。根据不整合和沉积间断面由老到新划分为三个群:豆村亚群、东冶亚群和郭家寨亚群(见图3-4、3-5)。

①豆村亚群:以碎屑岩为主的一套沉积地层,明显具有旋回性。从老到新:四集庄组以变质砾岩为主,上部有少量泥质胶结石英岩,顶部为砂质千枚岩、千枚岩,层位稳定,是与南台组的分界标志,变质砾岩砾石成分各地不一,受下伏地层岩性控制,胶结物有两类,泥质和砂质。南台组以石英岩为主,发育交错层理和波痕,底部有薄层的变质砾为主,上部出现较厚的千枚岩,顶部为砂质大理岩。大石岭组以千枚岩为主,下部为钙质石英岩,其底部含有石英大理岩砾石,中部以千枚岩为主,夹结晶白云岩,上部出现厚层白云岩。这三个组自下而上碎屑逐渐变细,泥质岩增加,然后出现碳酸盐岩。

②东冶亚群:是以碳酸盐岩为主的沉积地层。下部三个组青石村组、纹山组和河边村组基本上由砂—泥—碳酸盐旋回构成,主要岩性为各有特点,青石村组下部为千枚岩夹结晶白云岩,中部为千枚岩夹石英岩,上部为变质火山岩,石英岩中交错层理发育,泥质岩韵律发育,结晶白云岩中可见叠层石,火山岩变质程度较高已成斜长角闪岩、角闪片岩。纹山组下部以石英岩为主,交错层理发育。中部以千枚岩为主,上部以结晶白云岩为主,含有燧石质叠层石。河边村组为滹沱群中首次出现的碳酸盐岩为主的岩组,岩性简单,以白云岩为主,下部为少量石英岩、板岩,顶部白云岩中夹有一层变质基性火山岩。白云岩中含有多层叠层石,常出现燧石条带。顶

部基性火山岩层位稳定,是区域性稳定的标志层。东冶亚群上部三个组基本上由泥——碳酸盐岩组成,分别是:瑶池村组,下段以千枚岩为主,夹结晶白云岩,顶部有一层厚 10~20m 的白色石英岩,称殊宫寺石英岩,可作瑶池村组的标志层,中段以结晶白云岩为主,夹较多的千枚岩;上段主要为结晶白云岩,仅在底部有少量千枚岩。白云岩中含丰富的叠层石。北大兴组可分两段,下段以千枚岩为主,夹结晶白云岩,含有手指状叠层石,可做底部标志层,上段以结晶白云岩为主,几乎不含其他岩性夹层,含有似铅笔粗细的燧石为中轴密集生长的叠层石,为上段标志层。天蓬垴组以千枚岩为主,下部为灰绿色绢千枚岩,夹少量变质粉砂岩,局部地段见灰黑色、灰紫色千枚岩;中部千枚岩夹结晶白云岩,白云岩产少量叠层石;上部为紫红色、灰绿色千枚岩夹串珠状、香肠状、条带状大理岩。

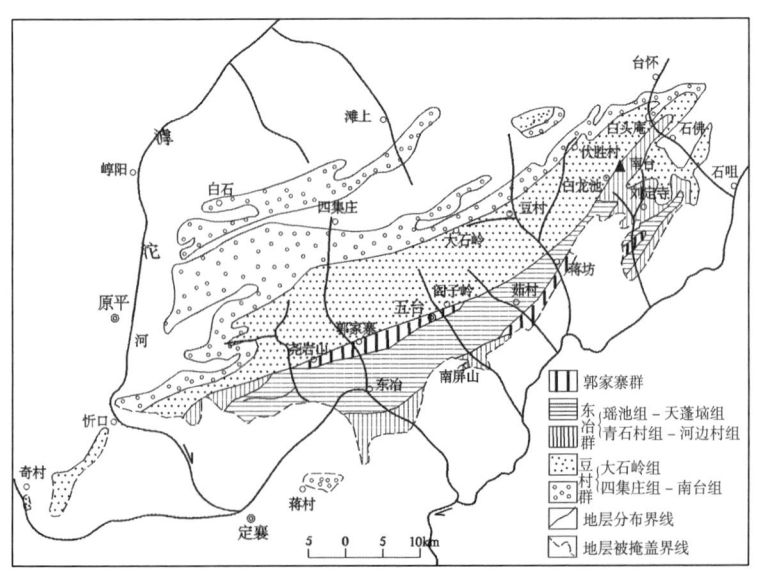

图 3-4 五台山区滹沱群地层分布图(引自文献 100)

# 第三章 地层沉积特征及古地理环境分析

| 地层单位 | | | 厚度(m) | 柱状图 | 岩性描述 | 主要沉积构造 |
|---|---|---|---|---|---|---|
| 亚群 | 组 | (段) | | | | |
| 长城系常州沟组 | | | | | 白色石英砂岩 | 波痕、交错层 |
| | | | | | 角度不整合 | |
| 郭家寨亚群 | 雕王山组 | | >200 | | 变质砾岩夹石英岩 | 块状层 |
| | 黑山背组 | | 493 | | 粗粒含砾长石石英岩夹石英岩变质砾岩 | 交错层发育具有斜层理,下部有大型碟坑理 |
| | 西河里组 | | 239 | | 千枚岩,砂质千枚岩夹石英岩底部有不稳定的变质砾岩 | 千枚岩泥裂发育有雨霾痕石英岩有交错层 |
| | | | | | 解離不整合 | |
| 东冶亚群 | 天蓬垴组 | | >971 | | 上部串珠状、午肠状大理岩夹板岩,中部灰绿色板岩夹大理岩、白云岩,中下部粉砂质板岩、板岩夹白云岩,下部灰褐色板岩 | 大理岩干缩成串珠状香肠状板岩,具条带状构造,偶含叠层石 |
| | 北大兴组 | | 1484 | | 厚层–巨厚层泥晶白云岩,中部含燧石条纹带白云大理岩,底部厚层白云岩与灰绿色板岩互层 | 白云大理岩的条纹、条带构造发育 |
| | 瑶池村组 | 三段 | 469 | | 上部深灰色厚层白云岩,中部厚层白云岩,下部紫红色板岩夹白云岩 | 具薄皮状构造,条带、条纹构造发育 |
| | | 二段 | 975 | | 青灰色泥晶白云岩夹灰绿色板岩 | 白云岩具薄皮状构造,叠层石发育 |
| | | 一段 | 762 | | 灰绿色板岩夹白云岩,中部夹少量石英岩,顶部为白色石英岩(殊宫寺石英岩) | 石英岩具交错层,千枚岩韵律构造发育,白云岩中有竹叶状构造,冲刷构造 |
| | 河边村组 | | 553 | | 顶部变玄武岩,中部厚层白云岩,下部石英岩夹千枚岩,砂质白云岩底部石英岩夹白云岩 | 具气孔杏仁构造,石英岩中波痕发育,底部具韵律层,叠层石发育 |
| | 纹山组 | | 368 | | 上部白云岩,中部块状千枚岩,下部厚层石英岩,底部有砾岩 | 石英岩中交错层发育,底部具包卷层 |
| | | | | | 间断 微角度不整合 | |
| | 青石村组 | | >994 | | 上部变玄武岩,局部有风化壳夹少量板岩,中部石英岩与板岩互层,下部灰绿色千枚岩夹白云岩 | 具气孔、气管、杏仁构造,千枚岩中有雨霾痕发育石英岩交错层理发育,底部具包卷层,偶含叠层石 |
| | | | | | 间 断 | |
| 豆村亚群 | 大石岭组 | 南大贤段 | >548 | | 上部厚层结晶白云岩夹薄层结晶白云岩,中部中厚层结晶白云岩 | 局部大量石盐假晶,含叠层石 |
| | | 神仙堖段 | 423 | | 灰紫色千枚岩夹少量石英岩、中层白云岩、钙质石英岩 | 泥裂、石盐假晶韵律层,凸镜层状 |
| | | 盘道岭段 | 402 | | 青灰色千枚岩中厚层白云岩与钙质石项岩 | 出现叠层石 |
| | | 谷泉山段 | 540 | | 钙质石英岩夹硅质石英岩及少量千枚岩,底部含不稳定底砾岩 | 波痕、泥裂、交错层 |
| | 南台组 | 木山岭段 | 280 | | 上部大理岩与千枚岩互层,下部千枚岩夹大理岩 | 平行层理、块状层理 |
| | | 寿阳山段 | 524 | | 灰红色石英岩、灰绝色石英岩夹千枚岩、砾岩 | 交错层、波痕、小冲刷层 |
| | 四集庄组 | | 355 | | 泥砂质胶结变质砾岩、石英岩、顶部千枚岩 | 块状层 |
| | | | | | 角度不整合 | |
| 五台群高凡亚群 | | | | | 灰黑色千枚岩夹变质粉砂岩、石英岩 | |

图 3-5 五台山区滹沱群综合柱状图(引自文献 100)

③郭家寨组：由老到新划分为三个组：下部西河里组以板岩、千枚岩为主，底部往往发育有底砾岩，其砾石多为下伏东冶亚群的各种白云岩，底砾岩之上为紫灰色砂质板岩、千枚岩、变质砂岩，再上为灰紫色中粗粒变质砂岩，最上为石英岩夹千枚岩。下部常在古风化面凹处形成一套紫红色硅石角砾岩，呈漏斗状产出，岩性为铁质硅质角砾岩或含砂砾屑铁质千枚岩。中部黑山背组以厚——巨厚层肉红色长石石英岩为主发育巨型交错层理，中部偶夹中薄层细粒石英岩，一般含稀疏砾石，夹有似层状——透镜状变质砾岩，砾石大而圆，成分为石英岩为主，少量白云岩。上部雕王山组为一套巨厚的变质砾岩，砾石以各种白云岩为主，尚有石英岩及少量千枚岩、板岩，砾石大而滚圆度好，常见含叠层石的白云岩砾石。雕王山组分布局限在雕王山和阳坡山两处，面积较小。

（2）吕梁山北端地区：相当于滹沱群的地层自下而上由岚河群、野鸡山群、黑茶山群三个群组成，是一套具有沉积韵律的浅变质沉积岩。

①岚河群：由老到新可划分五个组，风子山组由变质砾岩、长石石英等浅变质粗碎屑岩组成，自下而上显示由粗到细的变化，砾岩中砾石成分以石英岩为主，大而圆，胶结物以砂质为主。前马宗组由变质砾岩——长石石英岩两个岩性段构成。后马宗组由砾岩、石英岩、千枚岩和结晶白云岩所组成，形成一个较完整的海侵旋回，白云岩中含叠层石。石窑凹组由一个完整沉积旋回组成，下部石英岩、千枚岩、绿色片岩，中部含砾石石英岩、千枚岩，上部千枚岩、结晶白云岩组成。绿色片岩中具气孔杏仁构造，标明其由基性火山岩变质而成。乱石村组几乎全由碎屑岩组成。底部为柳叶状变质砾石，其上为石英岩，局部地层顶部出现巨厚的变质砾岩，砾石由石英岩构成，大而圆，含量极高达90%。

②野鸡山群：由老到新可划分三个组，青杨树湾组以长石石英岩为主夹千枚岩，底部有不稳定的变质砾岩，呈透镜状产出，上部夹千枚岩。石英岩条带状构造发育，局部见交错层理，千枚岩以粉砂岩为主，小韵律发育。白龙山组基本全由变基性火山岩组成，岩性有角闪变粒岩、斜长角闪岩、似斑状角闪岩等，杏仁气孔构造保留完好。常见有千枚岩、长石石英岩等夹层，局部有变流纹岩夹层，还出现有薄层大理岩夹层。程道沟组以暗灰色、灰黑色千枚岩为主；条带构造发育，大部分条带由泥质、粉砂质构成，有时有钙质条带，构成密集的小韵律层，具复理石建造的特点。

③黑茶山群：由较单调的灰白色粗粒长石石英岩组成。底部石英岩中有绢云母。本群底部砾岩呈透镜状，砾石大而圆，石英岩为主，次为脉石英，稀疏散布于粗粒长石石英岩之中。因岩性坚硬，本群常成矗立于周围群山的高峰。

2. 长城系

中元古界在研究区仅有长城系分布，其余蓟县系、青白口系和震旦系均缺失。长城系的出露也很局限，仅在五台山—恒山地区出露上常州沟组和高于庄组，吕梁山北端仅见于阳曲县关口一带钻孔中的汉高山群"关口火山岩"，地面未见出露。

（1）五台山区长城系：仅见于五台山南缘五台县陈家庄、松林村、南屏山一带出露中长城系的上常州组、上长城系的高于庄组和五台山北麓，繁峙县茶坊子村一带出露的高于庄组。

①上常州沟组：主要岩性为白色石英岩状砂岩与含海绿石砂岩的红色含铁石英岩状砂岩互层。砂岩质纯、致密、坚硬，以角度不整合覆盖在滹沱群郭家寨亚群之上。

②高于庄组：从五台陈家庄向北至繁峙茶坊子呈不连续零星分布，从下至上可划分四个岩性段：一段以浅灰色、青灰色、灰白色

中层夹薄层含燧石条带,条纹白云岩为主,底部夹少量紫红色白云质页岩,最底部有不厚的白云质砂岩、石英岩状砂岩、含砾砂岩。二段从下到上为浅粉红色、粉红色薄层页岩,夹薄层白云质页岩,中部灰色、灰黑色、黑色页岩,有时夹薄层泥质白云岩,上部粉红色夹灰色薄层、薄板状白云岩。三段为灰黑色、微粉红色厚层、巨厚层白云岩,质较纯,很少含燧石条带和结核。四段主要为灰色、灰色夹黑褐色、淡粉红色中厚层含大量燧石硅质条带白云岩。

(2)吕梁山北端汉高山群:主要分布在临县汉高山一带,是一套由岩性为紫绿色及黄绿色砂砾岩、长石砂岩、紫红色砂质页岩和页岩组成的陆相河湖型堆积物(俗称汉高砂岩),其中第三组夹一层火山岩,研究区阳曲县关口村一带钻孔中可见相当层位的火山岩,厚300米,下部为火山玄武岩,上部为英安流纹岩,称为"关口火山岩"。

(三)沉积建造与古地理环境分析

研究区元古界地层是两套不同的岩石特征组合,下部滹沱群及相当地层是经历了区域变质作用的浅变质沉积岩系,上部长城系地层则未经历区域变质作用,它们形成时期的古地理环境地各有不同。

1.滹沱群的沉积建造特征及古地理环境分析

(1)五台山区特征分析:五台山区滹沱群的沉积建造过程可划分为九个沉积旋回,其完整性不大相同,对各组中厚度大于百分之四十的岩类连成曲线,得出主要岩类演化曲线(图3-6)。分析图中曲线可见其沉积旋回特征:①滹沱群本身是一个巨大的海侵——海退旋回:豆村亚群开始海侵,东冶亚群达到顶峰,郭家寨亚群则是大规模的海退。②豆村亚群的三个组构成一个二级海侵旋回:四集庄组以砾岩为主,南台组以砂岩为主,大石岭组以碳酸盐岩为主,东冶亚群总体也构成一个二级海侵旋回;早期泥质为主(青石村组),中期碳酸盐岩为主(河边村组、北大兴组),后期海退到以泥质为主(天蓬垴组)。③每个组本身又形成三级沉积旋回,形成不同特点的旋回特征:

四集庄组:砾—砂—泥(局部碳酸盐岩),以砾为主;

大石岭组:砾—砂—泥—碳酸盐岩,以碳酸盐岩为主;

青石村组:早期 泥—碳酸盐岩(海侵)

后期 碳酸盐岩—泥—砂(海退),

总体以泥质为主;

纹山组:砂—泥—碳酸盐岩(海侵)

河边村组:砂—泥—碳酸盐岩(海侵)

瑶池村组:泥—碳酸盐岩(海侵)

北大兴组:泥—碳酸盐岩(海侵)

天蓬垴组:泥—碳酸盐、泥—碳酸盐岩(两个海侵)

根据各组地层的分布区域特征,结合沉积旋回,五台山区滹沱期的古地理环境演变特征大致为:①初期四集庄组是在古地形高差大、变化复杂的情况下开始海侵,形成指状海湾及半岛,沉积了粗碎屑岩,稳定后以沉积泥质为主,南台组时,古地形高差缩小,沉积物变细,下部砂岩为主,上部泥岩夹碳酸盐岩为主。②大石岭组沉积之前发生局部变动,金山出现角度不整合,谷泉山表现为超覆,豆村为间断。海侵继续,地形高差进一步缩小,半岛沉没消失,滹沱海盆形成,后期在浅海处发育叠层石(大石岭组上部)。③东冶亚群从青石村开始海侵,以大量泥质沉积开始,出现大规模火山喷发,地壳大幅度沉降,纹山组-河边村组-瑶池村组,沉降越来越深,碳酸盐岩越来越厚,叠层石越来越发育,瑶池村组末期达到顶峰。

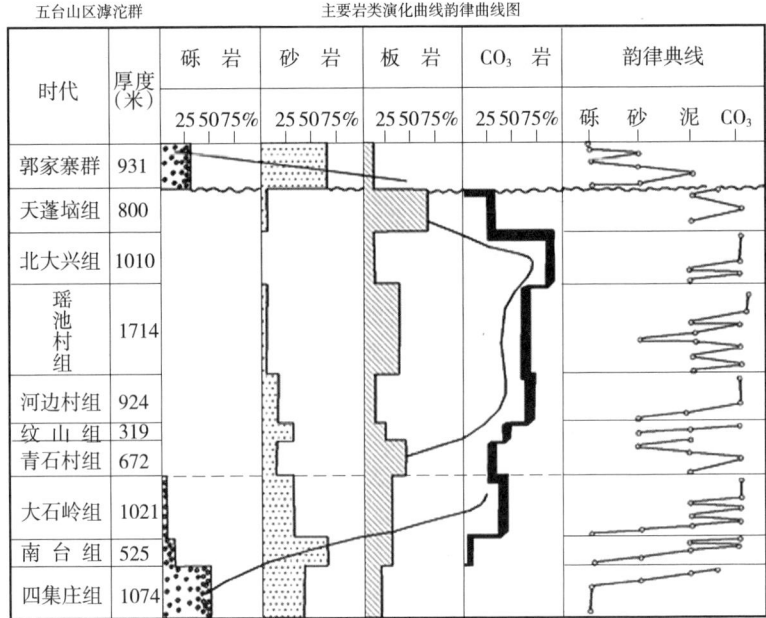

图 3-6 五台山区滹沱群主要岩类演化图(引自文献 100)

④北大兴组盆地开始回返上升,白云岩中 Si 质含量增高,MgO 含量降低。天蓬垴出现大海退,碳酸盐岩地层由浅海相变为滨海、潮坪相,叠层石大量消亡。⑤郭家寨亚群沉积之前出现地壳重大变化,全面回返隆起,伴随许多褶皱、变质作用,郭家寨亚群沉积了山间盆地磨拉石相沉积。

(2)吕梁山北端地区特征分析:吕梁山北端地区相当地层也构成一个巨大的海侵—海退旋回。①岚县群开始海侵,包括五个旋回:底部两个砾岩—砂岩半旋回,后马宗组为砾—砂—泥—碳酸盐岩完整海侵旋回,石窑凹组为砂—泥—碳酸盐岩又一个海侵旋回,乱石村组为砂—泥—砾的海侵海退旋回,总体看岚县群为一个大的海侵—海退旋回。②野鸡山群底部为青树湾组到程道沟组的砂—泥不完整海侵旋回。③黑茶山群全部进入海退序列,以含砾的长石石英岩为主。根据地层分布特征结合沉积旋回可见,吕梁山北端与五台山区有相似的古地理演变特征:滹沱初期,发生海侵,由早期碎屑沉积为主,到后期碳盐岩石为主,海侵范围扩大,沉降幅度加深,滹沱中期:局部发生地壳变动,出现差异升降,沿断裂有基性火山岩喷发;滹沱后期的白龙山组—程道沟组,则古断裂复活,引发大规模基性岩浆喷发,之后,西部下沉,沉积了复理石的页岩——粉砂岩建造;到滹沱末期,强裂地壳变动,整体降升,发生褶皱,黑茶山山前凹陷,堆积了巨厚碎屑岩。

2.长城系的沉积建造及古地理分析

长城系在吕梁山北端发育的汉高山群,是一套陆相河湖沉积建造,标明当时汉高山湖盆的存在,汉高山群第三组安山岩夹层和"关口火山岩"的存在说明在古吕梁山区出现过裂谷,并发生了沿裂谷的火山喷发作用。

五台地区的长城系广泛地零星分布,标明长城纪曾出现大面积的沉积地层,因后期改造只残留了零星地域(见照片2)。从残留地层的特点推断,长城纪常州沟组时期发育的是分选性好,粒度较细,成分较纯的石英砂岩并有海绿石砂岩夹层,标明沉积环境为浅海陆棚环境,到上部高于庄组时期则发育了以"茶房子灰岩"为代表的碳酸盐岩沉积建造,并含有叠层石,表明发生了大面积的海侵,出现了广阔的陆表海沉积环境。

## 三、古生界地层建造序列

研究区古生界地层包括寒武系、奥陶系、石炭系和二叠系分布广泛,寒武—奥陶系属早古生界,上部缺失志留系;石炭系—二叠系属晚古生界,下部缺失泥盆系。

(一)寒武系—奥陶系地层特征

1.分布区域

寒武系奥陶系在研究区广泛分布,除五台山、恒山、云中山、吕梁山等高山区部分被剥蚀外,其余地区广泛分布,其中宁静盆地和忻定盆地以及一些小型山间盆地被中生代或新生代地层覆盖。研究区寒武系—奥陶系地层除局部不整合于元古界滹沱群地层之上,多数不整合于太古界五台群之上,寒武系与奥陶系之间呈连续沉积关系,与上覆石炭系呈平行不整合接触,出现沉积间断,缺失志留系和泥盆系地层。

2.地层层序、岩性组合及沉积建造分析

寒武系—奥陶系地层在研究区从下到上分为二系五统十一组(见图3-7、图3-8)从下自上分述如下:

(1)寒武系下统:由馒头组和毛庄组组成,下部以砂砾岩、粉砂岩、砂质页岩、泥岩、页岩、泥灰岩组成,以泥质为主,砂质次之。上部以石英岩状砂岩、石英砂岩、粉砂岩、砂质页岩、白云岩组成,以砂质为主,泥质次之。由下而上组成二个完整的沉积旋回,属浅海相碎屑岩沉积建造。

(2)寒武系中统:由徐庄组、张夏组组成,主要由青灰色薄层状灰岩、中—厚层状鲕状灰岩、紫红色页岩、紫红色砂质页岩组。为一套浅海相沉积建造。张夏组中上部鲕状灰岩中常含有海绿石,鲕状灰岩是该统的标志性岩层。

(3)寒武系上统:由崮山组、长山组和凤山组组成,主要由灰色灰黄色薄层灰岩、竹叶状灰岩、白云质灰岩、泥质条带薄层灰岩、泥质白云岩、白云岩组成,是一套浅海相碳酸盐沉积建造。该统以含竹叶状灰岩为标志。

(4)奥陶系下统:由冶里组和亮甲山组组成。主要由白云质灰

# 第三章 地层沉积特征及古地理环境分析

| 时代 | 层号(T) | 地层柱状 | 厚度/m | 主要岩性 | 图例 |
|---|---|---|---|---|---|
| 凤山组 ($\varepsilon_3 f$) 153.4米 | 32 | | 33.1 | 薄层致密灰岩夹薄层竹叶状灰岩,泥质条带灰岩。 | 灰岩 |
| | 31 | | 44.2 | 白云岩夹一层厚约2厘米的泥质条带灰岩。 | 白云岩 |
| | | | | | 板状灰岩 |
| | 30 | | 39.7 | 青灰色带褐色薄层状泥质条带灰岩,上部泥质条带减少成质纯薄层灰岩。 | 泥质条带灰岩 |
| | 29 | | 11.4 | 青灰色薄层状灰岩夹黄绿色页岩。 | |
| 长山组 ($\varepsilon_3 c$) 7.6米 | 28 | | 25.0 | 致密状灰岩夹泥质条带灰岩下部夹有竹叶状灰岩,最底有10cm紫红色页岩。 | 竹叶状灰岩 |
| | 27 | | 5.5 | 板状灰岩夹竹叶状灰岩,底部夹含生物碎屑灰岩,下部薄层灰岩发育含竹叶状灰岩较多,上部竹叶状灰岩较少。 | 页岩 |
| | 26 | | | | |
| 崮山组 ($\varepsilon_3 g$) 56.6米 | 25 | | 2.1 | 肉红色竹叶状灰岩。 | |
| | 24 | | 7.9 | 板状灰岩夹竹叶状灰岩。含:光壳虫。 | 鲕状灰岩 |
| | 23 | | 20.2 | 紫红色页岩夹竹叶状灰岩,含生物碎屑岩(5-10厘米),多呈凸镜状。 | |
| | 22 | | 1.8 | 灰白色致密状灰岩,质较坚、性脆。 | |
| | 21 | | 22.8 | 板状灰岩夹竹叶状灰岩,呈紫红色胶结物。 | 泥质灰岩 |
| | | | 3.9 | 暗紫红色页岩夹竹叶状灰岩。 | |
| 张夏组 ($\varepsilon_2 z$) 100.1米 | 20 | | | 板状灰岩夹鲕状灰岩、致密状灰岩及黄绿色页岩。 | |
| | 19 | | | 薄板状灰岩夹鲕状灰岩、致密灰岩及暗紫红色页岩。 | |
| | 18 | | | 泥质条带鲕状灰岩夹薄板状灰岩。 | 结晶灰岩 |
| | 17 | | | 鲕状灰岩夹板状灰岩。 | |
| | 16 | | | 薄板状灰岩夹薄层鲕状灰岩。 | 粉砂岩 |
| | 15 | | | 底部鲕状灰岩,上部泥质灰岩夹板状灰岩。 | |
| | 14 | | | 灰褐色结晶灰岩夹薄板状灰岩。 | 石英岩状砂岩 |
| | 13 | | | 黑灰色鲕状灰岩含生物碎屑,底部有1米厚薄层状板状灰岩。 | |
| 徐庄组 ($\varepsilon_2 x$) 38.0米 | 11 | | | 鲕状灰岩。 | 砂质页岩 |
| | 10 | | | 灰白色薄板状灰岩夹灰褐色鲕状灰岩。 | |
| | | | | 紫红色页岩夹砖红色薄层状粉砂岩。 | |
| 馒头毛庄组 ($\varepsilon_1 m$-$\varepsilon_1 m$) 34.9米 | 8 | | | 灰带紫色薄层状白云岩,表面有次生角砾岩。 | 泥灰岩 |
| | 7 | | | 紫红色薄层粉砂岩,地貌成陡坎抗风化力强。 | |
| | 6 | | | 肉红色石英岩状砂岩夹紫红色砂岩及页岩。 | |
| | 5 | | | 紫红色砂质页岩夹薄层粉砂岩。 | |
| | 4 | | | 灰白色泥灰岩,其中见有直径0.5毫米锰质假鲕石。 | 含砾砂岩 |
| | 3 | | | 紫红色页岩夹灰白色薄层泥灰岩及紫红色粉砂岩。 | |
| | 2 | | | 暗紫红色夹泥岩及灰白色泥灰岩。 | |
| | 1 | | | 砖红色粉砂岩夹灰白色砂质泥岩。 | |
| 新太古代五台群 $Ar_3$ | | | | 含砾砂岩。肉红褐色,砂岩成分主要为石英,次之为钾长石及铁质。 | |

图3-7 寒武系地层柱状图

63

| 时代 | 层号(T) | 地层柱状 | 厚度/m | 主要岩性 | 图例 |
|---|---|---|---|---|---|
| 中石炭本溪组($C_2b$) | | | | 含铁铝土页岩。 | 灰岩 |
| 上马家沟组第二段($O_2m$)74.7米 | 57 | | 65.7m | 含泥质灰岩夹含泥质白云质灰岩。 | 石灰岩 |
| | 56 | | 9.0m | 黄灰色、黄色泥灰岩夹泥质灰岩。 | |
| 上马家沟组第一段($O_2m$)218.5米 | 55 | | 14.9m | 致密块状青灰色、褐色灰质白云岩。 | 泥灰岩 |
| | 54 | | 3.7m | 白云质灰岩夹薄层状泥质灰岩。 | |
| | 53 | | 35.8m | 致密块状至纯石灰岩。 | 泥质灰岩 |
| | 52 | | 71.8m | 豹皮状灰岩，间夹至纯石灰岩，上、下部各含生物化石。 | 白云质灰岩 |
| | 51 | | 19.6m | 薄层致密状灰岩。 | 灰质白云岩 |
| | 50 | | 35.4m | 中厚层状褐色豹皮状灰岩，含生物化石。 | |
| | 49 | | 19.6m | 致密状至纯石灰岩。 | 含角砾泥灰岩 |
| | 48 | | 17.7m | 黄白色含角砾状泥灰岩。 | |
| | 47 | | 8.6m | 致密状纯石灰岩。 | 豹皮状灰岩 |
| | 46 | | 6.4m | 灰岩。 | |
| | 45 | | 22.1m | 致密状白云质灰岩，底部有厚为0.5m和1.5m的两层含泥白云质灰岩。 | 含燧石结核灰岩 |
| | 44 | | 4.7m | 灰岩。 | |
| | 43 | | 24.7m | 青灰色、褐色致密块状纯石灰岩。 | 铁质泥岩 |
| | 42 | | 4.9m | 泥质灰岩。 | |
| | 41 | | 8.6m | 至纯石灰岩。 | |
| | 40 | | 2.3m | 泥质灰岩。 | 铝质泥岩 |
| | 39 | | 41.9m | 青灰色、褐色、中、厚层含白云质灰岩。 | |
| | 38 | | 10.4m | 黄灰色含泥质致密状灰岩夹薄层纯灰岩。 | |
| | 37 | | 2.3m | 含角砾泥灰岩，角砾为白云质灰岩、泥质灰岩，直径一般0.5—10cm。 | |
| | 36 | | 112.9m | 含燧石结核及燧石条带白云岩。下部夹泥质灰岩和含角砾泥质交岩。角砾为纯灰岩。上、下部白云岩均为薄层状，中部为厚层状，燧石结核不规则。 | |
| | 35 | | 2.3m | 板状泥质灰岩，黄绿色页岩夹薄层往叶状灰岩。 | |
| | 34 | | 2.3m | 含燧石灰岩。 | |
| | 33 | | 2.3m | 致密薄层状灰岩与白云质灰岩互层，底部夹黄绿色页岩。 | |
| 凤山组($\varepsilon_3 f$) | 32 | | 33.1 | 薄层致密灰岩夹薄层竹叶状灰岩，泥质条带灰岩。 | |

图 3-8 奥陶系地层柱状图

岩、含燧石结核白云岩、白云岩及少量黄绿色页岩、泥灰岩、泥质灰岩、竹叶状灰岩、灰岩、结核灰岩组成。底部黄绿色页岩或竹叶状灰岩稳定,是与寒武系的界线标志层,为一套陆表浅海沉积建造。

(5)奥陶系中统:由下马家沟组和上马家沟组组成。岩性为灰黄色泥灰岩,黄色、黄绿色白云质灰岩、灰岩、角砾状灰岩、豹皮状灰岩、钙质页岩组成,豹皮灰岩中含有钙质结核及条带。为一套浅海相碳酸盐沉积建造。

(二)石炭系—二叠系地层特征

1.分布区域

石炭系—二叠系地层位于奥陶系中统上马家沟组石灰岩侵蚀面之上,主要分布在宁静盆地周围、系舟山断褶带剥蚀残留盆地和西部鄂尔多斯盆地东缘晋西挠曲带。是研究区的含煤地层,构成宁武煤田、河东煤田和五台煤产地。其下与奥陶系地层呈平行不整合,与上覆中生界地层整合接触或被新生界地层覆盖。

2.地层层序、岩性组合及沉积建造分析

石炭系—二叠系地层在研究区从下到上分为二系三统六组。(见图 3-9 图 3-10),从下自上分述如下:

(1)石炭系本溪组:下部为铁铝岩段,由山西式铁矿和铝土岩组成,山西式铁矿为褐铁矿、赤铁矿,呈褐红色,团块状。铝土岩呈灰白色、浅灰色夹杂褐红色或灰绿色、紫红色,其上为灰色铝土页岩;中部为灰色、灰白色砂岩、砂质页岩夹二层灰岩;上部为灰白色、暗灰色页岩夹一层煤线及一层灰岩。构成以砂岩—泥岩—煤—灰岩—泥岩的岩性旋回,反映了从古风化壳陆相沉积建造到海陆交互相沉积建造的海水侵入过程,古地理环境应属滨岸泻湖潮坪环境。

(2)石炭系太原组:其下与本溪组,其上与山西组整合接触。可分为两个岩石组合段：下段相当于晋祠段（碎屑岩段），以碎屑岩、泥质岩类为主；上段相当于玉门沟段（灰岩段）；以煤层稳定发育为特征，并有厚—巨厚层灰岩连续出现。旋回发育完整、韵律显著是本段的特征。太原组形成的砂岩—页岩—灰岩为旋回的含煤建造，是典型的海陆交互相沉积建造，每个旋回都反映了一次海水侵退过程发生，古地理环境应为三角洲前缘与碳酸盐台地相交替出现的环境。

（3）二叠系山西组：与下伏太原组，上覆下石盒子组呈整合接触，主要由灰白色石英砂岩、灰色页岩、炭质页岩及煤层组成，煤层主要在下部，碎屑岩厚度较大，占地层总厚度的二分之一以上。沉积旋回以砂岩—泥岩—页岩—泥岩为主要类型，属陆相河湖相沉积建造，反映了滨海平原的古地理环境。

（4）二叠系下石盒子组：以陆相碎屑岩为主，可分为上下两部分，下部为黑灰色、灰黄、灰绿色砂岩，砂质页岩，页岩夹多层煤线；上部为灰黄、灰绿色砂岩，砂质页岩，并出现紫红色、黄绿色泥岩。从下至上颜色由黑灰—灰绿—紫红过渡，反映了古气候由温热向干热环境变化。本组是陆相河湖沉积建造的产物，反映了地势差异较小，曲流河纵横交错、河漫滩、湖泊、沼泽发育的近海冲积平原古地理环境。

（5）二叠系上石盒子组：以紫红色的泥页岩，砂质页岩及黄绿色的砂岩组成，下部杂色泥岩和砂质页岩互层夹黄绿色砂岩；中部浅色粗砂岩为主，夹紫红色为主的杂色泥岩和砂质页岩；上部浅紫色泥岩为主，夹薄层黄绿、灰绿色泥岩和砂岩。本组沉积物以杏黄、绿紫、蓝灰、紫色为主，气候比下石盒子组更加炎热，水量不及下石盒子组充沛，仍属于曲流河十分发育的冲积平原河湖相沉积建造。

（6）二叠系石千峰组：以暗紫、紫红、砖红色的泥岩和砂质泥岩

# 第三章 地层沉积特征及古地理环境分析

| 时代 | 层号(T) | 地层柱状 | 厚度/m | 主要岩性 | 图例 |
|---|---|---|---|---|---|
| 早二叠山西组($P_1x$) |  |  |  | 灰白色中厚层中粗粒石英砂岩 | 石英砂岩 |
| 太原组($C_3t$) 96.4米 | 32 |  | 6.2m | 灰色砂质页岩,底部为 0.5 米页岩 | |
| | 31 |  | 0.7m | 煤层 | 砂质页岩 |
| | 30 |  | 5.6m | 灰色粉砂岩夹砂质页岩 | |
| | 29 |  | 2.1m | 黑色页岩,含菱铁矿质结核。含腕足类动物化石 | |
| | 28 |  | 0.3m | 煤层 | 煤层 |
| | 27 |  | 5.2m | 灰色页岩夹砂质页岩 | |
| | 26 |  | 6.0m | 灰色粉砂岩与薄层细砂岩互层 | 粉砂岩 |
| | 25 |  | 18.5m | 灰褐色中粒石英砂岩 | |
| | 24 |  | 3.4m | 黑色页岩夹菱铁矿结核。近底部产腕足类化石 | 页岩 |
| | 23 |  | 1.4m | 灰黑色厚层状石灰岩,下部夹 20 厘米钙质页岩。含动物化石 | |
| | 22 |  | 1.5m | 灰、黑色页岩夹暗灰色石灰岩透镜体,中部夹 0.1 米煤层 | 石灰岩 |
| | 21 |  | 0.2m | 煤层 | |
| | 20 |  | 1.3m | 下部 0.3 米煤,上部黑色页岩、炭质页岩 | 铝土层 |
| | 19 |  | 8.2m | 灰黑色石灰岩夹板状灰岩或钙质页岩,含腕足类动物化石。 | |
| | 18 |  | 15.0m | 煤层 | 细砂岩 |
| | 17 |  | 6.2m | 灰白色铝土岩,顶部 0.5 米粗粒石英砂岩 | |
| | 16 |  | 1.0m | 灰色页岩。上部含植物化石碎片;下部产腕足类化石 | 铝土页岩 |
| | 15 |  | 1.2m | 灰白色细砂岩 | |
| | 14 |  | 4.2m | 黑色页岩 | |
| | 13 |  |  |  | 黄铁矿 |
| | 12 |  | 0.4m | 煤层 | |
| | |  | 2.0m | 灰色页岩。含植物化石 | |
| | 11 |  | 5.8m | 黄褐色硅质胶结中粒石英砂岩 | |
| 本溪组($C_2b$) 29.4米 | 10 |  | 5.0m | 灰色页岩夹薄层细砂岩,中部夹煤层 0.3 米 | |
| | 9 |  | 2.8m | 灰白色薄层状细砂岩 | |
| | 8 |  | 1.2m | 灰黑色石灰岩。含腕足类动物化石 | |
| | 7 |  | 1.0m | 灰、灰黑色页岩,中部夹 0.4 米煤层 | |
| | 6 |  | 8.7m | 灰白色薄板状细砂岩 | |
| | 5 |  | 3.8m | 灰黑色石灰岩,中部为灰色铝土质页岩 | |
| | 4 |  | 0.8m | 灰白色硅质胶结中粒石英砂岩 | |
| | 3 |  | 3.3m | 灰白色铝土质页岩,下部含铁质。产植物化石 | |
| | 2 |  | 2.1m | 灰白色含铁质铝土岩 | |
| | 1 |  | 0.8m | 黄褐色窝状褐铁矿——山西式铁矿 | |
| 上马家沟组($O_2m$) |  |  |  | 石灰岩。 | |

图 3-9 石炭系地层柱状图

| 时代 | 层号(T) | 地层柱状 | 厚度/m | 主要岩性 | 图例 | |
|---|---|---|---|---|---|---|
| 早三叠刘家沟组($T_1l$) | | | | 灰白、紫色中薄层细粒长石砂岩,具交错层理,含泥质团块 | | 长石砂岩 |
| 石千峰组($P_2sh$)127.5米 | 40 | | 27.0m | 底部为暗紫红色薄层状钙质细砂岩,上部为紫红色中层状细砂岩夹砂质页岩,粉砂岩 | | 钙质砂岩 |
| | 39 | | 22.6m | 紫色中层状中粒长石石英砂岩、紫红色薄层状细砂岩 | | 石英砂岩 |
| | 38 | | 20.7m | 底部为紫红色中层状中粒砂岩。上部为细砂岩、粉砂岩 | | 中粒砂岩 |
| | 37 | | 17.0m | 紫红色薄层状钙质细砂岩与粉砂质泥岩,夹含瘤状泥灰岩条带或透镜体和钙质结核 | | 粗砂岩 |
| | 36 | | 40.2m | 底部为浅黄绿色厚层状粗砾质粗粒长石石英砂岩层间含小砾石其上为淡紫红色薄层状中粒长石石英砂岩与粉砂岩、细砂岩互层 | | 砂质页岩 |
| 上石盒子组($P_2s$)296米 | 35 | | 19.0m | 灰紫色粗砂岩,含小砾石,顶部为薄层紫红色泥岩 | | 泥岩 |
| | 34 | | 14.4m | 暗紫色、灰白色中粒砂岩上部为泥质砂岩 | | 页岩 |
| | 33 | | 9.3m | 暗紫色、青灰色砂质页岩和紫色中粗粒砂岩含小砾石 | | 细砂岩 |
| | 32 | | 43.3m | 主要为紫色灰紫色泥岩,中间为5.3米黄白色含小砾石粗砂岩 | | 粉砂岩 |
| | 31 | | 22.2m | 紫色、灰紫色夹黄绿色中粒砂岩 | | 煤层 |
| | 30 | | 7.1m | 紫色、灰紫色泥岩,底部有薄层暗紫色砂质页岩 | | 含砾粒砂层 |
| | 29 | | 27.3m | 黄绿色灰褐色中粗粒砂岩,含小砾石,底部为砾石层 | | |
| | 28 | | 13.9m | 紫色黄绿色泥岩夹黄白色含砾粗砂岩,底部为黑色炭质页岩 | | |
| | 27 | | 6.0m | 黄绿色中粗粒长石石英砂岩 | | |
| | 26 | | 18.4m | 上部为紫色砂质页岩,下部为黄色、黄绿色中粒砂岩、泥质砂岩和泥岩 | | |

# 第三章 地层沉积特征及古地理环境分析

| 时代 | 层号(T) | 地层柱状 | 厚度/m | 主要岩性 |
|---|---|---|---|---|
| 上石盒子组($P_2s$) 296米 | 25 | | 43.2m | 黄绿、灰绿、紫色粗砂岩 |
| | 24 | | 25.1m | 下部为灰绿色和紫色泥岩互层，中部为紫、灰绿色中粒砂岩夹灰紫色泥岩 |
| | 23 | | 16.1m | 黄绿、紫色中粗粒砂岩，含小砾石夹泥岩 |
| | 22 | | 24.7m | 灰绿、紫色泥岩、砂质页岩 |
| | 21 | | 6.0m | 黄绿、灰绿色中粗粒砂岩，底含小砾石 |
| 下石盒子组($P_1x$) 155.8米 | 20 | | 17.9m | 灰绿色黄绿色砂质页岩和泥岩 |
| | 19 | | 12.0m | 黄绿色灰绿色中细粗砂岩含长石砂岩夹炭质页岩凸镜体 |
| | 18 | | 10.0m | 紫色黄绿色泥岩，顶部及上部含Mn、Fe质结核 |
| | 17 | | 8.3m | 灰黄色灰绿色中粒砂岩，下部含小砾石 |
| | 16 | | 6.9m | 紫红色黄绿色泥岩 |
| | 15 | | 18.6m | 灰黄色、灰绿色中粗粒砂岩 |
| | 14 | | 13.0m | 上部为绿色砂质页岩及炭质页岩，中灰绿色细砂岩，下部薄层页岩 |
| | 13 | | 29.6m | 灰绿色砂质页岩夹薄层细砂岩，顶部含有三层煤线 |
| | 12 | | 15.9m | 灰黑、灰绿色砂质页岩和页岩互层夹细砂岩及两层煤线，下部黄绿色、灰绿色泥岩及砂质页岩 |
| | 11 | | 13.1m | 灰绿色、黄绿色砂质页岩与页岩互层夹三层煤线 |
| | 10 | | 4.2m | 灰黑色页岩，上变为炭质页岩 |
| | 9 | | 6.3m | 灰黄色细至中粒砂岩夹砂质页岩 |
| 山西组($P_1s$) 56.1米 | 8 | | 1.6m | 底部为黑色页岩，上部为煤层 |
| | 7 | | 9.4m | 底部0.7米黄褐色细砂岩，上部灰黄色细砂岩夹砂质页岩 |
| | 6 | | 9.0m | 黑色页岩，上部有0.2米煤层，其上为灰黄色、灰黑页岩 |
| | 5 | | 6.8m | 黄褐色粉砂岩夹灰绿色页岩，含植物化石 |
| | 4 | | 4.6m | 底部为黑色页岩夹炭质页岩及薄煤层，其上为黑色页岩和煤层 |
| | 3 | | 17.2m | 灰白色中粗粒含砾石英砂岩，上部粒度渐变中粒 |
| | 2 | | 5.6m | 煤层 |
| | 1 | | 1.9m | 灰白色中厚层中粗粒石英砂岩 |
| 晚石炭太原组($C_3t$) | | | | 灰色砂质页岩，底部为0.5米页岩 |

图例：长石砂岩、钙质砂岩、石英砂岩、中粒砂岩、粗砂岩、砂质页岩、泥岩、页岩、细砂岩、粉砂岩、煤层、含砾粗砂岩

图 3-10 二叠系地层柱状图

夹紫色、黄绿、灰绿、灰白色的不同粒级的长石砂岩、长石质硬砂岩及长石石英砂岩组成。顶部泥岩中夹钙质结核或团块,底界砂岩为黄白色长石砂岩、长石石英砂岩。本组沉积物呈现砖红、鲜红色,标明气候变得炎热干燥,古地理环境仍属于曲流河体系的冲积平原。

(三)沉积建造与古地理环境分析

1.寒武奥陶纪古地理环境分析

(1)寒武纪:地层分布与厚度分析表明,西部为隆起剥蚀区,东部、北部为沉积区。毛庄期初期,海水从北部、东部侵入山西省中北部,从而接受沉积。毛庄期早中阶段,研究区西南侧,即古陆东北侧,滨岸地带处于潮上砂坪、泥坪—潮间砂坪环境,沉积了红色含铁砂岩、红色泥岩夹白色石英岩状砂岩及白色石英岩状砂岩,说明来自古陆的碎屑经过长期反复的淘洗,沉积了纯净的席状石英砂岩;再向外侧处于潮上—潮间泻湖、盐泥坪环境,沉积了紫色、紫红色、砖红色泥灰岩及泥质白云岩,夹页岩、泥岩。到毛庄期晚阶段,古陆北东侧,由岸边向外依次处于潮间沙坪、潮下泻湖、潮下局限海环境,沉积了砂岩、泥质白云岩、深灰色灰岩等。毛庄期三叶虫开始繁盛,但主要活动于潮下带环境,潮间泻湖中也偶尔可见(照片3)。

徐庄期,海侵范围继续扩大,古陆退缩。海水是东北深,西部近古陆浅。徐庄期早阶段由岸边向海域依次为潮间沙坪、泥坪,潮间泻湖环境,沉积了石英砂岩、紫红色页岩,间夹薄层灰岩。徐庄组晚阶段海水加深,由岸边向海域方向依次变为潮间泻湖、碳酸盐坪、潮下局限海、浅滩环境,依次沉积了薄层灰岩、泥质条带灰岩、灰岩夹竹叶状灰岩、生物碎屑灰岩,到鲕粒灰岩夹薄层灰岩、泥质条带灰岩。徐庄期三叶虫已大为繁盛。

张夏期,海水普遍加深,研究区在大部分时间里处于潮下浅滩环境,由于长期不停地受波浪的作用,沉积了厚度较大的以鲕粒灰岩为主的碳酸盐岩。由于北部海水较深,所以,山西省中北部地区常又处于潮下局限海环境,以至鲕粒灰岩中夹了不少黄绿色、灰绿色钙质页岩。

崮山期,海水略较张夏期变浅,研究区大部分时间和大部分地段内处于潮间带的碳酸盐岩竹叶滩台坪—潮下局限海交替环境,沉积了竹叶状灰岩与暗紫红色页岩互层的岩石组合。

长山期,以不厚的竹叶状灰岩为主,竹叶多具铁质氧化圈,属间歇高能的潮间堤坝环境。

凤山期,根据研究区内的岩石组合、灰岩中常见海绿石,三叶虫化石丰富,判断其沉积环境为高能水下浅滩—低能广海陆棚环境。

(2)奥陶纪:早奥陶世完全继承和发展了晚寒武世的古地理面貌,仍是东北深,西南浅的陆表海环境。南部进一步抬升,咸化海域继续逐步北进。

冶里期,咸化海域北进达到了定襄、宁武一线。中北部地区基本上属潮间竹叶滩环境、潮下局限海环境与广海陆棚环境交替。但中部海域海水咸化,与北部沉积不相同。北部地区沉积形成了竹叶状灰岩、钙质页岩、灰岩,而中部形成的是竹叶状白云岩、白云质页岩、白云岩。

亮甲山期,由于山西南部和西部地区逐渐地相继上升为陆,不再接受沉积,并开始受剥蚀。山西中北部海水逐渐变浅,属咸化广海陆棚,但到后一阶段海水全部咸化,其沉积由前一阶段的灰岩变为白云岩。最终本区上升为陆,但时间较短。至中奥陶世本区又接受了沉积。

中奥陶世开始,整个山西又被海水覆盖,恢复了陆表浅海环境,海水仍是北东深、而南西浅,海水不时发生自北而南海进、海退。在整个中奥陶世时,大规模的海水进退反复了三次。

下马家沟期,早期阶段海水开始覆盖本区,处于潮上带的碳酸盐台坪环境,主要沉积了泥灰岩、含白云质灰岩、白云质泥灰岩。由于进一步海进,至中期海水加深,本区处于广泛陆海棚环境;到早马家沟期晚阶段,海水开始变浅,本区经过了潮上台坪与广海陆棚环境多次交替而退回到海进开始阶段的环境。

上马家沟早期进入另一新的海进阶段的潮上带碳酸盐台坪环境沉积泥灰岩、白云质灰岩;至中期本区处于广海陆棚相沉积了石灰岩。后期海水变浅,处于潮间泻湖环境。

峰峰期,上述的海水进退,当进行到第三次大海进顶峰时期后,发生了地壳变动。晋冀鲁豫上升使山西和整个华北大多数地区一起急速地升起为陆地,直到早古生代结束,一直受侵蚀、剥蚀而未接受沉积。

2.石炭二叠纪古地理环境分析

研究区在经过中晚奥陶世、志留纪、泥盆纪、早石炭世漫长的隆升后,于晚石炭世整体沉降,海水从东向西方向侵入,在奥陶系侵蚀面上重新接受沉积。通过对山西省中北部晚古生代沉积盆地各时期不同地区地层厚度对比、岩性变化规律,砂岩的古流向分析,不同时期砂岩成分变化及其所反映的北部陆源区的母岩类型、量比组合分析和物源区构造背景分析,并结合区域构造背景,总结了各个时期的盆地的沉积特征发展演化过程。

(1)晚石炭世本溪期:随着海平面的上升,华北克拉通为陆表海淹盖,此时海水已侵入到山西省中北部,使该区处于广阔的滨海环境。早期主要为泻湖潮坪演化阶段,岩石类型主要为铝质泥岩、灰黑色泥岩,粉砂岩和石英砂岩等。石英砂岩的特征反映了盆地北侧物源区的隆起及其上部的寒武—奥陶系地层中较稳定的中细粒石英砂岩、燧石条带和结核的风化碎屑在地表河流作用下向南部沉积盆地迁移。中期为碳酸盐台地边缘浅滩沉积演化阶段,主要沉积了微晶或泥晶灰岩。晚期为后滨泥炭沼泽沉积演化阶段,发育在本溪组沉积地层上部,以页岩、煤、细砂岩为主。

(2)晚石炭世太原期:太原期早期海水仍为北深南浅,海侵来自北方,研究区大部分时间处三角洲前缘浅海岸环境。其中出现过两次碳酸盐台坪环境,沉积了无名灰岩和吴家峪灰岩。相对于本溪期和太原期早期,华北克拉通整体发生了较大规模的北升南降的构造运动。并且随着盆地的不断沉积充填和填满,海水逐渐向南退却。山西中北部沉积盆地主要演化为三角洲沉积环境。主要堆积了5层煤层和石英砂岩、黑色泥岩、页岩,这一时期的沉积记录反映了北侧陆源区的继续隆升,但隆升幅度速度不大,风化剥蚀变弱,以致在研究区内长期的平缓沉积,形成了较多层位的煤层。

(3)早二叠世山西期:受北部阴山海西构造活动的影响,华北克拉通北缘仍继续抬升,整个华北克拉通北高南低的古地形格局更加明显。山西期沉积时海水逐步的向南退缩,研究区演化为陆相河流沉积环境。

(4)早二叠世下石盒子期:早二叠世中晚期,内蒙古造山带的构造演化表现为华北板块与西伯利亚南缘南蒙微板块已进入全面陆陆碰撞阶段。前已述及,下石盒子沉积期盆地北侧的陆源区开始发生较强烈的挤压隆升褶皱和冲断,风化剥蚀已到了震旦系石英砂岩层,并开始出露大面积的变质岩和岩浆岩。研究区内石盒子组基本继承了山西组的沉积格局,总体呈现北高南低。由于山西中北部沉积盆地地势相对平坦,整个下石盒子期的演化特征与山西期相比,河流相更加发育,曲流河纵横交错,河漫滩、湖泊、沼泽星罗棋布。

(5)晚二叠世上石盒子期:与下石盒子期的地貌景观相似,仍是曲流河十分发育的冲积平原,但气候炎热,河流水量较上石盒子期减少,植物繁盛程度大减。沉积物以杏黄、绿紫、蓝灰、紫色为主。砂岩的骨架颗粒主要为变质岩型,盆地中这一时期的砂岩碎屑成分和特点,清楚的记录了盆地北侧的陆源区在这一时期发生大规模挤压隆升。

综上所述,山西省中北部所处的沉积盆地在晚古生代经历了陆表海盆地形成、发展、衰退以至逐渐消亡的历程,岩相古地理格局随之经历了以泻湖—潮坪体系为主逐渐向以三角洲体系和河流体系为主的演化。随着物源区的不断隆升接受风化剥蚀,盆地内砂岩的碎屑特征由以沉积岩型石英为主逐渐演变到以变质岩、岩浆岩型石英为主。表明陆源区的母岩组合从大面积的沉积岩分布逐渐演变为变质岩和岩浆岩的出露。

## 四、中生界地层建造序列

研究区中生界地层包括:三叠系和侏罗系两套地层,分布范围仅局限在宁静向斜盆地和西部鄂尔多斯东缘,缺失白垩系地层。宁静盆地中生界地层发育较齐全,露头良好,是山西中生界地层研究的典型地区。

(一)三叠系地层特征

1.分布区域

三叠系地层呈环状出露于宁静向斜盆地边缘。分布在汾河上游河谷两侧的宁武县新堡、西马坊、二马营、东寨、分水岭、宁武县城,原平市段家岭、轩岗至宁武县圪嶙、怀道,静乐县杜家村、骡子背等地。静乐县永安至静游一带被新生界覆盖,仅沿汾河两侧零星断续出露。鄂尔多斯东部边缘保德县南部沿黄河有少量分布。三叠系地层发育较齐全，与下伏二叠系石千峰组整合接触，连续沉积。其上被侏罗系平行不整合所覆盖。刘家沟组、和尚沟组、二马营组地层名称均命名于此。

2.地层层序、岩性组合及沉积建造分析

三叠系地层在研究区从下自上分为二统四个组，即下三叠统刘家沟组、和尚沟组，中三叠统二马营组、铜川组。（见图3-11）

（1）三叠系下统刘家沟组：为一套岩性较单一，变化不大的灰红、灰紫红、浅紫红色间灰白色中细粒长石砂岩为主，夹多层紫红色粉砂岩及少量砂质页岩、砾岩透镜体等组成，厚度446~494m。下部为灰红色、暗紫红色中薄层间厚层中细粒长石砂岩夹紫红色薄板状粉砂岩、砂质页岩。砂岩具交错层理，局部含磁铁矿条纹条带。中部为灰紫红色、灰红色具灰白色条带的中层间厚层细粒长石砂岩夹多层紫红色薄板状粉砂岩。局部夹砾岩透镜体，砂岩中色带发育，小韵律层发育，交错层理发育。上部为灰红、灰白色中层、中厚层细粒长石砂岩夹紫红色薄板状粉砂岩。沉积相以辫状河流相为主，顺直河、曲流河次之，反映了大型内陆盆地中沉积平原的古地理环境，以红色为主的沉积物反映气候炎热干燥，距海较远的大陆气候特征。

（2）三叠系下统和尚沟组：以紫红、砖红色砂质泥岩、粉砂岩为主夹多层灰红色、灰紫红色、灰白色中厚层、厚层及中薄层中细粒、细粒长石砂岩，局部夹砾岩透镜体等组成。厚度较稳定，160~208m。砂质泥岩中普遍含有小的钙质结核及灰绿色粉砂岩条带，局部可见虫迹。夹层砂岩层数及厚度均不稳定，有时可相变为粉砂岩。沉积相以曲流河泛滥盆地粉砂、泥质岩沉积为主，边滩砂岩及河岸粉砂岩沉积次之。反映了地势平坦，构造运动相对稳定的古地理环境。与刘家沟相比，同样是大型内陆盆地中的冲积平原，但和

| 时代 | 层号(T) | 地层柱状 | 厚度/m | 主要岩性 | 图例 |
|---|---|---|---|---|---|
| 侏罗(T) | | | | | |
| 铜川组($T_2t$)358.4米 | 48 | | >60m | 灰绿色、黄绿色中细粗长石砂岩夹泥质粉砂岩及泥岩 | 长石砂岩 |
| | 47 | | 48.9m | 肉红色、灰紫色、浅红等色细粒长石砂岩与砂质页岩或泥质粉砂岩互层，砂岩一般呈厚层，有时具有紫色斑点 | 钙质砂岩 |
| | 46 | | 41.7m | 浅灰红、肉红色细粒长石砂岩夹页岩 | 砂质页岩 |
| | 45 | | 18.5m | 灰色、灰白色细粒长石砂岩夹页岩 | 泥岩 |
| | 44 | | 55.3m | 肉红色微带绿色厚层中细粒长石砂岩，具交错层理 | |
| | 43 | | 35.3m | 黄绿色带灰红色中粒长石砂岩与灰绿、黄绿色页岩互层砂岩具交错层理 | 粉砂质泥岩 |
| | 42 | | 65.0m | 黄绿色带红、肉红色带绿色厚层粗粒长石砂岩,具交错层理 | 钙质粉砂岩 |
| | 41 | | 18.0m | 黄绿色肉红色中粗粒长石砂岩夹页岩及泥岩层，砂岩中含泥质团块，页岩含植物化石 | 粉砂岩 |
| | 40 | | 15.7m | 下部肉红色厚层粗粒长石砂岩，具交错层理 顶部为1.2m厚灰绿色、灰黄色泥质粉砂质 | |
| 马营组二段($T_2e2$)219.8米 | 39 | | 29.8m | 紫红色带绿色钙质砂岩。含钙质结核 | |
| | 38 | | 8.8m | 灰白色带红、灰黄、灰白色中粒长石砂岩 | |
| | 37 | | 4.2m | 暗紫色薄层钙质砂岩 | |
| | 36 | | 7.2m | 黄绿色薄层中粒长石砂岩 | |
| | 35 | | 41.6m | 黄绿色夹肉红色厚层中粗粒长石砂岩 | |
| | 34 | | 4.9m | 灰绿色钙质砂岩。含钙质结核 | |
| | 33 | | 119.1m | 肉红色微带绿色厚层中粗粒长石砂岩 | |
| | 32 | | 4.2m | 暗紫红色薄层钙质砂岩 | |
| 马营组一段($T_2e1$)375.8米 | 31 | | | 肉红色杂有绿色厚层中粗粒长石砂岩 | |
| | 30 | | | 肉红白色厚层粗粒长石砂岩 | |
| | 29 | | | 底部、上部为紫红色粉砂岩、泥岩中部为肉红白色厚层粗粒长石砂岩 | |
| | 28 | | | 肉红白色厚层粗粒长石砂岩 | |

# 第三章 地层沉积特征及古地理环境分析

| 时代 | 层号(T) | 地层柱状 | 厚度/m | 主要岩性 | 图例 |
|---|---|---|---|---|---|
| 马营组一段 (T₂e1) 375.8米 | 27 | | 6.8m | 肉红色白厚层中粗粒长石砂岩 | 长石砂岩 |
| | 26 | | 7.5m | 灰戏色薄层薄层钙质粉砂岩、钙质粉砂质泥岩 | |
| | 25 | | 23.4m | 肉红色杂有绿色中层粗粒长石砂岩 | |
| | 24 | | 4.0m | 暗紫红色薄层钙质粉砂岩 | 钙质砂岩 |
| | 23 | | 25.1m | 灰白色中层中粒长石砂岩 | |
| | 22 | | 86.0m | 灰白杂有绿红色中层细粒长石砂岩夹紫红色钙质粉砂质泥岩薄层或透镜体 | |
| 和尚沟组 (T₁h) 160.0米 | 21 | | 30.4m | 紫红色粉砂岩、砂质泥岩。上部为砂质泥岩、粉砂岩；中部为褐红夹灰白色中层中细粒长石砂岩、夹粉砂岩泥岩。下部为紫红色砂质泥岩，粉砂岩夹泥砾岩薄层 | 砂质页岩 |
| | 20 | | 50.6m | 紫红色粉砂质泥岩夹中粒长石砂岩 | 泥岩 |
| | 19 | | 21.2m | 紫红色泥岩、粉砂岩夹灰紫红色中层中细粒长石砂岩 | |
| | 18 | | 57.8m | 紫红夹淡绿色薄层粉砂质泥岩，并夹紫红色中厚层中细粒长石砂岩，泥岩含钙质结核 | 粉砂质泥岩 |
| 刘家沟组 (T₁l) 446.1米 | 17 | | 25.3m | 紫红色粉砂岩与灰白色薄层细粒长石砂岩互层 | 钙质粉砂岩 |
| | 16 | | 10.0m | 浅紫红色夹灰白色薄层中细粒长石砂岩 | |
| | 15 | | 16.4m | 紫红色薄层细粒长石砂岩与灰白色厚层中粒长石石英砂岩互层 | 粉砂岩 |
| | 14 | | 56.3m | 灰紫红色薄层细粒长石砂岩、紫红色粉砂岩夹白色中厚层中细粒长石砂岩，砂岩具灰白色与紫红色交错条带 | |
| | 13 | | 19.3m | 灰白色薄层中粒长石砂岩，交错层理发育，色带甚显，并夹砖红色粉砂岩薄层 | |
| | 12 | | 35.5m | 紫红色中层中细粒长石砂岩，夹灰白色中粒长石砂岩，具交错层理，含泥质团块和杂色条带 | |
| | 11 | | 17.1m | 灰白色、紫红色、浅红色中薄层细粒长石砂岩 | |
| | 10 | | 12.8m | 灰紫红色夹灰白色中层中粒长石砂岩，具交错层理上部夹紫红色粉砂岩薄层 | |
| | 9 | | | | |
| | 8 | | 9.4m | 紫紫红色薄层细粒长石砂岩 | |
| | 7 | | 13.9m | 浅紫红色中层中粒长石砂岩 | |
| | | | 47.1m | 灰白、紫色中厚层粗粒长石砂岩 | |
| | 6 | | 13.8m | 紫红色薄层细粒长石砂岩 | |
| | 5 | | 23.1m | 灰白色、紫色、肉红色中厚层细粒长石砂岩，交错层理发育中上部夹有暗紫色粉砂岩 | |
| | 4 | | 7.0m | 浅紫红色薄层细粒长石砂岩 | |
| | 3 | | 30.1m | 肉红白色厚层中细粒长石砂岩，中部夹四层暗紫色粉砂岩砂岩交错层理发育，下部含泥砾 | |
| | 2 | | 45.0m | 浅紫色薄层细粒长石砂岩夹紫红色页岩及灰白色细粒长石砂岩薄层，砂岩坚持层理发育 | |
| | 1 | | 64.0m | 灰白、紫色中薄层细粒长石砂岩。具交错层理，含泥质团块 | |
| 晚二叠石千峰组 (P₂sh) | | | 5.6m | 紫红色砂质页岩、粉砂岩 | |

图 3-11 三叠系地层柱状图

77

尚沟地势平坦，沉积碎屑较细，以曲流河泛滥盆地沉积建造为主。

（3）三叠系中统二马营组：以长石砂岩为主，粒度自下而上逐渐变粗。可划分为两个段：一段，由灰绿色、灰、灰白色、黄绿色厚层间中层、薄层中细粒长石砂岩，夹灰绿色页岩、紫红色泥岩、薄层砂质泥岩及灰紫色砾岩凸镜体所组成。二段，为紫红色砂质泥岩与浅灰绿、灰、灰白浅肉红色，厚层至中厚层中细粒长石砂岩互层，或泥岩灰砂岩。砂岩中交错层理发育，常含泥砾及磁铁矿条纹条带，泥岩含钙质结核。沉积相一段厚层中、中细粒长石砂岩为主，夹紫红色砂质泥岩、砂质页岩及灰紫色泥砾岩透镜体，为辫状河、顺直河流相的沉积建造，二段以灰绿色厚层中细粒长石砂岩与紫红砂质泥岩互层或泥岩夹多层长石砂岩等多旋回组成，为辫状河及顺直河心滩沉积为主。

（4）三叠系中统铜川组：由灰红、灰黄、灰绿色长石砂岩及灰红、灰黄、灰绿色长石砂岩夹灰、灰紫、灰绿紫红色泥页岩、粉红色玻屑凝灰岩等组成一个下粗上细完整的沉积旋回。本组岩性稳定，特征明显，以灰红、灰黄色长石砂岩夹灰、灰绿色砂质泥质页岩区别于灰绿色长石砂岩夹紫红色砂质泥岩的二马营组。沉积相以辫状河，顺直河心滩、边滩沉积为主，但气候略显湿润温暖。

(二)侏罗系地层特征

1.分布区域

侏罗系地层仅分布于宁静向斜盆地核部，呈长条状分布并出露于汾河上游河谷两侧。西北边界从宁武郭家庄到东寨、东山、陈家半沟、红土沟向南延伸到静乐县；东南边界从宁武郭家庄到张家庄、西土窑、口子、舍寨向南延伸到静乐县。除汾河河谷部分被新生界覆盖外，其余均出露良好。侏罗系与下伏三叠系中统铜川组呈平行不整合接触，相互间有沉积间断的凹凸面，侏罗系底部常见有砾岩或含砾砂岩。

2.地层层序、岩性组合及沉积建造分析

侏罗系地层在研究区仅见有中侏罗统,从下自上分为大同组、云岗组和天池河组。(见图3-12)

(1)侏罗系中统大同组:呈灰至浅黄绿色砂、泥岩,与碳质页岩,煤层互层,夹泥灰岩凸镜体及菱铁质结核。以浅黄绿色砾岩或含砾砂岩为底,平行不整合覆于三叠系铜川组不同层位之上。下部:砂岩发育,呈厚层状粗—细粒砂岩夹碳质页岩,薄煤层,硅质岩及紫红色砂质泥岩,厚50~100m。中部:砂质泥岩及粉砂岩发育,呈中细粒砂岩与砂质泥岩、粉砂岩、碳质泥岩互层,夹三层薄煤层,厚80~150m。上部:泥岩、泥灰岩凸镜体和煤层相对发育,以中细粒砂岩、砂质泥岩、薄煤层不等厚互层,夹较多的泥灰岩凸镜体及菱铁质结核,1~3层可采煤,厚90~160m。地层层序具明显的多韵律特征,由含砾砂岩—细砂岩—粉砂岩—泥岩—煤层(碳质页岩)—粉砂岩,是一套还原条件下的河湖相含煤碎屑岩沉积建造。

(2)侏罗系中统云岗组:其岩性明显可分为三个段,从下自上第一段:以黄绿色长石砂岩或长石石英砂岩为主,间夹少量黄绿色砂质泥岩;第二段:黄绿、灰绿色长石砂岩或石英砂岩与暗紫红色、灰绿色砂质泥岩互层,砂质泥岩内夹泥灰岩凸镜体或瘤状泥质岩层;第三段:为暗紫红色砂质泥岩夹暗紫红色凝灰质砂岩、流纹质凝灰岩或含火山岩屑的砂岩,砂质泥岩内富含瘤状泥灰岩。全组厚度稳定于400m左右。垂直方向具有清晰的韵律特征,是一套弱还原—弱氧化条件下的河湖相碎屑岩地层。上部的火山碎屑沉积在区内北东部相对发育,南西明显减少,标明了火山碎屑来源于研究区的北东方向。

(3)侏罗系中统天池河组:以紫红、暗紫红、灰红色中、细粒长石砂

| 时代 | 层号(T) | 地层柱状 | 厚度/m | 主要岩性 | 图例 |
|---|---|---|---|---|---|
| 更新统马兰组($Q_3m$) | | | | 亚砂土及亚粘土 | 长石砂岩 |
| 天池河组($J_3t$) 234.4米 | 96 | | 25.0m | 紫红色薄层状粉砂岩 | |
| | 95 | | 97.0m | 紫红色巨厚层状中、细粒长石砂岩。发育大型楔形和板状斜层理 | 钙质砂岩 |
| | 94 | | 3.5m | 紫红色钙质泥岩 | |
| | 93 | | 21.8m | 紫红色厚层状中细粒长石砂岩,楔形层理较发育 | 砂质页岩 |
| | 92 | | 20.0m | 紫红色巨厚层状中、细粒长石砂岩 | |
| | 91 | | 23.8m | 紫红色薄板状细、粉砂岩 | 泥岩 |
| | 90 | | 12.8m | 紫红色巨厚层状粗粒长石砂岩,发育巨大楔形或板状斜层理 | |
| | 89 | | 30.5m | 紫红色薄板状粉—细砂岩夹少量紫红色砂质页岩 | 粉砂质泥岩 |
| 云岗组三段($J_2y3$) 165.2米 | 88 | | 95.9m | 灰紫—紫灰色厚层状、中厚层状火山岩屑长石石英岩夹暗紫红色砂泥岩 | 钙质粉砂岩 |
| | 87 | | 19.5m | 暗紫红色、少量灰绿色砂质泥岩夹灰紫色凝灰质砂及泥灰岩团块 | |
| | 86 | | 7.9m | 灰紫色巨厚层状粗粒含火山岩屑长石砂岩夹暗紫红色粉砂泥岩 | 粉砂岩 |
| | 85 | | 18.0m | 暗紫红、蓝绿色砂泥岩夹瘤状泥灰岩团块 | |
| | 84 | | 12.0m | 浅灰,暗紫紫色巨大凸镜体中粒长石砂岩 | 砂岩 |
| | 83 | | 11.9m | 暗紫红色砂质泥岩夹灰紫—紫灰色中厚层状凝灰质砂及砂质白云岩、泥晶灰岩凸镜体 | |
| 云岗组二段($J_2y2$) 165.9米 | 82 | | 14.2m | 灰绿色砂质泥岩夹薄板状中、细粒长石砂岩 | 亚粘土 |
| | 81 | | 8.1m | 浅灰绿色厚层状中、粗粒长石砂岩 | |
| | 80 | | 21.6m | 紫红色、少量灰绿色砂质泥岩,夹绿色中厚层状中、细粒长石砂岩及泥岩凸镜体 | |
| | 79 | | 9.5m | 蓝灰色砂质泥岩,少量泥岩夹灰绿色中厚层状长石净砂岩及泥灰岩凸镜体 | |
| | 78 | | 13.5m | 灰白色中厚层状中粗粒长石砂岩夹灰,暗绿色、暗紫色砂质泥岩 | |
| | 77 | | 9.9m | 灰绿色砂质页岩及紫红色泥岩,泥岩中含大量瘤状泥灰岩团块 | |
| | 76 | | 8.7m | 浅灰色厚层状钙质细砂岩与灰绿色砂质泥岩互层 | |
| | 75 | | 9.5m | 灰绿色砂质泥岩及紫红色泥岩,含较多泥岩团块 | |
| | 74 | | 7.3m | 浅黄绿色厚层状中、粗粒长石石英砂岩、长石砂岩 | |
| | 73 | | | 灰绿色砂质泥岩夹暗紫红色泥岩薄层 | |
| | 72 | | 7.5m | 黄绿色厚层状中、粗粒长石砂岩夹粉砂岩及泥岩 | |
| | 71 | | 45.6m | 黄绿色、灰绿色砂质泥岩,粉砂岩夹黄绿色中厚长石砂岩、钙质细砂质、粗粉晶灰岩凸镜体 | |
| | 70 | | 3.5m | 黄绿、蓝灰、暗紫红杂色砂质泥岩 | |
| 云岗组一段($J_2y1$) 39.4米 | 69 | | 9.6m | 浅黄绿、灰绿色砂质泥岩,夹少量粉晶灰岩凸镜体 | |
| | 68 | | 9.3m | 浅黄绿、灰绿色厚层状中粒长石砂岩 | |
| | 67 | | | 黄绿色粉砂岩,向上渐变为砂质泥岩 | |
| | 66 | | 14.8m | 浅绿色厚层状、巨厚层状中、粗粒长石石英砂岩,中部夹黄褐色钙质细砂岩(少量)。底面不规则,局部充填于下伏地层的侵蚀凹坑内 | |
| | 65 | | 21.7m | 灰灰、黄绿色粉砂岩及砂质泥岩互层,上部夹三层紫红色砂质泥岩 | |
| | 64 | | 7.5m | 浅灰色砂质页岩,近顶部夹两层炭质页岩 | |

# 第三章 地层沉积特征及古地理环境分析

| 时代 | 层号(T) | 地层柱状 | 厚度/m | 主要岩性 | 图例 | |
|---|---|---|---|---|---|---|
| 大同组 ($J_2d$) 427.8米 | 27 | | 12.8m | 浅灰色厚层状中粒长石石英砂岩夹少量铁质细砂岩 | | 长石砂岩 |
| | 26 | | 0.4 | 煤，风化呈黑色粉末状，上、下少量灰色页岩 | | |
| | 25 | | 37.9m | 浅灰、灰白色厚层状长石砂岩上部灰色砂质泥岩，粉砂岩互层 | | |
| | 24 | | 1.5m | 煤，风化呈黑粉末状 | | |
| | 23 | | 5.4m | 灰绿色厚层状细粒长石砂岩与砂质不泥岩互层 | | 钙质砂岩 |
| | 22 | | 15.0m | 灰色砂质泥岩夹大量含粘土质菱铁矿凸镜体及煤线5厘米 | | |
| | 21 | | 25.5m | 灰绿色厚层状细粒长石砂岩与砂质岩互层 | | 砂质页岩 |
| | 20 | | 36.4m | 浅灰绿色、灰色砂质泥岩、粉砂岩，中部夹三层厚层状细粒长石砂岩及少量炭质泥岩 | | 泥岩 |
| | 19 | | 113m | 灰、黄绿色中厚层状细粒长石砂岩，中部为粉砂岩、煤及炭质泥岩 | | |
| | 18 | | 6.7m | 灰、灰绿色砂质泥岩夹薄层铁质粉砂岩 | | 粉砂质泥岩 |
| | | | 10.0m | 浅灰绿、灰色厚层中粒火山岩屑长石砂岩夹细粒钙质长石砂岩及砂质泥岩，火山岩屑由安山岩组成 | | |
| | 17 | | 16.5m | 灰、灰绿色砂质泥岩夹、粉砂岩，近顶部夹5厘米煤线 | | 钙质粉砂岩 |
| | 16 | | 4.5m | 炭质泥岩，上部薄煤25厘米 | | 粉砂岩 |
| | 15 | | 9.0m | 灰绿色砂质尼岩、粉砂岩夹厚层状细粒长石砂岩夹菱铁质粉砂岩 | | |
| | 14 | | 1.9m | 浅黄绿色中厚层状钙质细砂岩 | | 砂岩 |
| | 13 | | 18.6m | 灰、灰绿色砂质泥岩、粉砂岩夹厚层状细粒长石砂岩，下部夹二薄层黑色页岩及含粉砂质结晶灰岩 | | 炭质泥岩 |
| | 12 | | 3.5m | 浅灰色厚层状细粒长石砂岩 | | |
| | 11 | | 1.6m | 煤。风化呈黑色粉末状、上渐为炭质泥岩 | | |
| | 10 | | 21.3m | 灰绿、浅灰绿色砂质泥岩与中进了层状、薄层状细粒长石砂岩互层。下部为炭质页岩与细粒长石砂岩 | | |
| | 9 | | 5.0m | 灰绿色砂质泥岩、粉砂岩夹少量细粒长石砂岩 | | |
| | 8 | | 8.1m | 灰色页岩及炭质页岩夹薄层状粉砂岩，顶部具煤线5厘米 | | |
| | 7 | | 23.8m | 黄绿色厚层状中粒长石石英砂岩夹粉砂岩及砂质泥岩 | | |
| | 6 | | 29.3m | 厚层状中、粗粒石英杂砂岩、石英砂岩、薄层状细粒砂岩、砂质泥岩及含砾粗粒石英砂岩 | | |
| | 5 | | 6.9m | 暗黄绿色灰黑色厚层状中粒石英杂砂岩夹含砾粉砂岩，下部为黑色页岩，上部为0.4米硅质岩 | | |
| | 4 | | 15.4m | 浅灰色厚层状含砾中粒石英杂砂岩。下部为浅灰绿色厚层状含砾中粗粒长石净砂岩夹砂质砂岩 | | |
| | 3 | | 0.9m | 灰黑色砂质粉砂岩，中部为灰绿色中厚层状中粒长石英砂岩 | | |
| | 2 | | 5.3m | 浅黄绿色厚层状含砾中粒石英杂砂岩，石英净砂岩夹中粒砂岩 | | |
| | 1 | | 0.5m | 浅黄绿色中厚层状石英砂岩巨砾岩。砾岩主要石英岩组成次为片麻岩、砂岩 | | |
| 三叠系中统铜川组 (T2t) | | | | 紫红、灰绿色泥岩夹砂岩 | | |

图 3-12 侏罗系地层柱状图

岩和长石石英砂岩为主,夹少量紫红色砂质泥岩,横向变化不大,岩性特征基本稳定,砂岩普遍发育斜层理,厚度可达 300m 以上。该组地层为一套氧化条件下的红色碎屑岩地层,属河湖相沉积建造。

(三)沉积建造与古地理环境分析

中生代研究区沉积建造表现为从冲积平原到内陆盆地发展的陆相沉积建造。三叠系主要为冲积平原河流相及平原闭流盆地的河湖交替相及湖泊相沉积地层。从区域地层的分布分析,此时研究区东部五台山一带已隆升为剥蚀区,西部宁静盆地到沿黄河保偏均有三叠系地层与西部鄂尔多斯盆地连成一片,同属大华北盆地的组成部分。侏罗系地层则显示了内陆盆地的陆源碎屑沉积建造,以曲流河发育的河流、湖泊、沼泽沉积为主。从地层分布来看,沉积范围继续缩小,仅在宁静盆地保留了侏罗系的地层,结合西部鄂尔多斯盆地和大同盆地均发育有侏罗系地层,似乎此时宁静盆地仍属于鄂尔多斯的一部分,但是否与鄂尔多斯相连通值得深入探讨。以下从古流向和沉积组成等方面讨论中生代时期宁静盆地的古地理环境变化过程。

1.三叠纪古地理环境分析

三叠纪地层总体表现为大型内陆盆地的沉积特点,沉积地层岩性以砂岩、泥岩、页岩为主,刘家沟时期沉积相以辫状河流相为主,顺直河、曲流河次之,以红色为主的沉积物反映气候炎热干燥,距海较远的大陆气候特征。和尚沟时期沉积碎屑较细,以曲流河泛滥盆地沉积建造为主,表明地势较平坦。二马营时期为辫状河、顺直河流相的沉积建造,地势发生变化。铜川时期颜色以灰黄、灰绿夹灰红的砂泥岩为主,沉积相以辫状河、顺直河流相为主,但气候略显湿润温暖。

野外实测宁武孙家沟—二马营剖面,选择了具代表性的 12 层厚度较大的砂岩进行了交错层理的细层角度测量（见照片4），室内用吴氏网进行数据校正（见表3-1），编制砂体古流向玫瑰花图（见图3-13）。

由古流向测量结果显示，刘家沟组砂岩(L1-L7)的细层平均倾向分别为126°,115°,100°,108°,95°,247°,119°，总体倾向95~126°，个别时期古流向有较大的变化，此时河流方向主要为东南，这与印支运动使华北板块北缘隆起的区域构造背景相吻合。二马营组砂岩细层平均倾向分别为85°,221°,268°,259°，总体流向为221~268°，古河流流向转变为以西南为主，表明隆起区处于北东方向，暗示着华北板块北缘的隆起为自西向东变化的过程。铜川组砂岩(T49层)细层平均流向为271°，古河流流向与二马营时期相同，为由东往西。结合大华北盆地的演变过程，三叠纪时期研究区北部的隆起有由西到东的演变过程，到铜川组时期，沉积中心指向西部，与鄂尔多斯盆地的沉积中心相同，表明宁静盆地处于鄂尔多斯盆地的东部边缘。

2.侏罗纪古地理环境分析

侏罗纪地层岩性主要为河湖相碎屑岩沉积建造，以浅黄绿色砾岩或含砾砂岩为底，平行不整合覆于三叠系铜川组不同层位之上。大同组地层层序具明显的多韵律特征，由含砾砂岩—细砂岩—粉砂岩—泥岩—煤层（碳质页岩）—粉砂岩，是一套还原条件下的河湖相含煤碎屑岩沉积建造；云岗组以黄绿、灰绿色长石砂岩或石英砂岩与暗紫红色、灰绿色砂质泥岩互层为主，垂直方向也具有清晰的韵律特征，是一套弱还原——弱氧化条件下的河湖相碎屑岩建造；天池河组以紫红、暗紫红、灰红色中、细粒长石砂岩和长石石英砂岩为主，夹少量紫红色砂质泥岩，为一套氧化条件下的红色碎屑岩地层，属河湖相沉积建造。

表 3-1 三叠系古流向数据统计表

| 地层 | 层号 | | 角度分组及测值范围 | | | | | | | | | | 古流向平均值 |
|---|---|---|---|---|---|---|---|---|---|---|---|---|---|
| | | | 0~30 | 30~60 | 60~90 | 90~120 | 120~150 | 150~180 | 180~210 | 210~240 | 240~270 | 270~300 | 300~330 | 330~360 | |
| 铜川组 | Tc49 | 角度范围 | 0~30 | 30~60 | 60~90 | 90~120 | 120~150 | 150~180 | 180~210 | 210~240 | 240~270 | 270~300 | 300~330 | 330~360 | 271° |
| | | 测值频数 | 0 | 0 | 0 | 0 | 0 | 0 | 0 | 13 | 7 | 0 | 0 | |
| 二马营组 | E40 | 角度范围 | 0~30 | 30~60 | 60~90 | 90~120 | 120~150 | 150~180 | 180~210 | 210~240 | 240~270 | 270~300 | 300~330 | 330~360 | 259° |
| | | 测值频数 | 0 | 0 | 0 | 0 | 0 | 0 | 0 | 4 | 16 | 0 | 0 | 0 | |
| | E38 | 角度范围 | 0~30 | 30~60 | 60~90 | 90~120 | 120~150 | 150~180 | 180~210 | 210~240 | 240~270 | 270~300 | 300~330 | 330~360 | 268° |
| | | 测值频数 | 0 | 0 | 0 | 0 | 0 | 0 | 2 | 13 | 5 | 0 | 0 | |
| | E33 | 角度范围 | 0~30 | 30~60 | 60~90 | 90~120 | 120~150 | 150~180 | 180~210 | 210~240 | 240~270 | 270~300 | 300~330 | 330~360 | 221° |
| | | 测值频数 | 0 | 0 | 0 | 0 | 0 | 0 | 5 | 14 | 1 | 0 | 0 | 0 | |
| | E27 | 角度范围 | 0~30 | 30~60 | 60~90 | 90~120 | 120~150 | 150~180 | 180~210 | 210~240 | 240~270 | 270~300 | 300~330 | 330~360 | 85° |
| | | 测值频数 | 0 | 0 | 16 | 4 | 0 | 0 | 0 | 0 | 0 | 0 | 0 | 0 | |

续表

| 地层 | 层号 | 角度分组及测值范围 | | | | | | | | | | | 古流向平均值 |
|---|---|---|---|---|---|---|---|---|---|---|---|---|---|
| | | 角度范围 | 0~30 | 30~60 | 60~90 | 90~120 | 120~150 | 150~180 | 180~210 | 210~240 | 240~270 | 270~300 | 300~330 | 330~360 | |
| 刘家沟组 | L7 | 测值频数 | 0 | 0 | 6 | 11 | 3 | 0 | 0 | 0 | 0 | 0 | 0 | 0 | 119° |
| | L6 | 角度范围 | 0~30 | 30~60 | 60~90 | 90~120 | 120~150 | 150~180 | 180~210 | 210~240 | 240~270 | 270~300 | 300~330 | 330~360 | 247° |
| | | 测值频数 | 0 | 0 | 0 | 0 | 0 | 0 | 0 | 7 | 9 | 4 | 0 | 0 | |
| | L5 | 角度范围 | 0~30 | 30~60 | 60~90 | 90~120 | 120~150 | 150~180 | 180~210 | 210~240 | 240~270 | 270~300 | 300~330 | 330~360 | 95° |
| | | 测值频数 | 0 | 0 | 8 | 9 | 3 | 0 | 0 | 0 | 0 | 0 | 0 | 0 | |
| | L4 | 角度范围 | 0~30 | 30~60 | 60~90 | 90~120 | 120~150 | 150~180 | 180~210 | 210~240 | 240~270 | 270~300 | 300~330 | 330~360 | 108° |
| | | 测值频数 | 0 | 0 | 6 | 10 | 4 | 0 | 0 | 0 | 0 | 0 | 0 | 0 | |
| | L3 | 角度范围 | 0~30 | 30~60 | 60~90 | 90~120 | 120~150 | 150~180 | 180~210 | 210~240 | 240~270 | 270~300 | 300~330 | 330~360 | 112° |
| | | 测值频数 | 0 | 0 | 2 | 13 | 4 | 0 | 0 | 0 | 0 | 0 | 0 | 0 | |

续表

| 地层 | 层号 | 角度分组及测值范围 | | | | | | | | | | | | 古流向平均值 |
|---|---|---|---|---|---|---|---|---|---|---|---|---|---|---|
| | | 角度范围 | 0~30 | 30~60 | 60~90 | 90~120 | 120~150 | 150~180 | 180~210 | 210~240 | 240~270 | 270~300 | 300~330 | 330~360 | |
| 刘家沟组 | L2 | 测值频数 | 0 | 0 | 3 | 10 | 4 | 0 | 0 | 0 | 0 | 0 | 0 | 0 | 115° |
| | L1 | 角度范围 | 0~30 | 30~60 | 60~90 | 90~120 | 120~150 | 150~180 | 180~210 | 210~240 | 240~270 | 270~300 | 300~330 | 330~360 | 126° |
| | | 测值频数 | 0 | 0 | 0 | 4 | 12 | 4 | 0 | 0 | 0 | 0 | 0 | 0 | |

| 砂岩层号 | 云岗组<br>（Y72） | 天池河组<br>（T90） | 天池河组<br>T91 | 天池河组<br>T93 |
|---|---|---|---|---|
| 古流向<br>玫瑰图 | 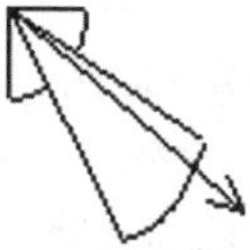 a<br>X=126° |  b<br>X=115° | 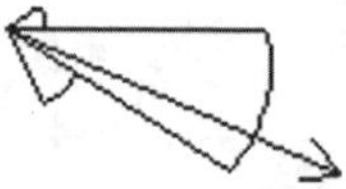 c<br>X=112° | 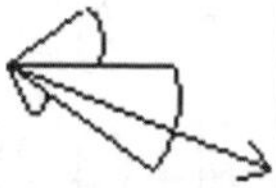 d<br>X=108° |
| 砂岩层号 | 刘家沟组<br>（L5） | 刘家沟组<br>（L6） | 刘家沟组<br>（L7） | 二马营组<br>（E27） |
| 古流向<br>玫瑰图 | 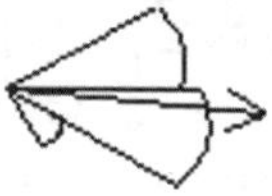 e<br>X=95° |  f<br>X=247° | 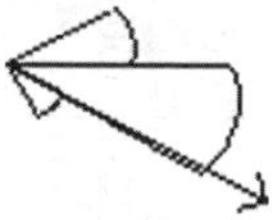 g<br>X=119° | 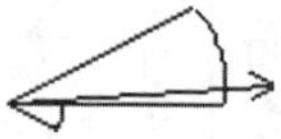 k<br>X=85° |
| 砂岩层号 | 二马营组<br>（E33） | 二马营组<br>（E38） | 二马营组<br>（E40） | 铜川组<br>（Tc49） |
| 古流向<br>玫瑰图 | 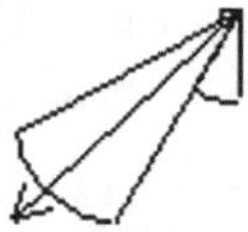 i<br>X=221° | 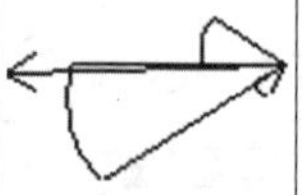 j<br>X=268° | 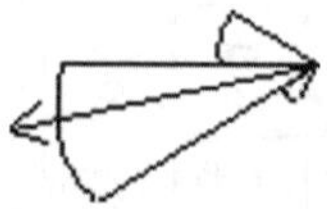 k<br>X=259° | 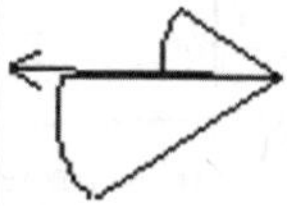 l<br>X=271° |

图 3-13 三叠系古流向玫瑰花图

表 3-2 侏罗系古流向数据统计表

| 地层 | 层号 | | 角度分组及测值范围 | | | | | | | | | | | 古流向平均值 |
|---|---|---|---|---|---|---|---|---|---|---|---|---|---|---|
| | | | 0~30 | 30~60 | 60~90 | 90~120 | 120~150 | 150~180 | 180~210 | 210~240 | 240~270 | 270~300 | 300~330 | 330~360 | |
| 天池河组 | T95 | 角度范围 | 0~30 | 30~60 | 60~90 | 90~120 | 120~150 | 150~180 | 180~210 | 210~240 | 240~270 | 270~300 | 300~330 | 330~360 | 260° |
| | | 测值频数 | 0 | 0 | 0 | 0 | 0 | 0 | 0 | 3 | 13 | 5 | 0 | 0 | |
| | T93 | 角度范围 | 0~30 | 30~60 | 60~90 | 90~120 | 120~150 | 150~180 | 180~210 | 210~240 | 240~270 | 270~300 | 300~330 | 330~360 | 273° |
| | | 测值频数 | 0 | 0 | 0 | 0 | 0 | 0 | 0 | 0 | 3 | 8 | 2 | 0 | |
| | T91 | 角度范围 | 0~30 | 30~60 | 60~90 | 90~120 | 120~150 | 150~180 | 180~210 | 210~240 | 240~270 | 270~300 | 300~330 | 330~360 | 95° |
| | | 测值频数 | 0 | 0 | 4 | 16 | 3 | 0 | 0 | 0 | 0 | 0 | 0 | 0 | |
| | T90 | 角度范围 | 0~30 | 30~60 | 60~90 | 90~120 | 120~150 | 150~180 | 180~210 | 210~240 | 240~270 | 270~300 | 300~330 | 330~360 | 104° |
| | | 测值频数 | 0 | 0 | 3 | 15 | 1 | 0 | 0 | 0 | 0 | 0 | 0 | 0 | |
| 云冈组 | Y72 | 角度范围 | 0~30 | 30~60 | 60~90 | 90~120 | 120~150 | 150~180 | 180~210 | 210~240 | 240~270 | 270~300 | 300~330 | 330~360 | 107° |
| | | 测值频数 | 0 | 0 | 3 | 15 | 2 | 0 | 0 | 0 | 0 | 0 | 0 | 0 | |

| 古流向玫瑰图 | 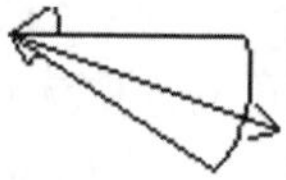 m<br>X=107° |  n<br>X=104.13° |  o<br>X=95.73° | 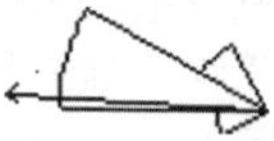 p<br>X=273.25° |
|---|---|---|---|---|
| 砂岩层号 | 天池河组 T95 | | | |
| 古流向玫瑰图 | 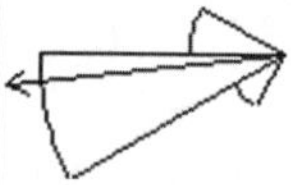 q<br>X=260.27° | | | |

**图 3-14 侏罗系古流向玫瑰花图**

野外实测陈家半沟剖面，选择了具代表性的 5 层厚度较大的砂岩进行了交错层理(见照片 5)的细层角度测量(大同组交错层理发育不好未测),室内用吴氏网进行数据校正(见表 3-2),编制砂体古流向玫瑰花图(见图 3-14)。陈家半沟剖面上侏罗纪砂体 5 层砂岩的细层平均流向分别为 107°、104°、95°、273°和260°(见图 3-14)。测量数据表明,云岗组时期至天池河组早期古河流流向总体自西向东,说明砂体沉积时期陆源剥蚀区在盆地以西,这与三叠纪时期沉积中心在西部有明显差异,结合侏罗系底部大同组赋存的 1m 多厚的浅黄绿色中厚层状石英质巨砾岩分析,侏罗纪大同组时期宁静盆地存在明显的地势高差,形成滚圆、半滚圆状,球度中等,砾径达 20cm 多的河流相堆积层(见照片 6),这层巨砾岩在宁静盆地舍寨、口子、西土窑等剖面均可见到[100],砾石主要为石英岩、次为片麻岩与砂岩。从上述古流向及巨砾岩层分析,大同组时期宁静盆地西侧存在隆起高地,表明吕梁山北段的芦芽山已经隆起,形成宁静盆地侏罗纪时期的物源区,剥蚀深度已达到芦芽山区克拉通盖层上寒武系底层的石英岩和基底的片麻岩。随着盆地的充填以及天池河组晚期晋东北燕山活动带南端的进一步隆起,古河流再次改向,流向西南。随后燕山运动巨大的挤压应力使山西几乎全部变形并隆升,仅在北部留存白垩纪山间盆地——右玉盆地。

综上所述,侏罗纪时期宁静盆地由鄂尔多斯的组成部分演变为山间盆地,被西侧吕梁山北段的芦芽山分隔开来,因此西侧的吕梁山隆起应不晚于大同组时期。

## 五、新生界地层建造序列

研究区新生界地层包括:早新生代和晚新生代两套地层,早新生代未见大面积沉积地层,只有下第三系的繁峙(玄武岩)组为火山喷发玄武岩流与沉积夹层堆积。晚新生代包括上第三系和第四系的松散堆积物,分布于区内除基岩出露以外的广大地区。

第四系:全新统($Q_4$)

　　　　上更新统($Q_3$)——马兰黄土

　　　　中更新统($Q_2$)——离石黄土

　　　　下更新统($Q_1$)——午城黄土

～～～～～～～～～不整合～～～～～～～～～

第三系:上新统:

　　　　静乐红土($N_2j$)

　　　　保德红土($N_2b$)

～～～～～～～～～不整合～～～～～～～～～

　　　　始新统:繁峙(玄武岩)组($E_2$)

～～～～～～～～～不整合～～～～～～～～～

下伏：古生界以前地层

(一)早新生代地层特征

研究区早新生代只有下第三系繁峙(玄武岩)组,大面积分布在繁峙县城北一带,出露面积约 $550km^2$,厚达 800m,滹沱河南侧的黄家庄村南山地有零星出露。(见图3-15)

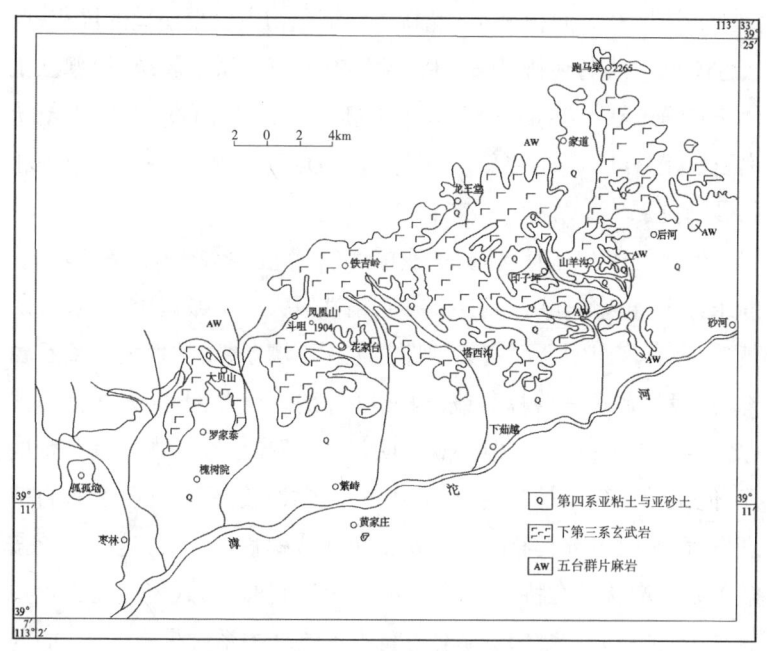

图3-15 繁峙玄武岩分布图(引自文献100)

繁峙玄武岩一般构成山顶较平坦,山坡呈多陡坎的低山丘陵地形,岩层产状平缓,最大倾角小于15°中,呈溢漫超覆于五台群片麻岩之上。岩性以伊丁石化橄榄玄武岩夹细粒橄榄玄武岩为主,粒度由下向上变细,上部有花斑状伊丁橄榄玄武岩。岩层呈多间断、多韵律的层状构造。在两个风化面之间的玄武岩由下而上为少气孔状—致密块状—多气孔状的韵律性。在间断面中夹棕红、黄褐、灰白、褐黑色的泥岩或粘土化岩石,一般厚0.5~5m,最厚为10~15m。厚度大处多为砂岩和泥岩,有的夹有褐黑色褐煤(俗称柴皮炭)和碳质泥岩。

(二)晚新生代地层特征

研究区晚新生代主要分布在东部裂谷盆地和边坡地带,西部黄土高原区有大面积分布。晚新生代沉积物主要是松散的堆积,成岩性不好。从老到新,代表性的地层有上第三系上新统:保德红土($N_2b$)、静乐红土($N_2j$)、第四系下更新统午城黄土($Q_1w$)、中更新统离石黄土($Q_2l$)、和上更新统马兰黄土($Q_3m$),另外有一些古河湖相的砂、砾层。

保德红土,一般呈棕黄—浅棕红色,常含少许砂砾,粘性较大。静乐红土,色多鲜红,一般都质纯,粘性极大。午城黄土,一般呈灰黄色,夹有多组明显而密集的棕红色古土壤条带,粘性大。离石黄土,一般呈灰黄—浅棕黄或浅棕红色,粘性较大,下部夹浅棕—浅棕红色古土壤条带多,但外观不明显,上部夹棕红色古土壤条带明显,但条带稀疏。马兰黄土,呈灰黄色、粘性较差,大孔隙及垂直节理发育,有时下部具有一二层灰褐色或浅棕色古土壤。这些地层按触关系和产状各有特点:马兰黄土一般以斜坡方式覆盖在下伏地层之上;离石黄土、午城黄土之间的不整合关系大多不明显,而与下伏静乐红土呈剥蚀或侵蚀方式的平行不整合关系现象则很清楚;静乐红土与下伏的保德红土或上新统下部河湖相地层之间,多呈角度不整合或以缺失、侵蚀、剥蚀等方式平行不整合接触。

古河湖相的沉积物以砂砾层沉积在古河湖分布区域内,主要在盆地和边坡地带,有相当于保德红土时期的杨湖组($N_2y$),分布在忻定盆地区域内;相当于午城黄土时期的泥河湾组($Q_1n$),分布在盆地中心地带;相当于马兰黄土时期的峙峪组($Q_3s$),分布在边山丘陵地带以至基岩山地地区，常组成滹沱河等现代河流两岸的二级阶地堆积物。

第四系全新统（$Q_4$）堆积物分布广泛。盆地表层有些地方即由全新统堆积物组成，一般为现代河流的冲洪积物和山坡地带的残坡积物，分布广泛，呈混杂堆积。

（三）古地理与古环境分析

研究区新生代地层建造表现为成岩性差，连续性差，呈松散堆积物分布的特点。这与当时的古地理和古气候环境紧密相关。

下第三系仅有繁峙玄武岩流与局部沉积夹层堆积，构成下第三系繁峙组地层，反映当时古地理环境属于隆起剥蚀区域，且有大陆裂谷性火山喷发，形成局部沉积洼地的粘土堆积沉积夹层。

上第三系仅见上新统的保德红土和静乐红土，零星分布于裂谷盆地和边坡地带，成分为各种较老岩石碎屑物质经各种营力作用改造搬运后，再次以松散状堆积在一起，形成残坡积相，鲜艳的红色表明湿热的古气候特征。

第四纪时期，更新统全部为黄土堆积，黄土母质来自远方我国北部和西部地区，由风力搬运而来，经黄土堆积作用而成，表明气候特点以凉爽干燥为主，季风强烈。黄土中出现多层棕黄、棕红色的古土壤层，表明黄土堆积时有多次气候湿热波动。

总体来看，研究区新生代古环境变化受喜山运动影响强烈。第三纪处于中国东部高原区，为剥蚀风化环境，仅有局部裂谷火山喷发岩流及残坡积相红土地层，大部分地区则无沉积地层。第四纪随着喜山运动的进行，中国大陆地貌气候格局发生变化，研究区成为黄土堆积区，处于黄土高原的东部边缘。而气候的变化又使研究区与中国其他地区一样，处于冰期—间冰期冷暖干湿交替的变化过程。五台山、芦芽山等高山地带见有冰川遗迹，黄土剖面中常见的古土壤与黄土互层则是第四纪气候变化的结果。

## 六、地层建造重要认识

研究区地层发育齐全,从太古界、元古界、古生界、中生界到新生届均有出露。从这些地层的岩性特征、形变特征和赋存规律可以总结如下:

1.岩性特征明显分为三大序列:一是太古界到古元古界的变质地层序列;二是中元古界到中侏罗统的未变质沉积地层序列;三是晚新生代以来的未固结松散堆积地层序列。

2.从构造变形特征来看也有其规律:一是变质地层变形强烈且以褶皱为主;二是沉积地层变形稍差,以断裂为主,褶皱与断裂共生;三是松散堆积地层变形微弱,主要遭受侵蚀与剥蚀改造和随断块相对隆升下陷。

3.从分布特征来看,各序列地层均有规律:一是变质地层主要出露在高山地带,二是松散堆积地层主要分布在盆地内部和边缘丘陵地带,三是沉积地层出露在上述二者之间。

4.对古流向与沉积组分的研究显示,中生代宁静盆地西侧吕梁山隆起不晚于侏罗纪大同组时期。

# 第四章　岩浆岩特征及构造背景分析

　　岩浆活动是陆壳形成演化过程中的重要过程，岩浆活动过程形成的火山岩、侵入岩是构成陆壳的主要物质组成。不同时期具有不同的区域动力背景，会形成各具特色的岩浆建造特征，能够反映相应的构造活动背景特征以及地壳深部活动的特征。厘定研究区岩浆建造序列，分析岩浆活动特征，有助于了解大陆动力背景，推演陆壳演化的过程。五台山及其邻区岩浆活动较为频繁，除古生代以外，其余时期均有岩浆活动，岩类较为复杂，从基性岩、中性岩、中酸性岩到酸性岩均有发育。有侵入岩，也有火山岩，它们在不同的构造环境下形成不同的组合，为陆壳演化过程保留了信息，是研究陆壳演化的重要对象。

　　对研究区内岩浆岩体进行广泛考察的基础上，选择系舟山断褶带北缘的居士山岩体进行了详细的研究，在其附近新发现了茶房口岩株群，采取野外填图、采样，室内岩石学、岩石地球化学、年代学、稀土微量元素地球化学的测试和分析，证实居士山岩体为吕梁期的产物，纠正了前人认为是燕山期产物的认识。对横跨滹沱河河谷的繁峙玄武岩进行了详细调查，实测了塔西沟剖面并系统采样进行岩石学、岩石地球化学、稀土微量元素地球化学的测试和分析，对滹沱河河谷南北两侧玄武岩进行了观察对比，确证了岩浆溢流通道在滹沱河裂陷带,裂谷深度深达地幔。

## 一、前寒武纪岩浆建造特征

前寒武纪岩浆活动时间长,期次多,是研究区陆壳形成演化的主要岩浆建造,其分布受控于前寒武系的出露,主要分布于前寒武系广泛出露的五台山区、恒山一带山区及吕梁山北端的山区地域(见图4-1)。

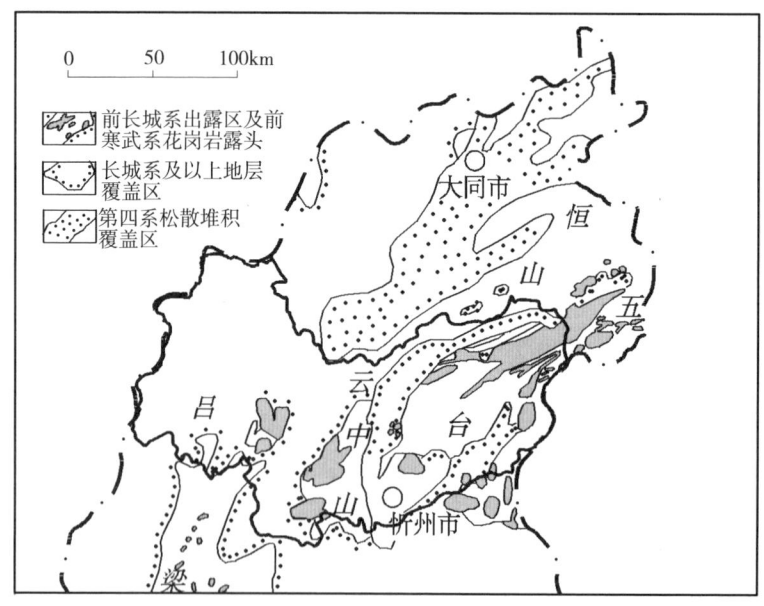

图4-1 研究区前寒武纪岩浆岩分布图(引自文献100)

(一)五台期岩浆岩

1.五台期海相火山喷发岩

太古界地层的主要组成部分为变质的海相火山岩,根据上太古界地层的对比,可分为早、中、晚三期。

(1)五台早期火山岩可划分为两个喷发旋回:①金岗库—庄旺

旋回:分布于石咀亚群金岗库组、庄旺组中,在繁峙县庄旺、五台县金岗库一带发育较好,出露完整,总厚度约1693m。下部金岗库组主要为基性—中基性火山岩(变质后为角闪片岩、斜长角闪岩)夹磁铁石英岩,中上部主要为凝灰质粉砂岩(变质为角闪变粒岩、黑云变粒岩),中基性火山岩(变质为角闪片岩、角闪片麻岩)。②文溪—滑车岭旋回:分布于石咀亚群文溪组、滑车岭组中,由基性—中性熔岩(变质为角闪片岩、角闪变粒岩)及凝灰岩(变质为角闪变粒岩、角闪片麻岩)交替出现。吕梁山区相当时期的主要有下吕梁群周家沟火山岩,表现为基性熔岩(角闪片岩)与正常沉积的泥质粉砂岩或凝灰质粉砂岩交替出现。

(2)五台中期火山岩:主要分布于五台山区的台怀亚群柏枝岩组、鸿门岩组中,是五台山期火山活动最为强烈、分布范围最广的一个火山喷发旋回。下部,主要为基性火山碎屑沉积岩夹基性熔岩,形成绢云石英片岩、绢云石英岩夹绿泥片岩、绿泥钠长片岩的地层组合;中部为基性火山碎屑沉积岩为主,熔岩减少;上部为中酸性熔岩(绢云钠长石英片岩、钠长绢云片岩)夹泥质粉砂质沉积岩(绢云片岩、绢云石英片岩)。吕梁山区中吕梁群袁家村组中,属基性火山岩,可变质为绿泥片岩,夹于正常沉积岩(绢云片岩,绢云千枚岩)中。

(3)五台晚期火山岩:仅分布于吕梁山区上吕梁群近周峪组和杜家沟组中,巨厚的变基性火山岩和变流纹岩,构成一个完整的火山喷发旋回。

2.五台期侵入岩

可分为基性侵入岩、超基性超入岩和花岗岩三类:

(1)基性侵入岩:数量众多,多个山区均有分布,多呈岩床(脉)顺层侵入于上太古界中,宽度不大,与围岩一齐遭受区域变质作用，围岩为绿片岩相者，基性岩脉变质为变辉绿岩或变辉长辉绿岩；围岩为角闪岩相者，变质为斜长角闪岩或角闪片岩。

（2）超基性侵入岩：散布于各个山区太古界地层中，多数规模较小，岩性单一，主要为辉石岩类，变质为阳起透闪岩，阳起石岩等。少数规模较大者有明显相带，如五台县李福沟岩体，中心部分有纯橄榄岩（蛇纹岩）或含辉橄榄岩（透闪蛇纹岩）异离体。

（3）花岩类侵入岩：包括各种广义的花岗岩类：二长花岗岩、奥长（钠长）花岗岩、花岗闪长岩、石英闪长岩、云英闪长岩等，根据地质特征可分为以下几类：①木去顶型变质石英闪长岩，属五台早期侵入岩，分布于五台山东台以东，以大寨口—木去顶—石佛岩体为主，出露面积 $100km^2$，被区域性大断裂切割成几部分，岩体与石咀亚群不同岩组侵入接触，多处被长城系高于庄组不整合覆盖。岩体主体为片麻状石英闪长岩，岩性变化大，局部相变为片麻状奥长花岗岩。山西省地矿局科研所采集标品由地质部地质研究所测得 U-pb 年龄（一致线法）为 2510Ma。时代应属五台早期（见表 4-1）。②北台型片麻状（钠质）奥长花岗岩，属五台中期。此类岩体以片麻状（钠质）奥长花岗岩为主，但大多数含有吕梁期部分重熔的二长花岗岩，形成复合岩体。主要岩体有：峨口岩体、北台岩体、智存沟岩体、光明寺岩体、楼房底—清凉社岩体、石佛岩体、兰芝山岩体。③王家会型片麻状（钾质）二长花岗岩，属五台晚期。分布于代县王家会一带，岩体呈北东东向延展，长 18km，宽 3.5km，出露面积 $55km^2$。围岩为石咀亚群黑云变粒岩、黑云斜长片麻岩，岩体岩石片麻理与围岩片麻理基本一致，二者界线较清楚，岩体南端及东端斜切围岩不同层位现象明显。岩体中变质的混合重熔残留体甚多，残留体的片麻理及排列方向与岩体片麻理一致。

表4-1 研究区部分岩体测年数据

| 样品名称 | 采样地点 | 年龄(Ma) | 误差(Ma) | 测试方法 | 备注 | 资料来源 |
|---|---|---|---|---|---|---|
| 花岗岩岩体 | 峨口 | 2520 | 30 | 锆石U-Pb | | 刘敦一等,1984 |
| 花岗岩岩体 | 石佛 | 2507 | 16 | 锆石U-Pb | | 刘敦一等,1984 |
| 灰色花岗岩 | 兰芝山 | 2537 | 10 | SHRIMP | | Wilde et al., 2003 |
| 片麻状花岗岩 | 兰芝山 | 2553 | 8 | SHRIMP | | Wilde et al., 1997 |
| 粗粒变形灰色花岗岩 | 车厂—北台 | 2538 | 6 | SHRIMP | | Wilde et al., 2003 |
| 中粒变形的花岗质岩 | 光明寺 | 2531 | 5 | SHRIMP | | Wilde et al., 2003 |
| 中粒灰色花岗岩 | 石佛 | 2531 | 3 | SHRIMP | | Wilde et al., 2003 |
| 中粒粉色花岗岩 | 王家会岩体 | 2117 | 18 | SHRIMP | | Wilde et al., 2003 |
| 中粒粉色花岗岩 | 王家会 | 2103 | 20 | SHRIMP | | Wilde et al., 2003 |
| 变形中粒灰色花岗岩 | 王家会岩体 | 2520 | 9 | SHRIMP | | Wilde et al., 2003 |
| 粗粒灰色斑岩花岗岩 | 大洼梁 | 2176 | 12 | SHRIMP | | Wilde et al., 2003 |
| 片麻状花岗岩 | 车厂—北台 | 2542 | 7 | SHRIMP | | Wilde et al., 2003 |

续表

| 样品名称 | 采样地点 | 年龄（Ma） | 误差（Ma） | 测试方法 | 备注 | 资料来源 |
|---|---|---|---|---|---|---|
| 片麻状花岗岩 | 车厂 北台 | 2546 | 3 | SHRIMP | | Wilde et al. |
| 片麻状花岗岩 | 王家会岩体 | 2517 | 12 | SHRIMP | | Wilde et al. |
| 片麻状花岗岩 | 义兴寨 | 2513 | 5 | SHRIMP | | Wilde et al. |
| 兰芝山花岗岩 | 五台山 | 2702 | 14 | SHRIMP | | 王凯怡 et al., 1997 |
| 北台—车厂花岗岩 | 繁峙伯强 | 2460 | | Sm-Nd | | 孙敏等，1992 |
| 北台—车厂花岗岩体 | 繁峙伯强 | 2300 | 100 | Pb-Pb 等时线 | | 孙敏等，1992 |
| 北台—车厂花岗岩体 | 繁峙伯强 | 3040 | | Pb-Pb 等时线 | 钾长石 | 田永清，1991 |
| 兰芝山岩体花岗岩 | 五台兰芝山 | 1899 | 188 | Pb-Pb 等时线 | | 孙敏等，1992 |
| 大寨口岩体 | 繁峙大寨口 | 2403 | 3 | Pb-Pb 等时线 | | 贵阳地化所 |
| 大洼梁岩体花岗岩 | 代县大洼梁 | 2012 | 154 | U-Pb | | 徐朝雷等，1991 |
| 青崖村岩体花岗岩 | 盂县青崖村 | 2148 | | U-Pb | 锆石 | 武铁山，1984 |
| 大寨口岩体 | 灵丘木去顶 | 2510 | | U-Pb | 锆石 | 吴汾柱 |
| 峨口岩体 | 代县水峪村西 | 2520 | 30 | U-Pb | 锆石 | 刘敦一等，1984 |

续表

| 样品名称 | 采样地点 | 年龄(Ma) | 误差(Ma) | 测试方法 | 备注 | 资料来源 |
|---|---|---|---|---|---|---|
| 光明寺岩体 | 五台东庄 | 2522 | 16 | U-Pb | 锆石 | 刘敦一等,1984 |
| 兰芝山岩体花岗岩 | 五台红崖村 | 2560 | 6 | U-Pb | 锆石 | 刘敦一等,1984 |
| 兰芝山岩体花岗岩 | 五台红崖村 | 2577 | 18 | U-Pb | 锆石 | 刘敦一等,1984 |
| 石佛岩体 | 五台石佛 | 2507 | 16 | U-Pb | 锆石 | 白瑾等,1992 |
| 石佛岩体 | 五台小马蹄沟 | 2803 | 430 | U-Pb | 锆石 | 白瑾等,1992 |
| 石佛岩体 | 五台小马蹄沟 | 2483 | 1 | U-Pb | 锆石 | 白瑾等,1992 |
| 石佛岩体 | 五台小马蹄沟 | 2477 | 1.5 | U-Pb | 锆石 | 白瑾等,1992 |
| 车厂-北台岩体 | 繁峙茶铺西 | 2514 | 2 | U-Pb | 锆石 | 白瑾等,1992 |
| 车厂-北台岩体 | 繁峙伯强 | 2490 |  | U-Pb | 锆石 | 徐朝雷等,1991 |

(二)吕梁期岩浆岩

1.吕梁早期海相基性火山岩类:

该类火山岩在研究区各山区下元古界地层中展布,属同时代产物,由于区域构造部位及喷发环境的差异,其岩石组合、厚度、喷发韵律均有差异。

(1)五台山区:产出于东冶亚群青石村组顶部的火山岩称为刘定寺火山岩,喷发韵律明显,主要为玄武质熔岩夹沉积岩层,纹山一带总厚达479m有五个沉积夹层,向两侧迅速变薄为只有一层,推测喷发中心在纹山一带,有六次间歇喷溢。产出于东冶亚群河边村组近顶部的火山岩称为马头口变质火山岩,为一次喷溢形成的基性熔岩,区域分布稳定,原 15~18m,西厚东薄,喷发中心推测亦大致在纹山一带。

(2)吕梁山区:野鸡山群程道沟组中的变质火山岩分布广,厚度大,达 1500m,以熔岩溢流相为主,其间有千枚岩、长石石英等沉积岩薄层,熔岩岩性差异不大,为宁静裂隙式喷发。

(3)岩石特征:吕梁早期火山岩以玄武岩类为主,其次为玄武安山岩、安山岩类,夹有火山碎屑岩、玄武质凝灰岩、玄武质火山角砾岩、集块岩等,均遭受区域变质作用。有绿片岩相的斜长绿泥片岩、角闪斜长绿泥片岩等,常保留其原岩结构、构造特征;有低角闪岩相的斜长角闪岩、角闪片岩、透闪片岩、黑云角闪变粒岩等,其原岩结构、构造不甚明显。

2.吕梁早期变质侵入岩

该类岩分布大多数为岩床状,顺层侵入于下元古界中,数量不多,规模较大。研究区主要分布于五台山区代县滩上至五台县斑老爷一带。斑老爷变辉绿岩床呈顺层侵入于东冶亚群青石村组下部或近底部,出露长 30km,宽 300~400m,随地层褶皱呈蛇曲状。滩上至豆村之间的上杨花、龙王堂、牛家渠等变辉绿岩体侵入于台怀亚群绢云石英片岩、绿泥片岩中。

3.吕梁期花岗岩类:

吕梁期花岗岩类在研究区分布广泛,可分为三个区域:

(1)五台山区重熔花岗岩体:该类岩体是五台期片麻状奥长花岗岩于吕梁期局部重熔或部分重熔而成的花岗岩,基本上分布于五台期片麻状花岗岩体内部或边缘,突出特点是当围岩为下元古界时,局部地段可见其呈侵入接触。它与五台期花岗岩共同组成复式岩体,主要岩体有峨口岩体、北台岩体、智存沟岩体、光明寺岩体、楼房底—清凉社岩体、石佛岩体、兰芝山岩体等。

(2)吕梁山北端及云中山区花岗岩:该区岩体较多主要有①云中山花岗岩体:出露于静乐县、忻府区、原平市和宁武县交界的云中山主峰一带,南北向延长,北窄南宽,呈"葫芦"形,面积约230km$^2$,围岩为石咀亚群各种片麻岩、变粒岩,呈侵入接触关系,北东部被寒武系不整合覆盖。岩体主体为粗粒—巨粒花岗岩,边部为细粒花岗岩,常呈树枝状穿入围岩,呈交代接触。岩石坚硬,抗风化,呈陡峭地形。②悬钟村二长花岗岩体:出露于静乐县康家会一带,近东西向延长,长大于25km,南北宽9km。围岩为石咀亚群片麻岩、变粒岩、角闪片岩,多呈混合交代接触。岩石风化后呈花岗岩地貌,悬钟村北东1km处,貌似一口悬挂在天空中的巨钟。岩体主要为灰白色中粒、中细粒二长花岗岩。③千木沟花岗岩体:出露于宁武县千木沟一带,呈不规则状,面积约20km$^2$。围岩为界河口群黑云斜长片麻岩、混合岩化片麻岩、矽线斜长片麻岩、片岩及下元古界野鸡山群长石石英岩。呈侵入变化接触,岩体内具有大量围岩的残留体。岩石为灰红色,中粒花岗结构及缝合线、涂边、蠕石英等变化结构。④芦芽山紫苏辉石石英二长岩体:分布于五寨县以东至宁武县东寨地区,呈椭圆状,面积约200km$^2$。主要由紫苏二长岩、紫苏石英二长岩、紫苏花岗岩和钾长花岗岩组成,岩石呈灰色、暗灰色,巨粒花岗结构。岩体中部粒度达5cm,边部稍小为2~3cm,岩体边部岩石中,巨大的条纹长石自形巨晶常显定向排列,其方向大致和岩体接触面平行。围岩为太古界界河口群矽线石黑云斜长片麻岩,岩体只在沟谷中出露,上部被寒武系、奥陶系沉积不整合覆盖。该岩体有资料[49],认为是前五台期的侵入岩体,但新的研究[87]发现该岩体所测得年龄在1781Ma-1866Ma,应当属于古元古代吕梁期的产物。⑤阁楼棚山细粒二长花岗岩位于忻府区西南角,阁楼棚山至西岁兴一带,为一小岩体,呈长方形,分布面积约 $12km^2$,岩性主要为肉红色、灰白带肉红色细粒黑云母二长花岗岩,与围岩呈明显的混合交代接触,大部分呈渐变过渡关系,接触带一般较宽,由细粒花岗岩类岩石、混合岩及伟晶岩脉团构成的混合岩带,各组成岩石间互相过渡,属混合交代式侵入体。

(3)五台山区南部花岗岩:该区域包括,五台山南坡及系舟山一带,分布数量众多:①莲花山黑云母花岗岩体:分布于原平市东莲花山一带,岩体北东长 5km,北西宽 2.5km,出露面积 $8km^2$。滹沱河西尚有长 400m,宽 100m 的侵蚀残留露头,推测莲花山岩体应为被滹沱河切割的,半覆盖的,面积不小于 $20km^2$ 的中等侵入岩体。围岩为台怀亚群绿片岩,岩体与围岩界面清楚,呈突变侵入接触,接触界面和滹沱群与五台群的不整合面基本平行。岩体主体为似斑状中粗粒黑云母花岗岩,呈浅肉红色,似斑状,中粗粒花岗结构。岩体"花岗岩"地貌明显,地表岩石沿节理裂开,风化后形似石蘑菇、莲花瓣子状,莲花山即因此得名(见照片7)。②凤凰山角闪花岗岩体:分布于五台山区西南端,地表露头仅见于定襄县上汤头村北凤凰山脚下及滹沱河南侧忻府区伏虎庄村北;出露面积仅 $0.2km^2$,根据磁测及钻孔验证,岩体面积达 $110km^2$,大部分被新生界松散堆积物覆盖,应为一面积较大的隐伏岩体。围岩为滹沱群不同组的地层,岩体与围岩呈明显的侵入接触,接触面一般较陡。岩体的主体岩性为灰白,微肉红色角闪花岗岩。钻孔所见岩性显示;中部相为粗粒角闪花岗岩,边缘相为似斑状中粗粒角闪花岗岩。岩体对围岩的接触热力变质作用较强烈,大理岩化及角岩化范围达 400~500m。③黄金山花岗岩体:分布于五台山西段,五台县上红表村北西黄金山东坡,东西向延长,呈不规则弯曲状,出露面积仅

0.15km²。岩体侵入于褶皱了的滹沱群豆村亚群中,与围岩接触界面清楚。整个岩体被一条宽约20m,NW330°走向的辉绿岩斜穿而过。岩石呈浅紫红色,致密斑状结构,块状构造。④水峪钾长花岗岩体:分布于忻州市东南系舟山北坡脚,东北侧被黄土覆盖,东南侧以断层与寒武系接触,部分花岗岩体被逆冲于寒武系之上,形成飞来峰(见照片8)。岩体北东向断续延长达15km,宽数百米至1.5km,出露面积约10km²。岩体主要由花岗岩组成,由于受后期断裂影响,岩石次生变化强烈,普遍呈现赤铁矿化,绿泥石化。⑤茶房口—居士山二长花岗岩体(见照片9-10):分布于定襄县南王乡眉音口—茶房口—黄场峪一带,系舟山北坡脚下,坡顶居士山北坡也有出露,零星出露8个小岩枝,面积0.1km²。但从眉音口到黄场峪长约3km,茶房口到居士山宽约1km,推测为一个3km²的隐伏岩体。前人[100]认为居士山岩体为中生代燕山期中酸性岩体。此次较为详细的工作证明该岩体为吕梁期花岗岩体,证据有二:一是对茶房口小岩株和居士山小岩株锆石测年得到1786±35Ma和1797.7±4.3Ma的年龄值,表明该岩体为吕梁期侵入,二是微量元素和稀土元素分配曲线显示茶房口小岩株与居士山小岩株属同源侵入岩体(见图4-6,图4-7)。由此可见,茶房口一带小岩株群与居士山岩体侵入年代相同,岩浆来源相同,应属同一岩基的几个分枝,故统一称为茶房口—居士山岩体。⑥土岭口花岗岩体:分布于定襄县土岭口西南至藏孤台一带系舟山脚,岩体呈北东向展布和出露,延长8km,出露宽200—800m,面积4km²。岩体东侧、中段与五台系绿色片岩侵入接触,北段被寒武系不整合覆盖,南段以断层与寒武系接触;西侧全部被第四系黄土覆盖。岩石呈肉红色,中粗粒花岗结构,略显片麻状构造。⑦瓦扎坪花岗岩体:出露于定襄县东部瓦扎坪山间小盆地中,瓦扎坪村北,出露面积0.01km²,岩体沉积不整合于寒武系之下,四周多被红土所覆盖。岩石呈浅肉红色,花岗状中粗粒不等粒结构。⑧戎家庄花岗岩体出露于定襄县东部山区以北的滹沱河峡谷中,戎家庄至阎家村之间,出露长度2000m,南北宽1200m,出露面积2km²。围岩为五台群,呈侵入接触,其北侧与寒武系以断层接触,东南部被寒武系沉积不整合覆盖。岩石呈浅红灰色,似斑状结构,基质为中粒花岗结构,见有净边、蠕英、缝合线等变化结构。⑨贾家峪花岗岩体:分布于盂县北部滹沱河以北的贾家峪、宽坪子、水淋沟一带,和绕狮、红崖掌一带,分两处出露。西部岩体北东延长7km,北西宽1.5~3.5km,出露面积15km²,东部岩体,南北长8km,东西宽1~1.5km,面积8km²。北侧被寒武、奥陶系沉积不整合覆盖;东、西、南三侧侵入于五台群石咀亚群,顶板为文溪组变基性火山岩,南侧围岩为庄旺组黑云斜长片麻岩、黑云变粒岩,大部分呈侵入变化接触,具数百米宽的斑状混合岩化带。岩石呈浅肉红色、橙红色或砖红色,不等粒花岗结构,鳞片花岗变晶结构,块状构造,局部具片麻状构造,并常发育有条痕、条带及斑状变化构造。⑩均才花岗岩体:分布和出露于盂县北部的均才、进圭社及东西侧地带,岩体东西延长15km,南北宽3~4km,面积约50km²。侵入于五台群石咀亚群黑云斜长片麻岩中。岩石呈浅肉红色,中至粗粒花岗(变晶)结构,变化构造明显。其北侧有较宽的斑状混合岩化带,南侧夹有不规则的角砾状混合岩化带,岩体内还夹有很多受到斑状、条带状、条痕状混合岩化的片麻岩、变粒岩、石英片岩、云母片岩、角闪片岩等的捕虏体。⑪大洼梁钠质花岗斑岩体:位于代县东南20km,滩上以西的掌寺村大洼梁一带。岩体为一岩床的剥蚀残留体,仅见于山梁上。岩体于平面上呈一三角形,底边东西向长3.3km,顶端向南,高2.3km,面积3km²。岩体围岩为五台群高凡亚群变质粉砂岩夹薄层长石石英岩。岩石呈淡灰红色、灰白色、斑状结构,基质为微粒花岗结构。

4.茶房口—居士山岩体专项研究

(1)岩体野外地质特征

茶房口—居士山岩体主要包括:茶房口岩体、眉营口岩体、黄场峪岩体、居士山岩体等。其中居士山岩体分布于茶房口村南居士山山坡,其余的则分布于系舟山与忻定盆地的接触带上。目前已发现有 8 个小岩株,除居士山岩体(JSS-1#)前人已有述及,其余 7 个均为此次新发现的岩体,从东向西分布于黄场峪—茶房口—眉音口一带,依次为黄场峪岩体(HCY-1#)、茶房口 1# 岩体(CFK-1#)、茶房口 2# 岩体(CFK-2#)、茶房口 3# 岩体(CFK-3#)、茶房口 4# 岩体(CFK-4#)、眉音口 1# 岩体(MYK-1#)和眉音口 2# 岩体(MYK-2#)(见表 4-2),这些岩体分布于约 4.5km² 的范围内,呈北东—南西向展布,零星出露,最小的岩株出露长 1～2m,宽 1m 左右,约 1m²,最大的岩体长约 200m,宽 150m。出露面积约 0.03km²。茶房口岩株群呈零星状分布于黄场峪—茶房口—眉音口一带,大部分为岩株岩脉状,与围岩接触面陡立,其岩体特征分述如下:

①黄场峪岩体(HCY-1#):位于黄场峪村东南 120°方向,直距 200m 处,分布于山坡底至山脊顶。山坡上呈岩脉状出露,宽约 4～5m,长约 200m,岩石呈浅褐色,块状构造,中粗粒结构,主要成分为长石、石英,少量暗色矿物,野外定名花岗岩。围岩为奥陶系灰岩,接触关系不清。

②茶房口 1# 岩体(CFK-1#):位于茶房口村东南 110°方向,直距 300m 处的七岩沟西南坡至坡顶,可见三处出露点,圈定范围 100m 宽,200m 长,约 0.02km²,山坡处岩体风化蚀变严重,风化面呈灰白色,斑状结构,块状构造,主要成分为长石、石英,少量暗色矿物,野外定名花岗闪长斑岩,坡顶处岩体较新鲜,呈浅褐色,粗粒

结构,块状构造,主要成分为长石、石英,少量暗色矿物,野外定名为花岗岩。围岩为奥陶系灰岩呈沉积接触。

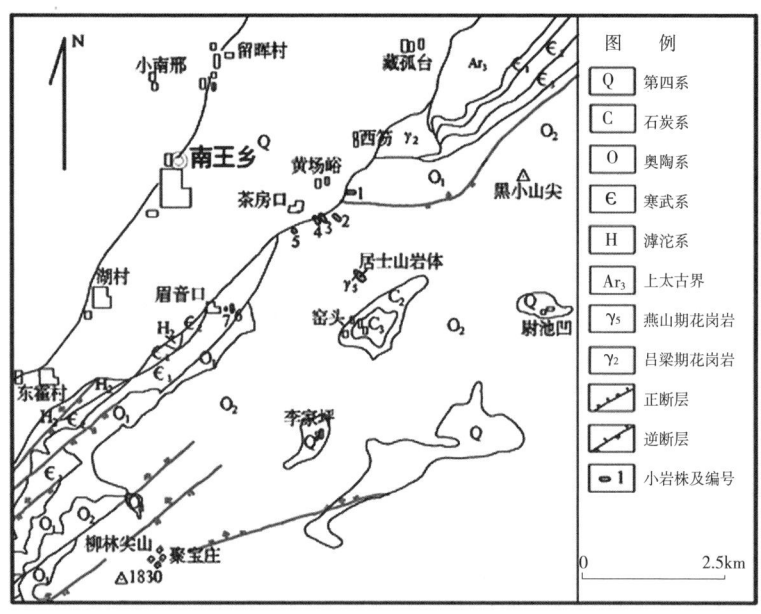

图 4-2 茶房口-居士山岩体分布图

表 4-2 茶房口一带小岩株统计表

| 序号 | 编号 | 名称 | 形状 | 位置(北京 54 坐标,3°带) | 备注 |
|---|---|---|---|---|---|
| 1 | HCY-1# | 黄场峪岩体 | 岩脉 | X:4255572, Y:38413757 | 新发现 |
| 2 | CFK-1# | 茶房口 1#岩体 | 小岩株 | X:4255197, Y:38413617 | 新发现 |
| 3 | CFK-2# | 茶房口 2#岩体 | 岩株 | X:4255173, Y:38413265 | 新发现 |
| 4 | CFK-3# | 茶房口 3#岩体 | 岩株 | X:4254985, Y:38413125 | 新发现 |
| 5 | CFK-4# | 茶房口 4#岩体 | 小岩株 | X:4254930, Y:38412926 | 新发现 |

续表

| 序号 | 编号 | 名称 | 形状 | 位置(北京54坐标,3°带) | 备注 |
|---|---|---|---|---|---|
| 6 | MYK-1# | 眉音口1#岩体 | 岩盖 | X:4253727, Y:38411477 | 新发现 |
| 7 | MYK-2# | 眉音口2#岩体 | 岩墙 | X:4253685, Y:38411395 | 新发现 |
| 8 | JSS-1# | 居士山岩体 | 岩株 | X:4253854, Y:38414047 | 前人发现 |

③茶房口2#岩体(CFK-2#):位于茶房口村东南130°方向,直距100m处,小山梁顶部被第四纪黄土覆盖,公路边坡出露岩体,顺山梁向北延伸至坡底,隐没于农田之下,向南至山坡变陡处,见与围岩接触破碎带,推测为断层破碎带(图4-3),接触带近直立,破碎严重,宽约15m,岩体中有灰岩碎块。岩体宽约50~70m,长约200m。岩石为浅灰褐色,粗粒结构,块状构造,以石英、长石为主,少量黑云母,野外定名花岗斑岩。

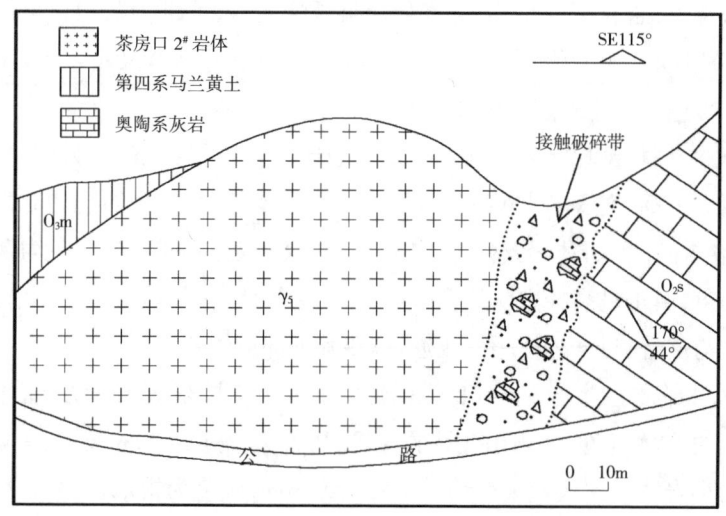

图4-3 茶房口2#岩体与围岩接触带素描图

④茶房口3#岩体(CFK-3#)：位于茶房口村东南145°方向，直距70m处，与茶房口2#岩体相隔一条小沟。小山梁顶部被第四纪黄土覆盖，陡坡处出露岩体，宽约70~80m，长约200m，顺山梁向北延伸至坡底，隐没于农田之下，向南至坡顶公路开挖处可见接触带，此处接触带与围岩界线清晰，岩体中未见捕虏体，围岩铁锈红色，推测为风化壳染色。岩石呈浅灰褐色，粗粒结构，块状构造，以石英、长石为主，少量黑云母，野外定名为花岗斑岩。此岩体疑与茶房口2#岩体下部相连。

⑤茶房口4#岩体(CFK-4#)：位于茶房口村正南180°方向尧头沟的西坡，与地震台站相距100m，呈小型岩株状出露，约1m²，岩石呈灰白色，蚀变严重。周围奥陶灰岩裂隙发育，接触关系不清。

⑥眉音口1#岩体(MYK-1#)：位于眉音口村正东90°方向，直距约100m处采石场旁边小山包为岩体出露处，长约200m，宽约100m，由于覆盖严重与围岩的接触关系不清楚，灰岩中未发现烘烤现象，岩石上部呈褐色，铁质混染现象明显，下部为灰白色呈似层状展布，上下色差明显，界限清晰，推测灰白色为相变带。岩体主体褐色岩石野外定名为花岗斑岩。

⑦眉音口2#岩体(MYK-2#)：位于眉音口村正东90°方向，直距约100m处采石场内，采石场为寒武系紫色泥岩，采石场的东部出露一小型岩体，岩体长约15m，宽约2m，走向NE78°，颜色为灰白色，由于呈高岭土状风化严重，已无法辨认原岩，接触关系不清。它与眉音口1#岩体距离较近，推测其下部可能相连。

⑧居士山1#岩体(JSS-1#)：位于茶房口村东南150°方向，直距约1300m处，居士山北坡的沟谷内。前人描述为70m长，数米宽的小岩株。此次发现长约100m，宽约10m，颜色为褐黄色，粗粒结构，块状构造，裂隙发育，裂隙中铁染现象明显，岩石风化严重，主

要成分为石英、长石和少量的蚀变后的暗色矿物,野外定名为花岗斑岩。前人认为接触关系为侵入接触,将居士山岩体当作燕山期产物,此次仔细研究,发现接触关系应为沉积接触(见照片 11),石灰岩沉积于古岩体的风化面上。证据有二:一是围岩虽有碎裂现象,但没有烘烤和熔蚀现象,破碎带中石灰岩碎块棱角分明,边界清晰。二是向北不远处山神庙底下有古地形低凹处沉积的岩体风化物沉积层,上部被石灰岩覆盖。测年数据也证实了该岩体为吕梁期的产物。

(2)岩石学特征

此次研究分别采集了各个岩体的较新鲜面样品,并在室内磨制岩石薄片 11 个。在偏光镜下进行了详细的鉴定,目的是对岩石的矿物组成成分、特征及岩石组合,岩石的结构构造进行研究(见图 4-4)。以下是各个岩体的主要岩石学特征:

①茶房口岩体:镜下为全晶质花岗结构。主要矿物为正长石(60%),石英(30%),次要矿物为黑云母(8%),副矿物(2%)有锆石、磷灰石和磁铁矿,次生矿物很常见,主要有正长石的蚀变矿物—高岭石、黑云母的蚀变矿物—绿泥石等。正长石,板状,风化、蚀变严重,变为高岭石,鳞片状,表面浑浊,无色或带淡黄色调,具正低突起,最高干涉色一级灰白,斜消光。石英,它形粒状,无色透明,表面光滑,无风化物,无解理,但因受力而产生不规则裂纹,严重者石英晶体破碎,具正低突起,正交镜下最高干涉色为一级灰白,无双晶,可见波状消光。黑云母,绿色或者褐色,羽状或者叶片状,多色性和吸收性明显,一组解理发育,由于本身颜色较深,干涉色调不明显,近于平行消光。蚀变形成绿泥石,薄片中无色或浅绿色,呈鳞片状集合体,一组解理发育,最高干涉色一级灰,平行消光。锆石,晶体较自形,淡黄色,无解理,正极高突起,最高干涉色呈

鲜艳的红色,平行消光。磷灰石,长柱状或者针状,薄片中无色,正中突起,最高干涉色一级灰白,呈平行消光。定名为斑状花岗岩。

②眉营口岩体:因岩体蚀变十分严重,岩体新鲜样本已很难采集,但岩体的围岩具有独特的岩性,故将围岩的性质进行描述,可从侧面上说明岩体的性质。镜下具显微粒状变晶结构,粒度为1~2mm,块状构造。主要矿物为石英和白云母。其中,石英占77%,无色透明,无解理,正低突起,局部波状消光,含暗色矿物的包裹体,正交镜下,最高干涉色一级黄白。白云母,占20%,白色或者近于无色,呈鳞片状,⊥(001)切面平行消光,正交镜下,最高干涉色二级顶部——三级,颜色鲜艳。次要矿物:黄玉,晶体呈粒状,薄片中无色透明,正中突起,最高干涉色一级黄。副矿物:主要是锆石和磁铁矿,其中锆石呈粒状,晶体较自形,正极高突起。磁铁矿,不透明矿物,长方或等轴粒状,较自形。定名为云英岩。

根据围岩岩石中的副矿物,判断为岩体蚀变,蚀变方式为热液最后析出的石英交代已结晶的长石类矿物、白云母交代黑云母,形成云英岩化花岗岩,随着交代作用的增强,最终形成云英岩。

③居士山岩体:镜下具显微花岗结构,石英的蠕虫状结构,黑云母的变形结构。主要矿物为斜长石(50%),正长石(25%),石英(15%),次要矿物为黑云母、角闪石(10%),副矿物有锆石、磁铁矿、磷灰石、榍石,次生矿物有斜长石的绢云母化,钾长石的高岭土化,黑云母、角闪石的绿泥石化。主要矿物:斜长石,蚀变严重,大多已成绢云母,呈鳞片状,由于鳞片方位不同,干涉色各异,红、橙、黄、绿、蓝交织在一起。正长石,蚀变严重,成高岭石,鳞片状,表面浑浊,具正低突起,最高干涉色一级灰白。未蚀变正长石无色透明,负低突起,正交镜下最高干涉色一级灰白,偶见简单双晶。石英,它形粒状,无色透明,表面光滑,无风化物,无解理,但因受力而产生不

规则裂纹。具正低突起,最高干涉色一级灰白,无双晶。具熔蚀现象。可见石英的蠕虫状结构,属于岩石已完全或近于完全结晶之后的晚期发育形成,具体成因不清。次要矿物:黑云母,绿色或褐色,一组解理发育,多色性和吸收性明显,正极高突起,含磁铁矿等包裹体,正交镜下干涉色由于自身颜色而不明显,平行消光,2V角很小。角闪石,呈长粒状,绿色或褐色,弱多色性,蚀变严重,变为绿泥石。副矿物:锆石,呈细粒被包裹于其他矿物的边部,晶形较自形,正极高突起。榍石,菱形,晶体较自形,淡黄色色调,表面浑浊,弱多色性,正极高突起,最高干涉色一级灰白。磷灰石,短柱状或六方柱状、粒状,磁铁矿,不透明,长方或等轴粒状,较自形。定名为斑状花岗闪长岩。

④黄场峪岩体:镜下具典型的花岗结构、似斑状结构,斑晶为石英和少量正长石,粒度一般在 1mm,最大 2mm,最小 0.5mm,基质为显晶质,成分同斑晶。此外,基质呈微花岗结构,局部可见石英与长石的微文象结构,石英与其他矿物的包含结构。

主要矿物为正长石(70%)、石英(20%),次要矿物为黑云母(8%),副矿物(2%)常见锆石、磁铁矿、榍石、磷灰石。正长石,板状,风化、蚀变严重,变为高岭石,鳞片状,表面浑浊,无色或带淡黄色调,具正低突起,最高干涉色一级灰白,斜消光。石英,它形粒状,无色透明,表面光滑,无风化物,含包裹体,无解理,但因受力而产生不规则裂纹,同时有部分石英被斑晶熔蚀,具正低突起,正交镜下最高干涉色为一级黄白,无双晶。黑云母,绿色或者褐色,羽状或者叶片状,多色性和吸收性明显,一组解理发育,由于本身颜色较深,干涉色调不明显,近于平行消光。蚀变形成绿泥石,薄片中无色或浅绿色,呈鳞片状集合体,一组解理发育,最高干涉色一级灰,平行消光。磁铁矿,不透明,长方或等轴粒状,较自形。榍石,菱形,晶体较自形,淡黄色色调,表面浑浊,弱多色性,正极高突起。锆石,晶体较自形,淡黄色,无解理,正极高突起,最高干涉色呈鲜艳的红色,平行消光,部分锆石产于石英颗粒的边部。磷灰石,长柱状或者针状,薄片中无色,正中突起,最高干涉色一级灰白,呈平行消光。定名为斑状石英岩。

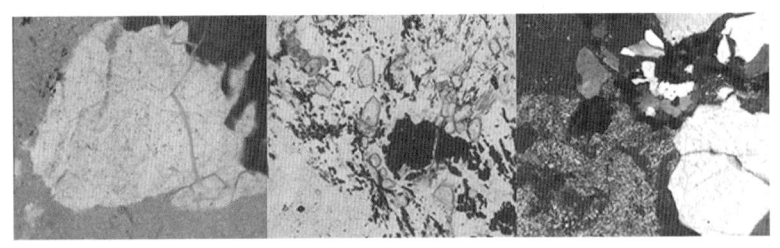

a HCY-1# 岩石中　　b HCY-1# 岩石中　　c CFK-2# 岩石中
石英的不规则裂纹　　不透明矿物及　　　石英与长石
正交(10×10)　　　　锆石单偏光(10×10)　正交(4×10)

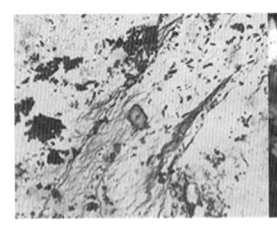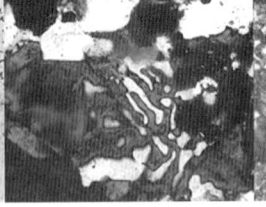

d CFK-2# 锆石颗粒　　e JSS-1# 蠕虫状结构　f JSS-1# 正长石污浊
单偏光(10×10)　　　　正交(10×10)　　　　表面　正交(10×10)

图 4-4　茶房口-居士山岩体岩石镜下特征图

(3)地球化学特征

此次采集了研究区花岗岩岩体中具有代表性新鲜样品 4 个送往中国冶金地质总局第三地质中心实验室采用 ICAP6300 等离子体发射光谱仪、721 分光光度计、WFX-310 原子吸收分光光度计进行全岩分析测定(测试环境:温度 20 ℃,湿度 40%)。

①主量元素地球化学特征

## 第四章 岩浆岩特征及构造背景分析

通过分析岩石的主量元素特征来确定岩石系列、类型、标准矿物组成、分类命名和研究岩石成因、演化特征、构造环境等问题是岩石化学研究中必不可少的方法。茶房口一带各岩体主要岩石类型主量元素化学全分析数据见表4-3。

表4-3 茶房口一带岩体主量元素化学全分析数据

| 送样编号 | $SiO_2$ | $Al_2O_3$ | $Fe_2O_3$ | FeO | $TiO_2$ | CaO | MgO | $K_2O$ | $Na_2O$ | $P_2O_5$ | MnO | 烧失量 | 总量 |
|---|---|---|---|---|---|---|---|---|---|---|---|---|---|
| CFK-1-C2 | 74.26 | 15.84 | 1.06 | 0.32 | 0.94 | 1.07 | 0.066 | 0.13 | 0.036 | 0.19 | 0.004 | 5.59 | 99.51 |
| CFK-2-C1 | 68.28 | 16.07 | 4.55 | 0.42 | 1.08 | 0.77 | 0.20 | 0.64 | 0.029 | 0.20 | 0.038 | 6.89 | 99.12 |
| JSS-1-C3 | 64.11 | 14.10 | 5.96 | 0.32 | 0.98 | 2.30 | 0.46 | 5.60 | 0.18 | 0.17 | 0.044 | 5.49 | 99.71 |
| JSS-1-C5 | 66.16 | 12.44 | 1.60 | 0.28 | 0.36 | 4.48 | 0.28 | 8.55 | 0.24 | 0.12 | 0.012 | 5.16 | 99.68 |
| 平均值 | 68.20 | 14.61 | 3.29 | 0.34 | 0.84 | 2.16 | 0.25 | 3.73 | 0.12 | 0.17 | 0.02 | 5.78 | 99.52 |

续表4-3 茶房口一带岩体主量元素化学全分析数据

| 送样编号 | $TFe_2O_3$ | AR | σ | ALK | A/CNK | K/N | 分异指数 |
|---|---|---|---|---|---|---|---|
| CFK-1-C2 | 1.38 | 1.02 | 2.2 | 0.17 | 0.93 | 3.61 | 77.45 |
| CFK-2-C1 | 4.97 | 1.08 | 0.02 | 0.67 | 0.92 | 22.07 | 72.2 |
| JSS-1-C3 | 6.28 | 2.09 | 1.5 | 5.78 | 0.64 | 31.11 | 73.96 |
| JSS-1-C5 | 3.63 | 2.56 | 3.2 | 8.79 | 0.49 | 35.63 | 82.12 |
| 平均值 | 4.07 | 1.69 | | 3.85 | 0.74 | 23.10 | 76.43 |

从表4-3可看出：研究区CFK-1-C2样品$SiO_2$含量为74.26%；$Al_2O_3$的含量为15.84%；全碱含量（ALK）含量为0.17%；$TFe_2O_3$的含量为1.38%；MgO的含量为0.066%；CaO的含量为1.07%；里特曼指数为2.2，小于3.3，属于钙碱性岩。

CFK-2-C1 样品 $SiO_2$ 含量为 68.28%;$Al_2O_3$ 的含量为 15.84%;全碱含量(ALK)含量为 0.67%;$TFe_2O_3$ 的含量为 4.97%;MgO 的含量为 0.20%;CaO 的含量为 0.77%;里特曼指数为 0.02,小于 3.3,属于钙碱性岩。

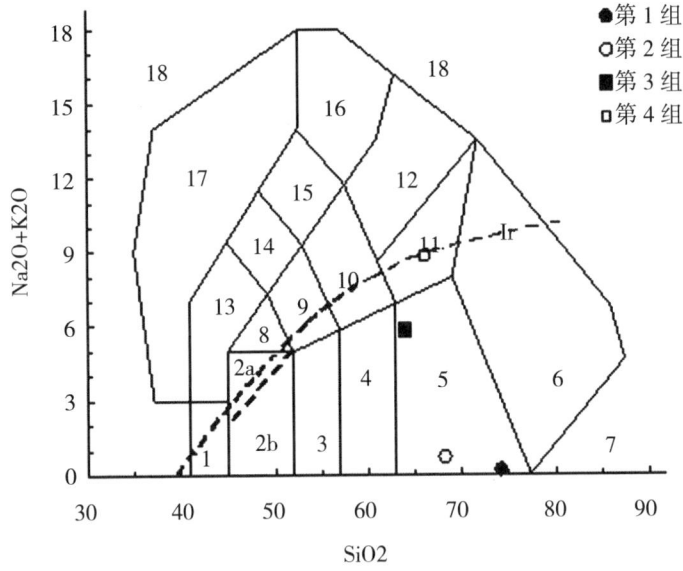

------ Ir-Irvine 分界线,上方为碱性,下方为亚碱性

[深成岩]:1-橄榄辉长岩;2a-碱性辉长岩;2b-亚碱性辉长岩;3-辉长闪长岩;4-闪长岩;5-花岗闪长岩;6-花岗岩;7-硅英岩;8-二长辉长岩;9-二长闪长岩;10-二长岩;11-石英二长岩;12-正长岩;13-副长石辉长岩;14-副长石二长闪长岩;15-副长石二长正长岩;16-副长石正长岩;17-副长深成岩;18-霓方钠岩/磷霞岩/粗白榴岩。第 1 组:CFK-1-$C_2$;第 2 组:CFK-2-$C_1$;第 1 组:JSS-1-$C_3$;第 1 组:JSS-1-$C_5$。

**图 4-5　岩浆/火山岩系统全碱—硅(TAS)分类**

(图式据 Eric A.k.Middlmost,1994)

JSS-1-C3 样品 $SiO_2$ 含量为 64.11%;$Al_2O_3$ 的含量为14.10%;全碱含量(ALK)含量为 5.78%;$TFe_2O_3$ 的含量为 6.28%;MgO 的含

量为0.46%；CaO的含量为2.30%；里特曼指数为1.5，小于3.3，属于钙碱性岩。

JSS-1-C5样品$SiO_2$含量为66.16%；$Al_2O_3$的含量为12.44%；全碱含量（ALK）含量为8.79%；$TFe_2O_3$的含量为3.63%；MgO的含量为0.28%；CaO的为4.48%；里特曼指数为3.2，小于3.3，属于钙碱性岩。

以上说明，各个样品都具有高$SiO_2$，基本都大于66%，只有JSS-1-C3样品小于66%，属于中酸性岩，且低MgO、$TFe_2O_3$、CaO、贫碱、贫钾、高$K_2O/Na_2O$等特征的低钾钙碱性系列岩石。A/CNK介于0.49~0.93之间，表明属准铝质—弱过铝质类型。

分别将表4-3中各个单元的$K_2O$、$Na_2O$求和得到全碱（ALK）结果，并将各个岩石单元的$SiO_2$值和对应的ALK（$K_2O+Na_2O$）值投入到岩浆岩/火山岩系统全碱-硅（TAS）分类图（Eric A.k.Middlmost，1994），得到图4-5。

由图4-5可以看出，大多数参数点落在花岗闪长岩（5）中，少数参数点落在石英二长岩（11）中。各个参数点均投在Ir-Irvine分界线的下方，为钙碱性区，进一步表明各个单元的岩石为钙碱性系列。整体表明，各类岩石主量元素化学成分命名与野外定名、镜下鉴定结果和岩石类型基本上是一致的。

②微量元素地球化学特征

根据表4-4中微量元素丰度值，并进行标准化处理后，得到微量元素蛛网图（图4-6）。通常情况下，地幔岩石的过渡族元素的分配模式曲线较平缓，经地幔岩派生的岩石分配曲线呈现"W"形状，从超基性的橄榄岩到酸性花岗岩，分配形式更趋"W"的形状。从图4-6可知，过渡族元素的分配曲线较为相似，并呈现较为明显的"W"形状，这表明研究区内各个岩体的各类岩石来源于同一岩浆

表 4-4 茶房口一带岩体微量元素分析数据

| 送样编号 | Ba | Cr | Ni | Hf | Cu | Zn | Pb | Sr | Zr | Sc | Co | Cd | In | Ga |
|---|---|---|---|---|---|---|---|---|---|---|---|---|---|---|
| CFK-1-B2 | 283 | 20.6 | 3.08 | 6.90 | 6.59 | 8.19 | 4.72 | 131 | 224 | 4.88 | 6.32 | 0.027 | 0.038 | 23.4 |
| CFK-2-B1 | 1693 | 18.1 | 6.16 | 5.05 | 10.1 | 47.2 | 7.42 | 304 | 163 | 11.6 | 14.1 | 0.052 | 0.079 | 18.9 |
| CFK-2-B2 | 992 | 19.9 | 8.45 | 6.52 | 40.0 | 72.7 | 13.7 | 103 | 210 | 13.7 | 22.7 | 0.086 | 0.075 | 18.2 |
| CFK-3-B1 | 1191 | 21.9 | 6.62 | 5.99 | 10.6 | 43.1 | 16.6 | 273 | 190 | 9.67 | 17.6 | 0.135 | 0.076 | 21.0 |
| CFK-4-B2 | 1096 | 19.5 | 6.08 | 6.02 | 10.7 | 39.9 | 13.5 | 123 | 197 | 11.3 | 13.7 | 0.098 | 0.068 | 20.1 |
| MYK-1-B1 | 538 | 21.3 | 12.8 | 4.84 | 7.03 | 10.8 | 3.50 | 236 | 196 | 4.97 | 30.7 | 0.060 | 0.026 | 10.7 |
| MYK-1-B2 | 1054 | 18.2 | 7.43 | 6.81 | 10.3 | 44.4 | 10.5 | 471 | 230 | 9.46 | 14.3 | 0.099 | 0.067 | 22.1 |
| HCY-B2 | 65.8 | 22.5 | 9.23 | 6.68 | 18.7 | 44.7 | 14.2 | 558 | 222 | 13.5 | 17.5 | 0.123 | 0.104 | 24.0 |
| HCY-B3 | 60.8 | 25.1 | 12.6 | 6.50 | 21.3 | 49.5 | 18.5 | 573 | 224 | 12.6 | 36.0 | 0.115 | 0.083 | 26.3 |
| JSS-1-B2 | 1198 | 28.5 | 12.4 | 10.3 | 12.3 | 57.6 | 16.3 | 118 | 380 | 13.8 | 25.7 | 0.071 | 0.059 | 21.3 |
| JSS-1-B3 | 1245 | 26.7 | 11.8 | 10.3 | 12.2 | 36.0 | 14.4 | 107 | 376 | 12.4 | 28.9 | 0.100 | 0.065 | 20.8 |

## 第四章 岩浆岩特征及构造背景分析

续表 4-4 茶房口一带岩体微量元素分析数据

| 送样编号 | Rb | V | Nb | Mo | Li | Be | Sb | Cs | Ta | Bi | Th | W | Re | Tl | U |
|---|---|---|---|---|---|---|---|---|---|---|---|---|---|---|---|
| CFK-1-B2 | 7.89 | 33.2 | 21.4 | 0.355 | 58.3 | 0.945 | 0.350 | 0.444 | 1.62 | 0.131 | 22.2 | 67.2 | 0.119 | 0.047 | 2.29 |
| CFK-2-B1 | 33.5 | 61.7 | 15.3 | 2.11 | 41.0 | 1.14 | 0.511 | 0.676 | 1.24 | 0.132 | 14.6 | 53.3 | 0.058 | 0.122 | 1.16 |
| CFK-2-B2 | 155 | 54.9 | 16.2 | 2.47 | 12.7 | 1.85 | 0.410 | 1.20 | 1.37 | 0.367 | 17.5 | 112 | 0.300 | 0.674 | 2.65 |
| CFK-3-B1 | 105 | 55.7 | 18.6 | 2.06 | 19.6 | 1.56 | 0.520 | 0.654 | 1.65 | 0.220 | 20.2 | 149 | 0.390 | 0.518 | 2.15 |
| CFK-4-B2 | 161 | 59.0 | 15.1 | 1.86 | 15.8 | 1.47 | 0.659 | 1.69 | 1.22 | 0.177 | 15.8 | 89.5 | 0.155 | 0.715 | 2.16 |
| MYK-1-B1 | 4.48 | 29.9 | 7.87 | 0.409 | 32.9 | 0.518 | 1.25 | 0.164 | 1.03 | 0.281 | 6.40 | 271 | 0.478 | 0.028 | 1.22 |
| MYK-1-B2 | 26.7 | 64.2 | 19.8 | 1.56 | 37.8 | 1.23 | 0.206 | 0.310 | 1.39 | 0.168 | 16.9 | 86.3 | 0.125 | 0.107 | 2.18 |
| HCY-B2 | 19.8 | 81.7 | 20.7 | 2.86 | 44.5 | 1.48 | 1.82 | 0.238 | 1.59 | 0.314 | 20.2 | 90.7 | 0.094 | 0.110 | 4.67 |
| HCY-B3 | 31.9 | 66.4 | 19.2 | 2.06 | 44.1 | 1.20 | 3.08 | 0.336 | 1.78 | 0.191 | 20.0 | 238 | 0.358 | 0.222 | 5.38 |
| JSS-1-B2 | 155 | 69.4 | 19.6 | 1.64 | 26.6 | 1.74 | 0.170 | 2.22 | 1.43 | 0.135 | 15.1 | 112 | 0.135 | 0.647 | 1.88 |
| JSS-1-B3 | 156 | 66.1 | 19.8 | 1.45 | 21.7 | 1.41 | 1.17 | 2.86 | 1.64 | 0.300 | 14.7 | 266 | 0.357 | 0.684 | 1.78 |

源区。同时，Cr、Ni 呈现较强的亏损状态，这主要是 Cr、Ni 易从岩浆中进入早结晶的辉石、橄榄石中的缘故；Co、V 处于曲线"峰"的位置，显示出强烈的富集状态。

研究区内各个岩体的各类岩石具有相似的微量元素分配模式，从分配曲线上来看，大离子亲石元素 Ba 呈现明显的低谷，表明其强烈亏损，Rb、Sr 与原始地幔相比显示出稍强的富集状态；放射性生热元素 Th、U 显示出中等程度的富集状态；高场强元素（HFSE）中 Ta、Nb、Zr 显示微弱的富集状态，而 Hf 呈现中等程度的相对亏损。

以上表明，微量元素分配模式相似，过渡族元素、放射性生热元素和大离子亲石元素的富集、亏损程度保持一致，这进一步表明研究区内的各类岩石的岩浆源区具有同一性。

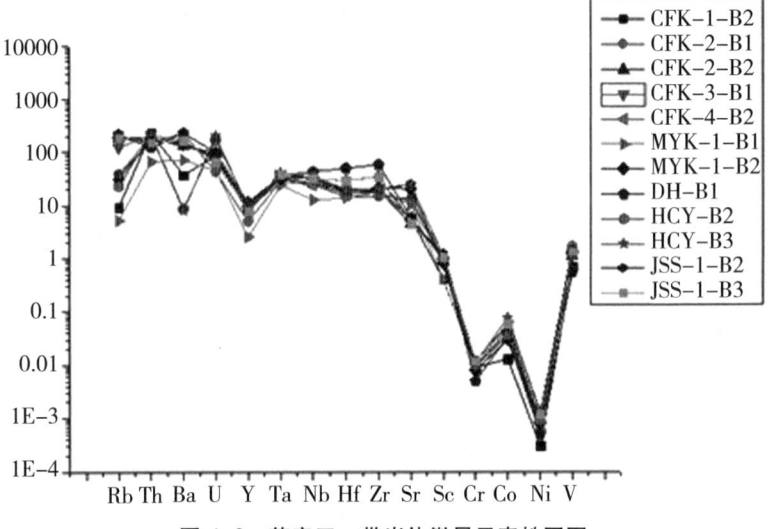

图 4-6　茶房口一带岩体微量元素蛛网图

③稀土元素地球化学特征

对各个岩体的岩石进行了稀土元素分析,所有分析结果及各表征参数列于表 4-5 中,将稀土元素分析结果经 Boynton(1984)球粒陨石标准化后,编制成稀土分配型式图 4-7。由图 4-7 可知,各个岩体的岩石为稀土富集,$\Sigma REE$ 在 $139.36 \sim 471.72 \times 10^{-6}$ 之间,总量大致相近;轻、重稀土元素的分馏明显,轻稀土富集程度较高,LREE/HREE 在 $11.22 \sim 12.46$ 之间,$(La/Yb)N$ 较高,在 12.83—

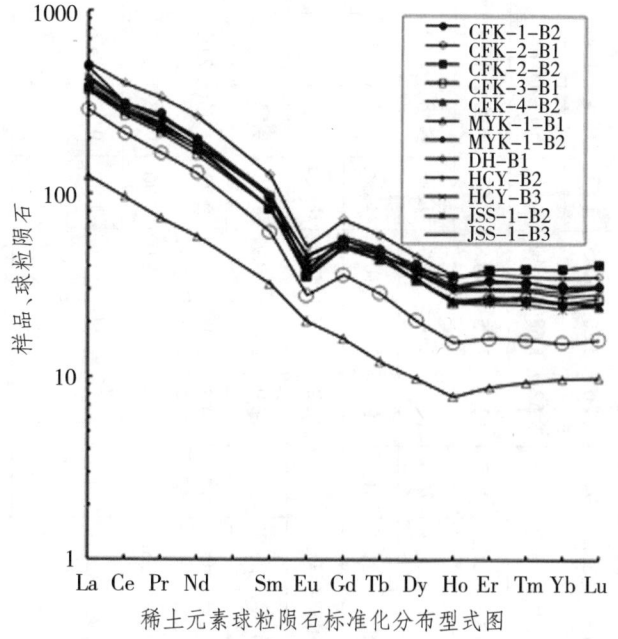

稀土元素球粒陨石标准化分布型式图

图 4-7　茶房口一带岩体稀土元素球粒陨石标准化分布型式图

表 4-5 茶房口一带岩体稀土元素分析数据

| 送样编号 | La | Ce | Pr | Nd | Sm | Eu | Gd | Tb | Dy | Ho | Er | Tm | Yb | Lu | Y |
|---|---|---|---|---|---|---|---|---|---|---|---|---|---|---|---|
| CFK-1-B2 | 117 | 192 | 25.9 | 91.4 | 14.6 | 2.26 | 11.5 | 1.87 | 10.4 | 1.80 | 5.61 | 0.840 | 5.34 | 0.800 | 49.5 |
| CFK-2-B1 | 68.2 | 131 | 15.9 | 60.7 | 9.52 | 1.62 | 7.40 | 1.07 | 5.17 | 0.880 | 2.71 | 0.409 | 2.63 | 0.409 | 24.7 |
| CFK-2-B2 | 89.9 | 172 | 21.3 | 81.5 | 12.7 | 2.05 | 10.8 | 1.74 | 10.0 | 1.99 | 6.43 | 1.00 | 6.64 | 1.05 | 56.1 |
| CFK-3-B1 | 87.6 | 164 | 20.4 | 76.4 | 12.9 | 2.04 | 10.4 | 1.63 | 8.78 | 1.44 | 4.40 | 0.705 | 4.35 | 0.687 | 41.3 |
| CFK-4-B2 | 95.1 | 176 | 21.7 | 81.2 | 12.8 | 2.16 | 10.7 | 1.64 | 8.59 | 1.48 | 4.53 | 0.678 | 4.39 | 0.624 | 42.6 |
| MYK-1-B1 | 29.7 | 58.9 | 7.02 | 27.3 | 4.92 | 1.17 | 3.34 | 0.456 | 2.50 | 0.444 | 1.46 | 0.239 | 1.66 | 0.252 | 12.5 |
| MYK-1-B2 | 100 | 184 | 23.3 | 84.6 | 12.9 | 2.45 | 10.9 | 1.75 | 9.51 | 1.73 | 5.46 | 0.851 | 5.17 | 0.790 | 48.8 |
| DH-B1 | 123 | 247 | 32.1 | 124 | 19.5 | 2.98 | 15.0 | 2.23 | 11.6 | 2.03 | 6.03 | 0.902 | 5.99 | 0.903 | 55.9 |
| HCY-B2 | 104 | 193 | 25.1 | 95.0 | 15.3 | 2.26 | 12.0 | 1.90 | 9.85 | 1.73 | 5.04 | 0.785 | 4.96 | 0.790 | 47.5 |
| HCY-B3 | 103 | 192 | 24.4 | 91.5 | 14.7 | 2.24 | 11.4 | 1.78 | 9.37 | 1.66 | 4.97 | 0.760 | 4.72 | 0.722 | 45.5 |
| JSS-1-B2 | 90.1 | 176 | 22.8 | 85.9 | 15.0 | 2.69 | 11.7 | 1.75 | 8.53 | 1.45 | 4.18 | 0.636 | 4.02 | 0.628 | 38.8 |
| JSS-1-B3 | 89.4 | 175 | 22.1 | 86.4 | 15.0 | 2.62 | 11.7 | 1.74 | 8.58 | 1.50 | 4.37 | 0.677 | 4.28 | 0.649 | 39.5 |

续表 4-5 茶房口一带岩体稀土元素分析数据

| 送样编号 | ΣREE | LREE | HREE | LREE/HREE | $(La/Yb)_N$ | δEu | δCe |
|---|---|---|---|---|---|---|---|
| CFK-1-B2 | 481.32 | 443.16 | 38.16 | 11.61 | 15.72 | 0.51 | 0.82 |
| CFK-2-B1 | 307.62 | 286.94 | 20.68 | 13.88 | 18.60 | 0.57 | 0.94 |
| CFK-2-B2 | 419.10 | 379.45 | 39.65 | 9.57 | 9.71 | 0.52 | 0.93 |
| CFK-3-B1 | 395.73 | 363.34 | 32.39 | 11.22 | 14.44 | 0.52 | 0.92 |
| CFK-4-B2 | 421.59 | 388.96 | 32.63 | 11.92 | 15.54 | 0.55 | 0.91 |
| MYK-1-B1 | 139.36 | 129.01 | 10.35 | 12.46 | 12.83 | 0.83 | 0.97 |
| MYK-1-B2 | 443.41 | 407.25 | 36.16 | 11.26 | 13.87 | 0.62 | 0.90 |
| DH-B1 | 593.27 | 548.58 | 44.69 | 12.28 | 14.73 | 0.51 | 0.94 |
| HCY-B2 | 471.72 | 434.66 | 37.06 | 11.73 | 15.04 | 0.49 | 0.90 |
| HCY-B3 | 463.22 | 427.84 | 35.38 | 12.09 | 15.65 | 0.51 | 0.91 |
| JSS-1-B2 | 425.38 | 392.49 | 32.89 | 11.93 | 16.08 | 0.60 | 0.93 |
| JSS-1-B3 | 424.02 | 390.52 | 33.50 | 11.66 | 14.98 | 0.58 | 0.94 |

16.08 之间;分配型式均为平滑右倾型;Eu 异常指数在 0.51~0.83 之间,负 Eu 异常明显,说明他们在岩浆作用过程中,都发生了结晶分异作用。Ce 异常指数在 0.90~0.97 之间,接近于 1,表明 Ce 异常不明显。

研究区各个岩体的稀土元素分配曲线型式为典型的"V"字形(或称海鸥型),且配分曲线大致平行相似,表明各个岩体可能来自同一岩浆源区。

(4)形成时代分析

分别从茶房口-2号岩体(CFK-2#)和居士山岩体(JSS-1#)采集样品,进行人工重砂分析,挑单颗粒锆石进行年龄检测。样品由国土资源部太原矿产资源监督检测中心进行前处理和锆石挑选,送中国地质科学院矿产资源研究所 MC-ICP-MS 实验室进行年代测量,所得测年结果见图 4-8、图 4-9。结果显示二者形成年龄为 1786±35Ma 和 1797±4.3Ma,属于吕梁期的产物。

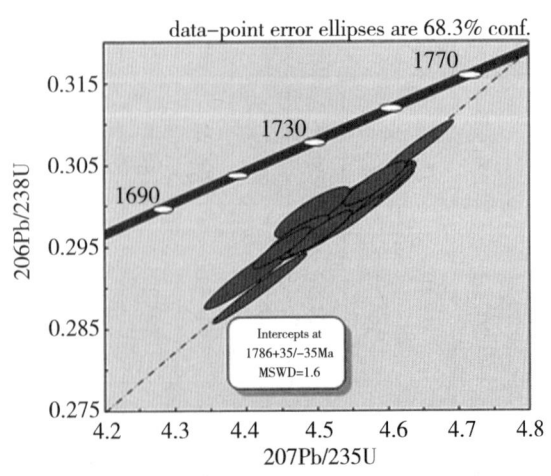

图 4-8　茶房口岩体锆石 U-Pb 年龄和谐图

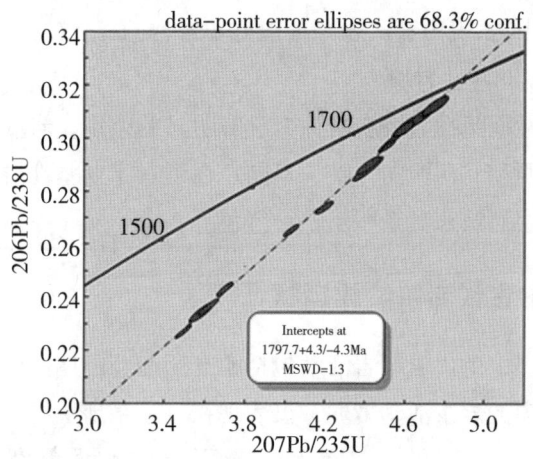

图4-9 居士山岩体锆石U-Pb年龄和谐图

5.吕梁晚期基性岩墙

主要是沿断裂贯入的辉绿岩、辉长辉绿岩、辉绿玢岩等形成的岩墙,遍布于研究区内前长城系出露区,成群成组平行密集出现,分布方向以北西320~330°方向为最多,其次有北西西、东西向,少数呈近南北向、北东向。岩墙一般宽2~30m,延长较长,一般为数千米到十几千米,少数长达数十千米。它们切穿前长城系地层,大量密集分布地段,围岩为太古界,切穿下元古界的岩墙数量较少,与晋宁期的基性岩墙类似,二者不易区分。

(三)晋宁期岩浆岩

研究区晋宁期岩浆活动较少,分布局限,仅有发育有少量火山岩和基性岩墙。

1.晋宁期火山岩

仅有白家滩附近"小两岭安山岩"和太原市北郊阳曲县关口一带地下钻孔中发现的"关口火山岩"。小两岭安山岩厚度为493m,

出露面积 3.5km², 关口火山岩厚度 256m, 分布面积约 20km²。岩性主要为安山岩、安山玄武岩并出现英安岩、英安流纹岩。

2.晋宁期基性岩墙

与吕梁期基性岩墙在岩性上没有明显的差别，岩墙方向也主要是北北西和北西西向。唯一不同点在于晋宁期基性岩墙侵入于长城系地层而被寒武系所不整合覆盖。

## 二、中生代岩浆岩建造特征

研究区中生代岩浆岩活动包括印支期和燕山期两个旋回。印支期在区内的岩浆活动微弱，仅表现在三叠系地层中的火山碎屑岩类，未发现侵入岩体。三叠系中统铜川组二段发育约 0.4m 厚的碎屑凝灰岩，呈粉色粘土状，是本组的重要标志层，颜色粉红色为主，也见有粉红色及翠绿色，在宁静盆地宁武李家庵和静乐庄东坪一带发育。其他地区由于露头不佳，凝灰岩易水解而没有发现。岩石具晶屑凝灰质结构，粉砂状结构，胶结物以火山灰为主，次为绿泥石、钾质、钙质。燕山期岩浆活动在研究区不均匀，东北部紧靠燕山构造带的晋东北地区，较为发育，其他地区则相对较弱。

(一)燕山期火山岩

燕山期火山活动前人研究划分[49]为八个主要旋回(见表4-6)研究区火山岩发育不均匀，主要集中在东北部及邻区：

1.云岗喷发期

火山活动强度弱，规模小，喷发物堆积厚度不大，在宁静盆地侏罗系地层中云岗组第三段上部发育有灰白、暗肉红色流纹质凝灰岩和灰紫色厚层状中粗粒火山岩屑质长石砂岩、夹流纹质凝灰岩及灰绿—灰紫色中厚层状凝灰质砂岩。其分布以盆地北东部相对发育，向南区明显减少。区内未见熔岩，本期熔岩只在山西省左云高山盆地大同市云岗北部见有1m厚的流纹质凝灰熔岩。

2.髻髻山喷发期

区内无发育地层,研究区北边的浑源火山岩盆地发育,赋存于侏罗系中统长山峪群髻髻山组中上部,以各种玄武岩为主。

3.后成喷发期

分布于邻区浑源、灵丘太白维山两个火山盆地,赋存于长山峪

表4-6 燕山期火山活动特征表(引自文献49)

| 时代 | 旋回 | 喷发期 | 地层代号 | 岩相 | 主要岩性 | 厚度(m) | 主要分布 |
|---|---|---|---|---|---|---|---|
| 白垩纪 | 早期 | 中庄铺 | 王家沟 $K_1w$ | 溢流相爆发相 | 流纹岩、流纹质火山碎屑岩 | 136 | 浑源 |
|  |  |  |  | 河湖相溢流相 | 砂质泥岩、砂砾岩夹玄武岩 | 126 |  |
| 侏罗纪 | 晚期 | 滦平 | 西瓜园 $J_3x$ | 溢流相 | 流纹岩、流纹质火山碎屑岩 | 34-128 |  |
|  |  |  | 大北沟 $J_3b$ | 爆发相溢流相 | 粗安岩、玄武安山岩、碱性玄武岩 | 90-173 |  |
|  |  |  | 张家口 $J_3z$ | 强爆发相溢流相 | 流纹岩、流纹质火山碎屑岩、流纹质熔结灰岩 | 100-1100 | 浑源、太白维山、塔地、广灵 |
|  |  | 东岭台 | 白旗 $J_3dn$ | 爆发相溢流相 | 英安岩、英安质火山碎屑岩、安山岩、安山质火山碎屑岩 | 87-768 |  |
|  |  |  |  | 溢流相 | 粗安岩、玄武安山岩、碱性玄武岩 | 16-101 | 浑源 |
|  | 中期 | 长山峪 | 后城 $J_2h$ | 强爆发相溢流相 | 流纹岩、流纹质火山碎屑岩夹膨润土 | 200-600 | 浑源、太白维山 |
|  |  |  | 髻髻山 | 溢流相 | 玄武岩、玄武安山岩 | 30-80 | 浑源 |
|  |  |  | 云岗 $J_2y$ | 溢流相 | 流纹岩、流纹质角砾凝灰岩 | 1 | 左云高山 |

群后城组中、上部,以流纹质火山碎屑岩—流纹质熔岩构成爆发—喷溢韵律。活动较强烈,规模较大,堆积厚度较大。

4. 白旗喷发期

分布于邻区浑源、灵丘太白维山,为侏罗系上统东岭台群白旗组的主体。由中—基性火山碎屑岩、中基性熔岩、偏碱或偏酸性熔岩构成爆发—喷溢韵律,火山活动强烈,规模较大。

5. 张家口喷发期

火山活动强烈,规模大,堆积厚度较大,在邻区浑源、灵丘、广灵广泛分布,以爆发—喷溢形成一套流纹质火山角砾岩、凝灰岩—流纹质熔岩的火山岩,为东岭台群张家口组的主体。

6. 大北沟喷发期

以基性—中基性溢流为主,赋存于滦平群大北沟组中上部层位。火山活动强度和规模明显不及东岭台和张家口两个喷发期,仅分布于浑源火山盆地。

7. 西瓜园喷发期

以酸性爆发为主,火山活动规模小,仅见于邻区浑源钟楼坡附近见有该喷发期流纹质火山角砾岩及流纹质角砾凝灰岩,为滦平群西瓜园组的主体。

8. 王家沟喷发期

该期火山活动范围小,仅见于邻区浑源王家沟—曹虎庵一带面积不足 $2km^2$。浑源火山盆地中庄铺群王家沟组下部见有两个杏仁状玄武岩夹层,上部为流纹质火山角砾岩、流纹质火山凝灰岩和流纹质熔岩组成。

(二)燕山期侵入岩

燕山期侵入岩在区内的分布也不均匀,集中发育在东北部与燕山构造带紧邻的五台山—恒山一带,其余地区零星出露。

## 第四章 岩浆岩特征及构造背景分析

### 1.五台山—恒山一带燕山期侵入岩

五台山—恒山东北部一带是燕山期侵入岩集中发育的地区(见图4-10)。根据岩体地质特征和岩石组合可划分为两大类型,分述如下:

(1)花岗闪长岩—花岗岩系列:武铁山等[49,100]对山西中酸性侵入岩的研究将其归纳为蚕—六—铁系列。研究区代表性岩体有以下几个:①冉庄黑云母花岗岩体:位于灵丘县西南,沿沙河呈近南

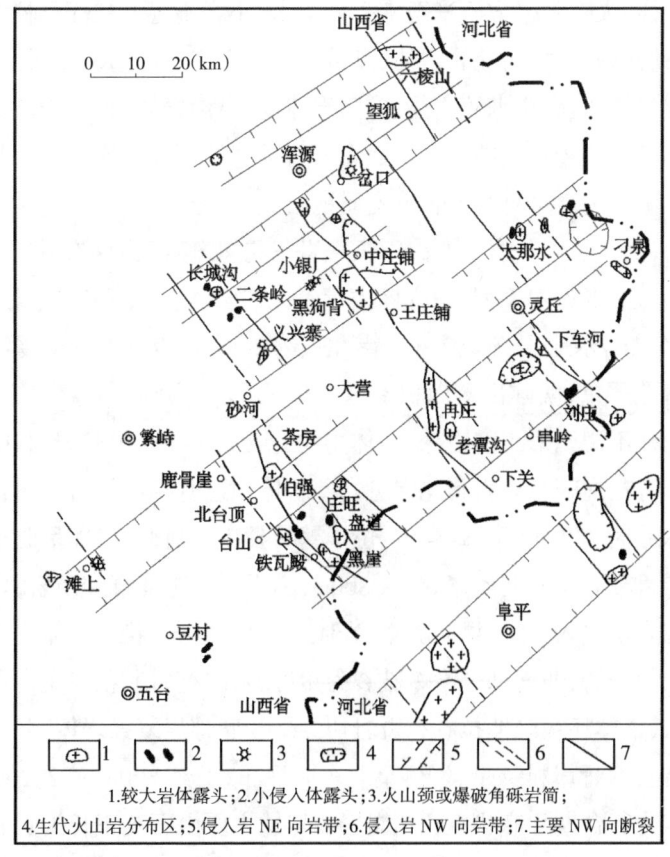

图4-10 晋东北燕山期岩浆岩分布图(引自文献52)

北向展布，全长16.5km，岩体为不规则状岩株，宽300～1400m，北宽南窄，出露面积约13.5km²。不同地段围岩不同，南端为五台群各种变质岩，中段为五台群变质云英闪长岩，北段多为吕梁期混合花岗岩，北段东侧与长城系、蓟县系、寒武系呈断层接触。岩石呈浅肉红色、灰白色、中粒等粒花岗结构，局部似斑状结构。②铁瓦殿—盘道黑云母花岗岩体群：分布于繁峙县、五台县与河北阜平县三县交界地带，在150km²的范围内分布和出露大小不等数十个黑云母花岗岩体，大者数平方千米至十平方千米，小者不足0.1km²。较大者有：铁瓦殿岩体、古花岩岩体、盘道岩体和大底—黑崖岩体，较小者有罗泉湾岩体、山塘湾岩体、礁臼岩体、罗泉沟岩体。该类岩体的不同相带主要为粒度的差异，而无岩石类型的差别，均有黑云花岗岩。围岩为阜平群和五台群变质地层。

（2）正长闪长岩—花岗闪长斑岩—花岗斑岩系列：该系列被归纳为太—老—刁系列。研究区内代表性的岩体有：①孙家庄复式岩体：分布于繁峙县孙家庄东。南北长约3km，东西宽1.5km，受第四系覆盖严重，实际出露面积不足0.5km²，仅在沟谷中零星出露，大致为一不规则形态的岩株。岩体主体为含石英正长闪长岩，其中部分布有花岗闪长斑岩和花岗斑岩，岩体中还有晚期含石英闪长玢岩脉穿插。②庄旺复式岩体：位于繁峙县庄旺村北，岩体呈北东向延展，长约3km，北西宽600～800m，围岩为石咀亚群变质岩，岩体与围岩呈侵入接触，界面陡立，岩体产状呈"蘑菇"状。岩体主体为正长闪长岩，西南部分隐爆破裂为角砾岩，内有后期花岗斑岩岩株侵入，整体还被晚期拉辉煌斑岩切穿。③鹿骨崖复式岩体：分布于繁峙县鹿骨崖村一带，岩体呈北东向展布，长约300m，宽约200m，围岩为五台期片麻状奥长花岗岩。岩体主要由石英正长闪长岩和花岗闪长斑岩组成，并有后期的花岗细晶岩脉穿插。④茶房子复式岩体，分布于繁峙县茶房子村北。岩体南北向展布，长约400~450m，东西宽约350m。东北侧围岩为石咀亚群片麻岩，南西侧围岩为长城系高于庄组白云岩。岩体主体为正长闪石岩，其内被后期花岗闪长斑岩呈北西向脉状穿插侵入。⑤义兴寨超浅成相（火山颈）次石英斑岩群：分布于繁峙县义兴寨村至孙家庄一带，共有四个火山颈，并发育众多的北西向及南北向的石英斑岩、霏细斑岩和南北向的含金石英脉。火山颈被次火山相石英斑岩重填，其中可见长城系高于庄组白云岩塌陷角砾，还发育有矽卡岩。⑥滩上超浅成相（火山颈）相次石英斑岩：分布于代县滩上村东，岩体近圆形，直径约2km，围岩为高凡亚群变质岩及豆村亚群变质砾岩。岩体主要是由火山颈相的火山角砾、集块岩及侵入其中的次火山岩相的次长石石英斑岩、次石英斑岩所组成，岩体中部及边部尚有后期花岗闪长斑岩小岩株侵入。

2.晋西北神池一带燕山期侵入岩

神池县八角镇大马军营一带分布有燕山期侵入岩，仅见有两处：

（1）大马军营磨石山含石英正长闪长岩体：分布于神池县八角镇以北大马军营村北的黄榆树至磨石山一带，南北长1875m，东西宽1125m，面积1.4km$^2$。主岩体为一小岩株，四周零星分布有数十个更小的正长闪长岩岩枝露头，合计面积约0.2km$^2$。岩体围岩为寒武系张夏组石灰岩，小岩株有的侵入奥陶系下马家沟组白云质灰岩的层位。岩枝、岩脉多斜切围岩层理，呈明显的侵入接触关系。岩体受近南北向构造和北东向构造控制，南北向控制了主岩体，北东向裂隙控制了小岩枝，使岩体形态复杂。岩体岩性为含石英正长闪长岩，呈灰色、灰白色、浅黄灰色，似斑状结构，基质呈半自形、细粒结构。

（2）大马军营南高山石英斑岩岩床：分布和出露于神池县八角

镇东北5km,大马军营南3km,南高山及冲沟底部。多被第四系黄土覆盖,两处露头分别为60m×200m和200m×70m。围岩为中奥陶系上马家沟组豹皮石灰岩,呈顺层侵入,形态大致为岩床。岩石一般呈灰色、浅灰色,细斑状结构,基质为微粒状结构及假球粒结构。

## 三、新生代岩浆建造特征

研究区新生代岩浆活动仅局限在滹沱裂陷附近,发育有第三纪宁静式溢流的繁峙玄武岩。

### (一)地理分布与产状

繁峙玄武岩分布于东经113°4′—113°31′,北纬39°11′—39°25′之间地带,西起代县孤孤瑙瑙,东至繁峙县的上小沿,南越滹沱河谷南部黄家庄,北达应县的跑马梁。面积约550km²。经过长期的侵蚀剥蚀作用,形成低山丘陵,出现许多高度不等的平圆山顶。靠滹沱河北岸一线,熔岩流山顶海拔在1364~1509m之间,由熔岩靠下的层位组成;远离滹沱河以北的山顶,海拔达2250~2265m,为熔岩较新的层位组成。两者绝对高差886~750m之间。山顶平缓浑圆,岩石裸露,没有沉积物所覆盖,仅局部地方有些残、坡积物。分布范围见图3-15。

综观玄武岩,产状平缓,远望近似水平,岩层几乎在同等高度上连续分布,层理清楚。不同岩性地貌差异反映明显,一些松散易风化的岩石或间断风化面形成缓坡;致密坚硬的岩石形成陡坎(见照片12)。几个间断风化面所显示的颜色也极为突出,这些景观,站在滹沱河北岸,举目可见。但进一步观察,岩层产状有所变化,在塔西沟以东、以北岩层产状平缓,一般倾角不超过5°;在西南部罗家泉、大贝山一带,岩层产状较陡,一般倾角11~15°左右。岩层均倾向滹沱河。

(二)地质特征

1.岩层特征及典型剖面

繁峙玄武岩就目前地表所见均以层状岩流为特征,火山口相及碎屑岩相尚未发现。滹沱河北岸熔岩流自南而北超覆不整合于五台群、寒武系地层上。随着超覆,下伏地层层位的变新,与下伏地层直接接触的玄武岩流本身的层位也是愈来愈新。玄武岩流的上覆地层仅见于切剥了玄武岩的滹沱河河谷中,有上第三系上新统红土和第四系中更新统红色土和上更新统黄土等。

玄武岩流表现为产状平缓的多间断、多韵律、层状构造,岩性以伊丁石化粗玄岩夹中细粒橄榄玄武岩为主,间断面间玄武岩顶底多具气孔、杏仁构造(见照片13)。玄武岩最大厚度为807m。繁峙县塔西沟一带,玄武岩层位最齐全,间断风化面特征明显,岩性具代表性,其中又以塔西沟—凤凰山—铁吉岭剖面最佳。

塔西沟—凤凰山—铁吉岭玄武岩实测剖面(1964年区测队三分队测制)[100]

| 繁峙玄武岩 | 厚802.4米 |
|---|---|
| 未见顶 | |
| 121.灰黑色伊丁石化橄榄玄武岩 | 36米 |
| 120.灰色伊丁石化橄榄粗玄岩 | 8米 |
| 119.灰黑色橄榄粗玄岩 | 7.2米 |
| 118.灰色橄榄粗玄岩 | 68.7米 |
| 117.灰黑色气孔状具褐色花斑细粒玄武岩 | 2.1米 |
| 116.灰黑色具褐色花斑细粒玄武岩 | 7.2米 |
| 115.灰黑色气孔状具褐色花斑疙瘩状细粒玄武岩 | 4.9米 |
| 114.灰黑色具褐色花斑细粒玄武岩 | 37.5米 |
| 113.灰黑色气孔状伊丁石化粗玄岩 | 6.3米 |

| | |
|---|---|
| 112.灰黑色多气孔状伊丁石化橄榄粗玄岩 | 8.5米 |
| 111.灰黑色气孔状伊丁石化橄榄粗玄岩 | 17.9米 |
| 110.灰黑色伊丁石化粗玄岩 | 2.3米 |
| 109.灰色气孔状粗玄岩 | 1.8米 |
| 108.灰色具褐色花斑少气孔细粒玄武岩 | 16.1米 |
| 107.灰色龟纹状具褐色花斑点细粒玄武岩 | 0.5米 |
| 106.灰色具褐色花斑中细粒玄武岩 | 0.5米 |
| 105.标志层R1:棕红色粘土及熔渣状玄武岩 | 1.5米 |
| 104.灰黑色气孔状伊丁石化橄榄玄武岩 | 1.3米 |
| 103.灰黑色伊丁石化橄榄粗玄岩石 | 4.4米 |
| 102.灰色多气孔粗玄岩 | 1.9米 |
| 101.灰色粗玄岩 | 2.1米 |
| 100.灰色少气孔粗玄岩 | 1.6米 |
| 99.灰色多气孔粗玄岩 | 5.3米 |
| 98.灰色粗玄岩 | 7.4米 |
| 97.灰色少气孔伊丁石化橄榄粗玄岩 | 18.6米 |
| 96.灰色多气孔伊丁石化橄榄粗玄岩 | 0.8米 |
| 95.灰色少气孔伊丁石化橄榄粗玄岩 | 2.5米 |
| 94.灰色多气孔伊丁石化橄榄粗玄岩 | 1.2米 |
| 93.灰色少气孔伊丁石化橄榄粗玄岩 | 3.3米 |
| 92.灰色多气孔伊丁石化橄榄粗玄岩 | 3.3米 |
| 91.灰黑色橄榄粗玄岩 | 2.9米 |
| 90.灰色气孔状伊丁石化橄榄粗玄岩 | 6.2米 |
| 89.灰黑色橄榄粗玄岩 | 18.0米 |
| 88.灰色多气孔伊丁石化橄榄粗玄岩 | 4.9米 |

87.灰色少气孔伊丁石化橄榄粗玄岩　　　　　　6.2米
86.灰色多气孔伊丁石化橄榄粗玄岩　　　　　　4.5米
85.灰黑色疙瘩状伊丁石化细粒粗玄岩　　　　　0.4米
84.灰色多气孔疙瘩状伊丁石化橄榄玄武岩　　　3.8米
83.灰色少气孔疙瘩状伊丁石化橄榄玄武岩　　　3.2米
82.灰色具褐色花斑气孔状疙瘩状伊丁石化橄榄玄武岩
　　　　　　　　　　　　　　　　　　　　　10.7米
81.黑色含气孔疙瘩状伊丁石化橄榄玄武岩　　　0.6米
80.灰色具褐色花斑疙瘩状伊丁石化橄榄气孔状玄武岩
　　　　　　　　　　　　　　　　　　　　　1.2米
79.灰色具褐色花斑疙瘩状伊丁石化橄榄玄武岩　2.6米
78.深灰色少气孔疙瘩状伊丁石化橄榄玄武岩　　8.4米
77.深灰色少气孔疙瘩状玄武岩　　　　　　　　2.8米
76.灰色少气孔疙瘩状玄武岩　　　　　　　　　6.2米
75.灰黑色疙瘩状玄武岩　　　　　　　　　　　4.5米
74.灰色具褐色花斑疙瘩状伊丁石化橄榄玄武岩　2.8米
73.浅灰色具褐色花斑伊丁石化多气孔状橄榄玄武岩
　　　　　　　　　　　　　　　　　　　　　7.3米
72.灰色具褐色花斑气孔状玄武岩　　　　　　　6.2米
71.灰色具褐色花斑少气孔橄榄玄武岩　　　　　3.3米
70.标志层R：红、桔黄色粘土　　　　　　　　0.1米

69.灰色多气孔状伊丁石化橄榄粗玄岩　　　　　6.5米
68.深灰色具褐色斑点伊丁石化橄榄玄武岩　　　6.3米
67.中灰色粗玄岩　　　　　　　　　　　　　　4.4米

| | |
|---|---|
| 66.红色粘土化多气孔玄武岩 | 0.3 米 |
| 65.灰色多气孔状粗玄武 | 5.6 米 |
| 64.红色粘中土化多气孔玄武岩 | 5.1 米 |
| 63.灰色少气孔粗玄岩 | 11.1 米 |
| 62.灰色橄榄粗玄岩 | 8.2 米 |
| 61.灰色气孔状粗玄岩 | 2.9 米 |
| 60.灰黑色橄榄粗玄岩 | 9.5 米 |
| 59.灰色多气孔粗玄岩 | 2.0 米 |
| 58.灰黑色少气也粗玄岩 | 1.0 米 |
| 57.灰色气孔状粗玄岩 | 8.7 米 |
| 56.灰黑色橄榄粗玄岩 | 19.7 米 |
| 55.紫灰色气孔状橄榄粗玄岩 | 1.7 米 |
| 54.灰色粗玄岩 | 0.7 米 |
| 53.灰色多气孔粗玄岩 | 3.1 米 |
| 52.灰黑色橄榄粗玄岩 | 3.7 米 |
| 51.灰黑色少气孔橄榄细粒玄武岩 | 4.8 米 |
| 50.灰色多气孔橄榄细粒玄武岩 | 4.8 米 |
| 49.灰色少气孔橄榄细粒玄武岩 | 1.7 米 |
| 48.灰色多气孔橄榄细粒玄武岩 | 5.8 米 |
| 47.灰色少气孔橄榄细粒玄武岩 | 3.7 米 |
| 46.灰黑色橄榄细粒玄武岩 | 2.4 米 |
| 45.灰色含气孔伊丁石化中细粒橄榄玄武岩 | 19.5 米 |
| 44.深灰色含气孔伊丁石化橄榄玄武岩 | 17.7 米 |
| 43.灰黑色歪长石橄榄玄武岩 | 1.4 米 |
| 42.标志层 Y:桔黄色粘土 | 1.4 米 |

## 第四章 岩浆岩特征及构造背景分析

41.灰黑色气孔状中细粒玄武岩　　　　　　7.1米

40.灰黑色斜长橄榄中细粒玄武岩　　　　　16.0米

39.灰色气孔状中细粒玄武岩　　　　　　　5.8米

38.灰黑色斜长橄榄中细粒玄武岩　　　　　7.6米

37.标志层R0:红色粘土(被黄土覆盖)

36.灰色杏仁状中细粒玄武岩　　　　　　　25.5米

35.灰黑色含橄榄中细粒玄武岩　　　　　　2.3米

34.标志层W:灰白色粘土(含大量的植物化石)　1.4米

33.灰黑色橄榄中细粒玄武岩　　　　　　　2.3米

32.灰色气孔状多斑斜长玄武岩　　　　　　5.0米

31.灰黑色疙瘩状细粒橄榄玄武岩　　　　　5.0米

30.灰色杏仁状中细粒玄武岩　　　　　　　0.5米

29.灰黑色疙瘩状细粒橄榄玄武岩　　　　　10.8米

28.深灰色疙瘩状中细粒橄榄玄武岩　　　　3.6米

27.标志层b2:红色粘土　　　　　　　　　 0.5米

26.灰色杏仁状粗玄岩　　　　　　　　　　3.5米

25.灰黑色含橄榄粗玄岩　　　　　　　　　6.2米

24.灰黑色橄榄粗玄岩　　　　　　　　　　2.6米

23.灰黑色橄榄粗玄岩　　　　　　　　　　11.0米

22.灰色杏仁状粗玄岩　　　　　　　　　　2.2米

21.灰黑色橄榄粗玄岩　　　　　　　　　　24.2米

20.标志层b1:黑色粘土　　　　　　　　　 0.1米

| | |
|---|---|
| 19.黑色橄榄粗玄岩 | 20.6 米 |
| 18.粉色杏仁状粗玄岩 | 4.2 米 |
| 17.灰黑色橄榄粗玄岩 | 6.7 米 |
| 16.灰色杏仁状粗玄岩 | 2.9 米 |
| 15.紫灰色杏仁状斜长多斑玄武岩 | 20.4 米 |
| 14.灰色杏仁状粗玄岩 | 4.0 米 |
| 13.灰黑色中细粒玄武岩 | 7.5 米 |
| 12.灰黑色橄榄粗玄岩 | 6.1 米 |
| 11.灰黑色橄榄粗玄岩 | 5.6 米 |
| 10.标志层T:黑层粘土,顶部为褐煤 | 0.1 米 |
| 9.棕色粘土 | 0.2 米 |
| 8.黄色含砾砂质粘土 | 0.7 米 |
| 7.褐红色粘土 | 0.3 米 |
| 6.粉白色砂岩 | 0.3 米 |
| 5.白粉色粘土胶结砂砾层 | 0.7 米 |
| 4.红色粘土 | 1.1 米 |
| 3.紫红色含砂粘土 | 0.7 米 |
| 2.黄色含砂粘土 | 0.3 米 |
| 1.白色砂砾粘土 | 0.4 米 |

下伏地层:太古界(A)黑云母角闪斜长片麻岩

2.岩石特征

繁峙玄武岩主要为褐色—褐黑色伊丁石化粗玄岩夹中细粒橄榄玄武岩,下部夹有中细粒斜长玄武岩,局部地方有褐色角砾状玄武岩。岩石的结构构造有明显的区别。每两个间断面之间的玄武岩:底部为气孔状玄武岩,气孔少而大,对其下间断面往往有烘烤现象;中部为致密状玄武岩;最上部为气孔状玄武岩,气孔小而多,最多达 40%~50%左右。每一大层玄武岩都有较清楚的韵律性。

(1)中细粒伊丁石化玄武岩镜下鉴定特征如下：

斑状结构,基质为显微间粒结构；

斑晶橄榄石:全部伊丁石化,为棕红——鲜红色,残留的橄榄石晶形仍在。熔蚀现象常见,粒度 0.1~0.7mm,含量 5%,拉长石:板条状,粒度 0.5~1mm,含量 30%；

基质拉长石:因受金属矿物影响,表面不干净,晶体 0.04mm×0.1mm~0.1mm×0.5mm,含量 55%,普通辉石:含微量的钛,为淡红色,含量 25%~30%,伊丁石:细粒,棕红——鲜红色,保存残留的橄榄石晶形,含量<10%,金属矿物:微粒及针状,含量<2%,绿泥石:形状不规则,含量 5%。

(2)粗玄岩镜下特征如下：

主要由拉长石、辉石及玻璃质、橄榄石、金属矿物组成,粗玄结构。

拉长石:无色至淡绿色,板条状至板状自形晶,无规则排列,含量 45%~50%；钛辉石:浅紫色,他形细粒状,颗粒 0.05mm 以下,几颗至十几颗以上,集中充填在长石空隙中,含量 25%；玻璃质:为绿色至褐绿色,已脱玻变成绿泥石小片集晶,玻璃质为一块块的存在岩石中,含量 15%；橄榄石:为绿色,圆柱状,0.05~0.2mm 之间,已全变为绿泥石,但仍具橄榄石之轮廓,充填于长石空隙中,含量<5%。

(3)灰黑色致密状橄榄玻璃玄武岩镜下鉴定特征如下。

显微斑状结构,基质为玻晶交织结构。

斑晶橄榄石:浅绿、浅灰绿色,外形为各种多边形,颗粒 0.1~0.5mm 之间,分布不均,次生变化为绿泥石,含量 10%,斜长石:无色至淡绿色,为较宽板条状自形晶,大小不等,颗粒约 0.1~1.5mm,很不明显地定向排列,晶体表面有不规则裂纹,次生变化为绿泥石,含量 6%~25%；基质玻璃质:灰褐至黑色,半透明至透明,一般较新鲜,极少数脱玻成绿泥石,含量45%~55%,拉长石:为板条状,自形晶,似斑状,大致平行排列,彼此不相接触,分布在玻璃质中,无次生变化。颗粒0.01mm×0.1mm~0.02mm×0.2mm,含量15%~35%。钛辉石:浅紫色,颜色较浓,为粒状自形晶,颗粒为0.02毫米之间,无定向分布,比长石结晶早,含量10%。磁铁矿:立方体或圆形小晶粒,0.01~0.02mm之间,较均匀分布在岩石中,含量10%。

(4)角砾状玄武岩,其镜下鉴定特征如下。角砾部分:为角砾状结构,角砾主要是由玻璃玄武岩及玄武玻璃组成的,角砾为黄色、黄褐色,形状极不规则,大小不一,角砾占70%左右;胶结物部分:为钙质、方解石所胶结,晶体结晶较差,没有明显晶体轮廓线,为不规则粒状,占30%左右。

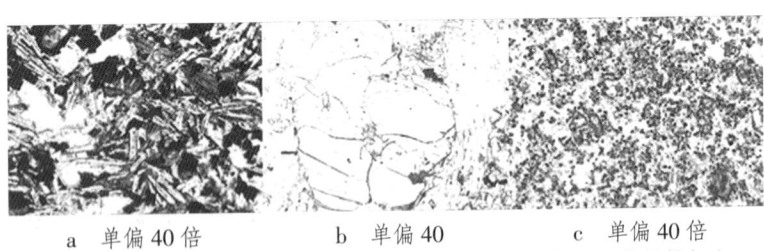

a 单偏40倍　　　　b 单偏40　　　　c 单偏40倍
粗玄岩间粒结构　　橄榄石不规则裂纹　伊丁石化橄榄粗玄

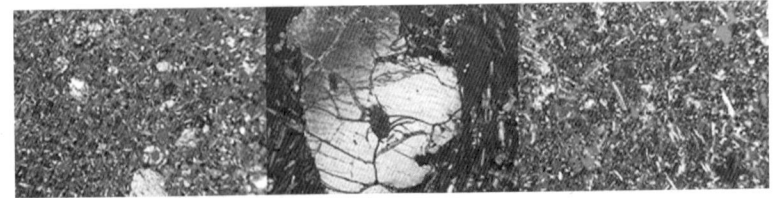

d 正交40　　　　e 正交40　　　　f 正交40倍
拉板玄武结构　　橄榄石干涉色为2级蓝　橄榄石被伊丁石化

图4-11　繁峙玄武岩镜下鉴定特征

3.时代归属

繁峙玄武岩的时代归属应属老第三纪,主要有以下证据:

(1)玄武岩间断面中的褐煤、炭化程度较低,基本上可以与华北地区第三纪煤层进行对比。

(2)玄武岩被上新统($N_2$)红土所覆盖。

(3)玄武岩层呈缓倾斜,只经受过轻微的地壳变动。

(4)由地质科学院地质研究所测定的玄武岩中的歪长石斑晶(Y间断面上),钾氩法同位素年龄值为6300万年,地质时代为老第三纪早期古新世未。

(三)喷发模式探讨

繁峙玄武岩喷发前后地质历史发展情况大致如下:侏罗纪晚期燕山运动时,山西的恒山、五台山一带,产生一系列北西盘向南东推覆的压性断层,其中之一即大致沿滹沱河南侧发生的断裂;随着北西盘的上升,北西盘一侧近断层早已沉积的古生代地层被侵蚀剥蚀殆尽;到白垩纪之后,新生代初期恒山、五台山一带地壳应力由挤压转向松弛,原上冲一侧反向发展开始下落;此时滹沱河及北侧部分相对五台山北坡下陷,下陷到一定程度,大致到渐新世,断裂沟通至玄武岩浆圈,致使玄武岩流沿断裂溢出;不断溢出的玄武岩先填满了古滹沱河谷,并继续向北覆溢,直盖到跑马梁一带山顶。玄武岩喷发之后,滹沱河一侧继续下陷,致使玄武岩微向南倾,并产生一些小的断裂、错动。并使靠断裂部分首先遭受侵蚀切割,形成现今的滹沱河谷地(图4-12)。

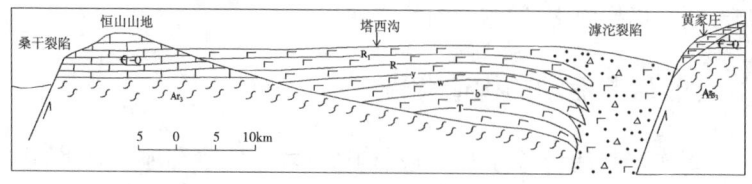

图4-12 繁峙玄武岩喷发示意图(引自文献100)

上述喷发模式有以下证据支持:

1.滹沱河以北大片出露的玄武岩,未见火山口相,均为熔岩流。可以认为繁峙玄武岩为裂隙宁静式溢流。火山岩流通道不在现在大片玄武岩出露地带。

2.玄武岩流自南向北超覆明显。自南向北下部层位逐渐缺失看,玄武岩喷发前地形北高南低。北部的大贝山、斗咀、跑马梁、上双井等高地也是凹凸不平。玄武岩流不是自北部高处喷出向低处流动,而是先填满南部低凹处,而后逐渐向北部高处漫溢超覆(见照片14)。火山喷发通道应有南部低凹处。

3.从玄武岩中气孔排列和指向的大量测量和统计,指向多在NE20°至NE70°之间。说明玄武岩自南西向北东流动。由此也显示出玄武岩喷发源现今的滹沱河谷地方向。

4.滹沱河以南6公里黄家庄见有玄武岩出露,残留的玄武岩体覆盖在五台群片麻岩之上,气孔大头指向南方(见照片15)。证明滹沱河谷中确有玄武岩分布,且南部向南流动。结合以上几点可以推断繁峙玄武岩的通道在现今被掩盖的滹沱河谷地中。

5.玄武岩流下部间断面多,粘土化程度强,间断面间有砂层和褐煤夹层,而上部间断面少,多没有较厚的粘土层和砂层、褐煤层等。说明繁峙玄武岩喷发早期气候温暖湿润,而后期炎热干燥。

6.玄武岩在北部地区产状平缓微向南倾斜,倾角不超过5°,在塔西沟—斗咀—大贝山一线以南,倾角稍加变陡,但也不超过15°,倾向仍指向南,即滹沱河谷方向。

## 四、岩浆活动的构造背景

每次岩浆活动都与区域地质构造环境、背景和地壳演化的阶段有着密切的联系。地壳不同演化阶段,不同地质构造环境下产生了不同成因类型的岩浆,形成不同系列的组合。不同成因类型或不同系列的岩浆在化学成分上有所不同,所形成的岩石组合也会不同,因此,对不同的岩石组合进行岩石化学、地球化学特征,同位素地质特征分析,可以探讨和恢复不同时代岩浆岩的成因类型,以及岩浆岩形成的地质构造环境背景。

(一)五台期岩浆活动构造环境背景分析

五台期岩浆岩分布与太古界地层分布相一致,能够反映典型构造环境背景的岩石类型主要有两大类:海相火山喷发岩和五台期花岗岩类。

1.海相火山喷发岩

根据地层划分可分为早、中、晚三期,(见表4-7),岩石类型包括:火山熔岩类、火山碎屑岩类和沉积凝灰岩类,均遭受不同程度区域变质作用,根据前人[49]对其岩石化学成分分析可知:①其化学成分的含量:从早期到晚期$TiO_2$、$Fe_2O_3$由高变低;$Na_2O$在中期含量最高,晚期含量最低。②从火山岩化学定量分类图解(见图4-13)可见五台期火山岩属玄武岩—安山岩—英安岩—流纹岩组合,五台山区以玄武岩为主,次为玄武安山岩、安山岩,极少英安岩、流纹岩。吕梁山区以玄武岩为主,次为流纹岩、英安流纹岩。③按里特曼指数图解(见图4-14),五台群中的火山岩属钙碱性岩系列;吕梁超群火山岩属碱性岩系列。④按AFM三角图解(见图4-15),可知:五台山区早期火山岩多为拉斑玄武岩,中期以钙碱性玄武岩为主,显示了从拉斑系列向钙碱性系列过渡的趋势;吕梁山区为五台早期拉斑系列向晚期钙碱性系列演化。⑤按里特曼—戈蒂尼图解(见图4-16)、$(FeO)/MgO-SiO_2$和$(FeO)/MgO-(FeO)$变异图解分析,五台期火山岩绝大部分属造山带火山岩,早期属大洋拉斑玄武岩,中期属岛弧拉斑玄武岩和钙碱性玄武岩。

从以上海相火山岩的地球化学分析结合五台群地层分布特

征,五台期火山岩构造环境背景分析如下:

（1）五台期变质火山岩是在中太古代末期构造运动（铁堡运动）作用下形成的北东向拗槽带中形成的一套火山—沉积建造,厚度较大,超过5000m,剖面上可分为三个以基性喷发为主的火山喷发

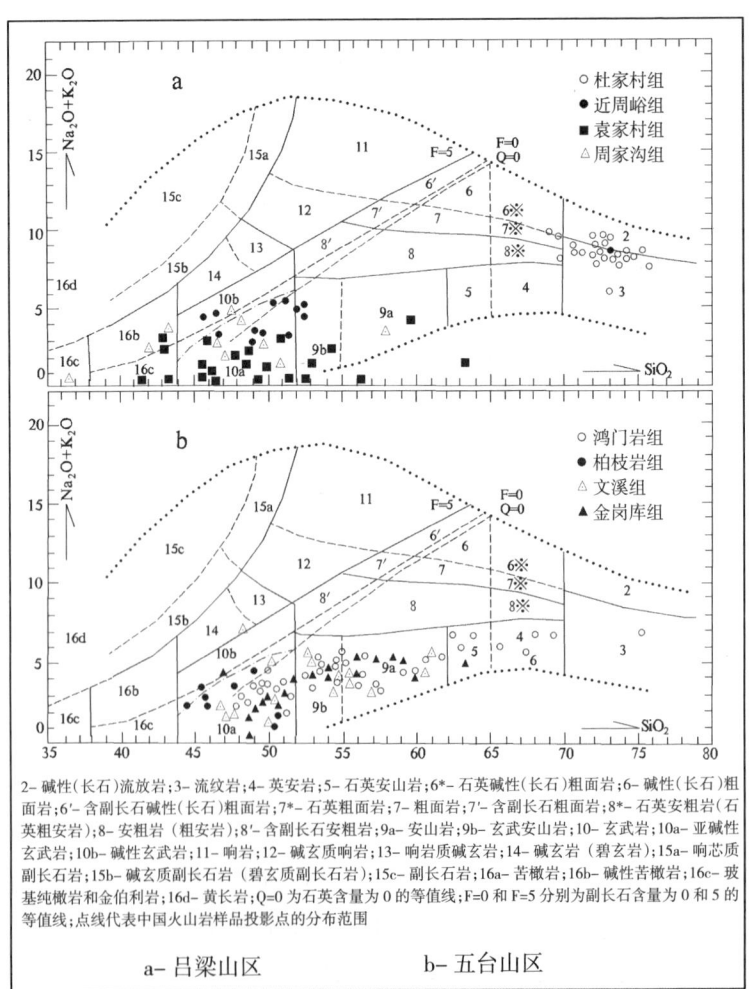

2-碱性（长石）流放岩;3-流纹岩;4-英安岩;5-石英安山岩;6*-石英碱性（长石）粗面岩;6-碱性（长石）粗面岩;6'-含副长石碱性（长石）粗面岩;7*-石英粗面岩;7-粗面岩;7'-含副长石粗面岩;8*-石英安山岩（石英粗安岩）;8-安粗岩（粗安岩）;8'-含副长石安粗岩;9a-安山岩;9b-玄武安山岩;10-玄武岩;10a-亚碱性玄武岩;10b-碱性玄武岩;11-响岩;12-碱玄质响岩;13-响岩质碱玄岩;14-碱玄岩（碧玄岩）;15a-碱芯质副长岩;15b-碱玄质副长岩（碧玄质副长岩）;15c-副长岩;16a-苦橄岩;16b-碱性苦橄岩;16c-玻基纯橄岩和金伯利岩;16d-黄长岩;Q=0为石英含量为0的等值线;F=0和F=5分别为副长石含量为0和5的等值线;点线代表中国火山岩样品投影点的分布范围

a-吕梁山区　　　　b-五台山区

图4-13　五台期火山岩化学定量分类图解图（引自文献49）

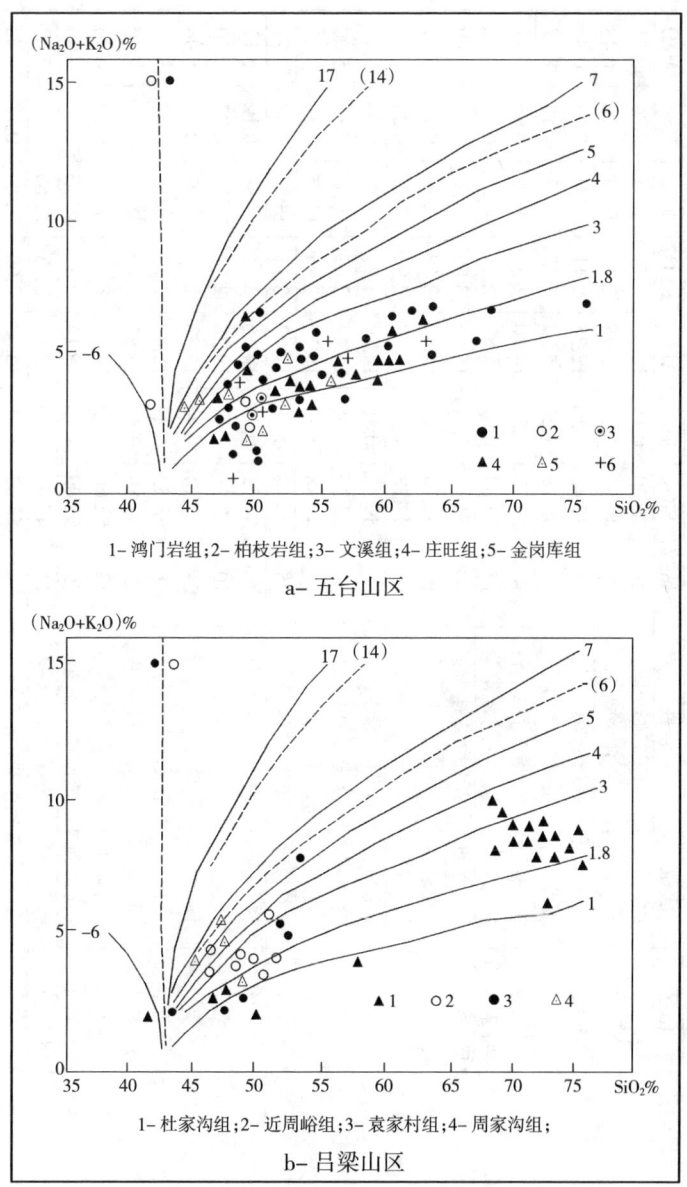

图 4-14 五台期火山岩里特曼指数图解图(引自文献 49)

表 4-7 五台期海相火山岩石化学成分

| 期 | 喷发阶段 | 山区 | 层位 | 岩性 | 样品数 | $SiO_2$ | $TiO_2$ | $Al_2O_3$ | $Fe_2O_3$ | FeO | MnO | MgO |
|---|---|---|---|---|---|---|---|---|---|---|---|---|
| 五台期 | 晚期 | 吕梁山区 | 杜家沟组 | 变质流纹岩 | 27 | 72.50 | 0.18 | 12.63 | 2.77 | 1.65 | 0.06 | 0.71 |
| | | | 近周峪组 | 变质玄武岩 | 12 | 49.91 | 1.14 | 15.77 | 2.42 | 9.29 | 0.18 | 6.48 |
| | | | | 变质流纹岩（均值） | | 72.42 | 0.30 | 12.25 | 2.41 | 2.00 | 0.04 | 0.83 |
| | | | | 变质基性火山岩（均值） | | 48.18 | 1.21 | 15.33 | 2.73 | 9.27 | 0.16 | 8.27 |
| | 中期 | 五台山区 | 鸿门岩组 | 变质酸性熔岩 | 4 | 69.27 | 0.38 | 14.70 | 1.27 | 1.98 | 0.06 | 1.47 |
| | | 五台山区 | 鸿门岩组 | 变质中基性熔岩 | 17 | 54.09 | 0.97 | 15.87 | 2.23 | 7.22 | 0.13 | 4.72 |
| | | 灵丘 | 鸿门岩组 | 同 上 | 4 | 53.19 | 1.11 | 15.55 | 3.59 | 8.17 | 0.67 | 4.49 |
| | | 五台山区 | 柏枝岩组 | 变质中基性熔岩 | 19 | 52.78 | 0.77 | 14.89 | 2.19 | 7.96 | 0.13 | 5.81 |
| | | 盂县 | 柏枝岩组 | 变质基性岩熔 | 11 | 47.38 | 1.33 | 14.17 | 2.95 | 11.85 | 0.24 | 6.02 |
| | | | | 变质酸性熔岩（均值） | | 59.27 | 0.38 | 14.70 | 1.27 | 1.98 | 0.06 | 1.47 |
| | | | | 变质中基性熔岩（均值） | | 53.35 | 0.95 | 15.44 | 2.67 | 7.78 | 0.31 | 5.00 |
| | | | | 变质基性熔岩（均值） | | 47.38 | 1.33 | 14.17 | 2.95 | 11.85 | 0.24 | 6.02 |
| | 早期 | 吕梁山区 | 袁家村组 | 变质基性熔岩 | 25 | 48.44 | 1.28 | 13.63 | 3.11 | 13.95 | 0.07 | 7.21 |
| | | 盂县 | 文溪组 | 变质中基性熔岩 | 6 | 50.73 | 0.94 | 14.56 | 2.44 | 8.54 | 0.12 | 6.11 |
| | | 灵丘 | 文溪组 | 同 上 | 10 | 50.37 | 1.17 | 14.28 | 2.12 | 10.74 | 0.27 | 5.70 |
| | | 五台山区 | 庄旺组 | 变质中基性熔岩 | 24 | 53.14 | 0.96 | 15.33 | 2.95 | 7.38 | 0.16 | 5.96 |
| | | 灵丘 | 庄旺组 | 同 上 | 9 | 53.33 | 1.27 | 15.49 | 2.23 | 8.76 | 0.09 | 5.75 |
| | | 五台山区 | 金岗库组 | 变质中基性熔液岩 | 2 | 50.13 | 0.86 | 13.83 | 3.20 | 9.82 | 0.24 | 7.50 |
| | | 五台山区 | 金岗库组 | 变质中基性熔岩 | 13 | 52.60 | 0.79 | 14.32 | 2.61 | 7.79 | 0.30 | 6.96 |
| | | 同 上 | 金岗库组 | 变质基性熔岩 | 2 | 51.09 | 1.16 | 15.14 | 2.91 | 10.53 | 0.26 | 4.86 |
| | | 吕梁山区 | 周家沟组 | 变质基性熔岩 | 11 | 47.05 | 1.46 | 13.19 | 3.43 | 12.65 | 0.05 | 7.67 |
| | | | | 变质中基性熔岩（均值） | | 53.02 | 1.01 | 15.05 | 2.60 | 7.98 | 0.18 | 6.22 |
| | | | | 变质基性熔岩（均值） | | 49.66 | 1.08 | 14.32 | 3.08 | 10.06 | 0.19 | 6.78 |

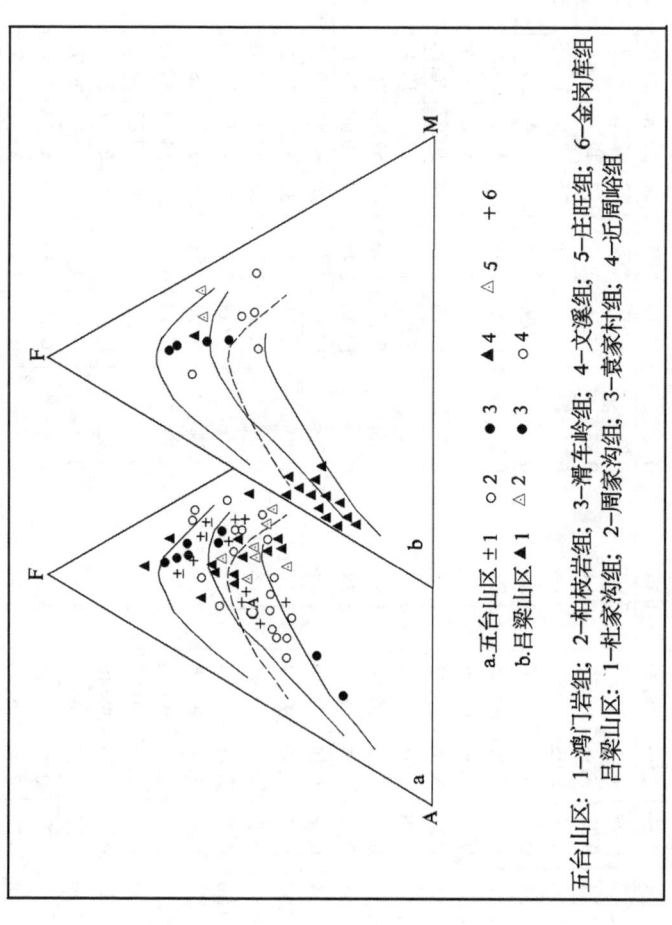

图 4-15 五台期火山岩 AFM 三角图解图（引自文献 49）
与参数数值表（引自文献 49）

五台山区：1-鸿门岩组；2-柏枝岩组；3-滑车岭组；4-文溪组；5-庄旺组；6-金岗库组
吕梁山区：1-杜家沟组；2-周家沟组；3-袁家村组；4-近周岭组

| CaO | Na$_2$O | K$_2$O | P$_2$O$_5$ | 灼失 | 总和 | K$_2$O+Na$_2$O | K$_2$O/K$_2$O+Na$_2$O | (FeO) | δ | AR | P (FeO) | M MgO | A K$_2$O+Na$_2$O | τ |
|---|---|---|---|---|---|---|---|---|---|---|---|---|---|---|
| 0.42 | 2.35 | 5.17 | 0.07 | 1.13 | 100.64 | 8.52 | 0.72 | 3.65 | 2.46 | 4.78 | 28.28 | 5.52 | 66.20 | 57.11 |
| 6.58 | 3.14 | 1.24 | 0.23 | 3.93 | 100.31 | 4.38 | 0.28 | 10.89 | 2.77 | 1.49 | 50.06 | 29.79 | 20.14 | 11.08 |
| 0.38 | 1.31 | 6.49 | 0.09 | 1.25 | 99.77 | 7.80 | 0.84 | 4.10 | 2.07 | 4.23 | 32.21 | 6.52 | 61.27 | 36.47 |
| 3.80 | 1.91 | 2.23 | 0.28 | 5.36 | 98.73 | 4.14 | 0.53 | 11.16 | 3.31 | 1.55 | 47.35 | 35.09 | 17.57 | 11.09 |
| 1.96 | 4.94 | 1.50 | 0.08 | 2.03 | 99.64 | 6.44 | 0.23 | 3.02 | 1.58 | 2.26 | 27.63 | 13.45 | 58.02 | 25.68 |
| 4.83 | 3.77 | 0.51 | 0.28 | 4.68 | 99.30 | 4.28 | 0.12 | 8.79 | 1.65 | 1.52 | 49.41 | 26.53 | 24.05 | 12.47 |
| 7.26 | 3.07 | 0.80 | 0.20 | 2.19 | 100.29 | 3.87 | 0.21 | 10.93 | 1.47 | 1.40 | 58.66 | 23.27 | 20.06 | 11.24 |
| 7.10 | 2.95 | 0.58 | 0.11 | 4.69 | 99.96 | 3.53 | 0.16 | 9.44 | 1.27 | 1.38 | 50.26 | 30.94 | 18.80 | 15.50 |
| 8.23 | 2.67 | 0.61 | 0.21 | 3.16 | 98.82 | 3.28 | 0.19 | 13.76 | 2.45 | 1.34 | 59.67 | 26.10 | 14.22 | 8.65 |
| 1.96 | 4.94 | 1.50 | 0.08 | 2.03 | 99.54 | 6.44 | 0.23 | 3.02 | 1.58 | 2.26 | 27.63 | 13.45 | 58.02 | 25.68 |
| 6.40 | 3.26 | 0.63 | 0.20 | 3.85 | 99.84 | 3.89 | 0.16 | 9.72 | 1.46 | 1.43 | 52.23 | 26.88 | 20.90 | 12.82 |
| 8.23 | 2.67 | 0.61 | 0.21 | 3.16 | 98.82 | 3.28 | 0.19 | 13.76 | 2.45 | 1.34 | 59.69 | 26.10 | 14.22 | 8.65 |
| 2.43 | 0.30 | 1.14 | 0.18 | 6.64 | 98.38 | 3.44 | 0.79 | 15.87 | 0.38 | 1.20 | 64.72 | 29.41 | 5.87 | 10.41 |
| 8.93 | 2.59 | 0.63 | 0.23 | 2.07 | 97.89 | 3.22 | 0.20 | 10.21 | 1.34 | 1.31 | 52.25 | 31.27 | 16.48 | 13.73 |
| 8.67 | 2.36 | 0.82 | 0.29 | 1.17 | 97.96 | 3.18 | 0.26 | 11.96 | 1.37 | 1.32 | 57.39 | 27.35 | 15.26 | 10.19 |
| 7.55 | 3.27 | 0.56 | 0.19 | 2.19 | 99.64 | 3.82 | 0.15 | 9.60 | 1.44 | 1.40 | 49.51 | 30.74 | 19.75 | 12.56 |
| 5.58 | 2.89 | 1.50 | 0.31 | 1.76 | 98.96 | 4.39 | 0.34 | 10.22 | 1.86 | 1.53 | 50.20 | 28.24 | 21.56 | 9.92 |
| 9.04 | 1.90 | 0.71 | 0.11 | 2.50 | 99.84 | 2.61 | 0.27 | 12.10 | 0.96 | 1.26 | 54.48 | 33.77 | 11.75 | 13.87 |
| 7.52 | 2.58 | 0.99 | 0.31 | 2.86 | 99.63 | 3.57 | 0.28 | 9.67 | 1.32 | 1.39 | 47.87 | 34.46 | 17.67 | 14.86 |
| 8.58 | 2.30 | 0.66 | 0.26 | 0.73 | 98.48 | 2.96 | 0.22 | 12.50 | 1.08 | 1.29 | 61.51 | 23.92 | 14.57 | 11.07 |
| 3.77 | 0.63 | 2.39 | 0.32 | 7.17 | 99.78 | 3.02 | 0.79 | 14.95 | 2.25 | 1.43 | 58.30 | 29.91 | 11.78 | 8.60 |
| 6.88 | 2.91 | 1.02 | 0.27 | 2.27 | 99.41 | 3.93 | 0.26 | 9.84 | 1.54 | 1.44 | 49.23 | 31.12 | 19.66 | 12.02 |
| 7.72 | 2.11 | 0.98 | 0.22 | 2.90 | 99.10 | 3.09 | 0.32 | 12.22 | 1.43 | 1.37 | 55.32 | 30.69 | 13.99 | 11.31 |

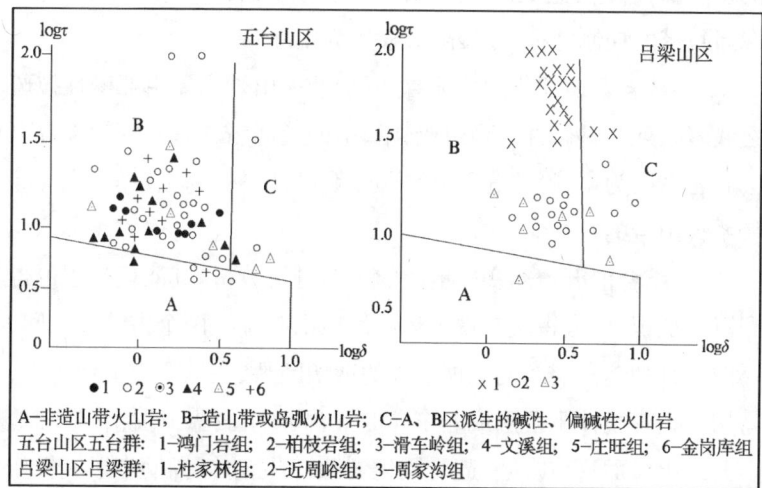

A-非造山带火山岩；B-造山带或岛弧火山岩；C-A、B区派生的碱性、偏碱性火山岩
五台山区五台群：1-鸿门岩组；2-柏枝岩组；3-滑车岭组；4-文溪组；5-庄旺组；6-金岗库组
吕梁山区吕梁群：1-杜家林组；2-近周峪组；3-周家沟组

图 4-16　五台期火山岩里特曼—戈蒂尼图解图（引自文献 49）

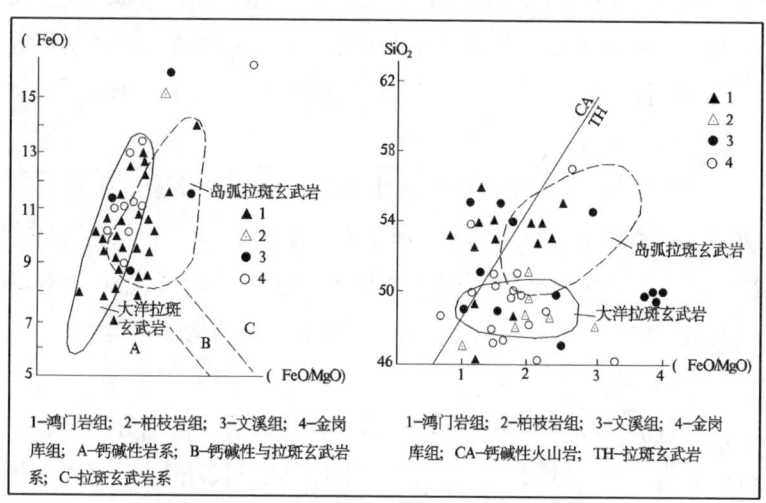

1-鸿门岩组；2-柏枝岩组；3-文溪组；4-金岗库组；A-钙碱性岩系；B-钙碱性与拉斑玄武岩系；C-拉斑玄武岩系

1-鸿门岩组；2-柏枝岩组；3-文溪组；4-金岗库组；CA-钙碱性火山岩；TH-拉斑玄武岩

图 4-17　五台期火山岩$(FeO)/MgO-SiO_2$ 和
$(FeO)/MgO-(FeO)$变异图解图（引自文献 49）

沉积旋回,总体上呈北东向的狭长地带分布,反映了受北东向剪切深断裂带的控制特征,以裂隙式喷发为主。

(2)从岩石地球化学特征看,五台期火山岩主要由亚碱性拉斑玄武岩系列和钙碱性系列组成,早、中期旋回(石咀—文溪)以拉斑玄武岩系列为主,晚期旋回(台怀)以钙碱性系列为主,具有现代岛弧系火山岩的特征。

(3)结合前五台期变质地层的分布进行分析,其演化过程可得到以下认识:中太古代末铁堡运动使恒山与阜平两个古陆块之间,形成一系列走向北东的规模巨大的剪切断裂,在压扭应力作用下,剪切断裂带整体下沉形成北东向的五台裂陷海槽,两侧古老陆地上升露出海面形成古陆,遭受风化剥蚀,古陆边缘拗槽中形成板峪口组的陆源碎屑沉积,随着五台期构造活动的加剧,断裂直通地幔,地壳以下的熔融物质上涌,在五台拗槽内形成了一套以基性喷发为主的多旋回火山岩建造。从成分看由低钾拉斑玄武岩系列过渡到钙碱性系列,每个旋回的双峰式火山岩组合特征不明显,应属于岛弧构造环境。

(4)吕梁山区吕梁群海相火山岩是由早期拉斑玄武系列到晚期的钙碱系列组成,但其化学分析和岩石特征显示五台晚期吕梁群火山岩主要为玄武岩和流纹岩组成,缺少中性岩石,表现为双峰式火山岩组合,反映了可能产生于张性裂谷中的构造环境中。

2.花岗岩类

五台群及相当地层中花岗质岩石,从岩石特征和分布地层分析可分为两类:片麻状石英闪长岩和片麻状奥长花岗岩,呈顺层状分布于五台群地层构成的复式向斜褶皱中;而片麻状富钾二长质花岗片麻岩则多分布于五台群构成的复向斜的两侧。

分别对代表片麻状奥长花岗岩的北台岩体和代表片麻状富钾

二长质花岗岩的王家会岩体进行的稀土元素分析,从其配分图式可见图4-18,两种类型分别是Eu正常型和Eu亏损型,反映了岩浆成因分别为陆壳改造重熔型(S型)和过渡性地壳同熔型(I型)。总体来看,五台期花岗质岩石可反映岩浆活动的演化过程,由早期的过渡同熔型发展为晚期壳源改造重熔型,是五台运动不同构造时期的产物,也反映了五台运动经历了多次多期的岩浆活动。

(二)吕梁期岩浆活动构造背景分析

吕梁期岩浆活动频繁,包括了海相基性火山岩活动,花岗岩侵入活动和基性岩墙的侵入活动,值得注意的是数量多,方向一致,延伸距离远的基性岩墙大规模侵入,反映了该时代特殊的构造活动背景。

1.海相基性火山岩类

研究区内此类火山岩主要分布于五台山区和吕梁山区,赋存于滹沱群及相当的地层中。根据前人[49]对吕梁期火山的岩石化学分析,在碱—硅图解上(图4-19),五台山滹沱群的火山岩主要分布于碱性玄武岩区(A区)与高铝玄武岩区(AL区)界线两侧,只有极少数落在拉斑玄武岩区(T区),吕梁山区野鸡山群火山岩则大多数特点落在碱性玄武岩区(A区),表明火山活动受深断裂控制,岩浆来源深度较大,可能来源于上地幔的部分熔融。

2.花岗岩类

吕梁期花岗岩类在研究区广泛分布,是各期岩浆活动中数量最多的一期。从其成因分析,有两种,一种是由前期(五台期)花岗岩发生局部或部分重熔而成的花岗岩,这类岩体与前期花岗岩形成复合岩体,基本分布于前期岩体的内部或边缘,显然此类花岗岩属壳源型重熔而成。另一种是岩浆单独侵入形成的独立岩体,此类岩体基本上属二长岩体,多为浅肉红色、肉红色,从稀土配分型式

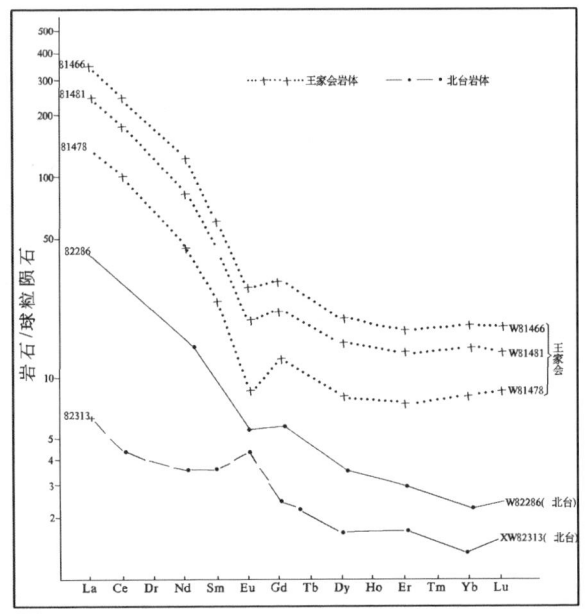

图 4-18　五台期花岗质岩石稀土配分图式(引自文献 100)

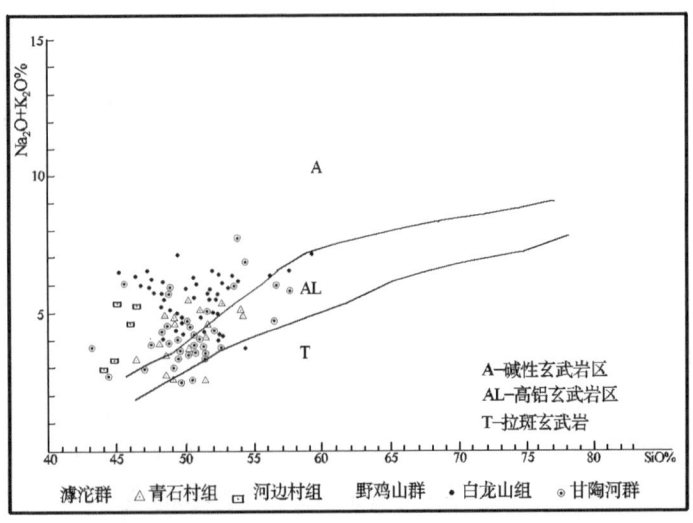

图 4-19　吕梁期火山岩碱—硅图解图(引自文献 49)

图(图4-20)可看出,岩浆来源也有两种:一种为Eu亏损型(S型)属陆壳改造重熔型,以莲花山岩体为代表,另一种为Eu正常型(I型)属过渡性地壳同熔型,以悬钟岩体为代表。

以上分析表明,吕梁期花岗岩分布广,规模大,成因多样,反映了吕梁运动时期,研究区陆壳仍处于不稳定的强烈改造时期,是结晶基底形成的重要阶段。

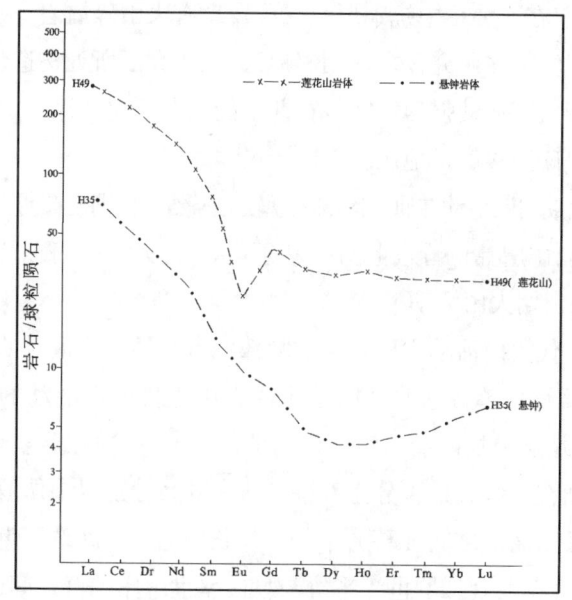

**图4-20　吕梁期花岗质岩石稀土配分图式**(引自文献100)

3. 吕梁晚期基性岩墙

遍布于研究区前长城系出露区,往往成组成群平行密集出现,分布方向以北西为主,其次为北西西、东西向,少数近南北向、北东向。宽一般 2～30m,延长较长,达数千米到十几千米,少数长达数十千米。基性岩墙群是一种伸展构造,是基性岩浆侵位到先存的张性破裂群内形成的一种构造—岩浆组合,一般伴随裂谷活动,是裂谷活动初始阶段的产物[101]。这与华北古元古代末华北克拉通处于伸展状态,形成燕辽拗拉谷、熊耳中条拗拉谷等裂谷的构造环境背景相统一,反映了这一时期研究区受伸展作用影响,处于大陆伸展裂解时期。

(三)印支—燕山期岩浆活动构造背景分析

印支期岩浆活动在研究区内表现微弱,未发现侵入岩体和火山岩体,仅在三叠系中统铜川组二段发现有火山碎屑岩类,表明印支期岩浆活动在研究区之外相邻地区,从研究区所处构造位置,推测印支期岩浆活动强烈地区应在北部的华北板块北缘,即与西伯利亚板块碰撞接触带地区。

燕山期岩浆活动在研究区的表现较为强烈,特别是在研究区华北部紧靠燕山构造带的晋东北地区,发育了大量的火山岩和侵入岩体。

1. 燕山期火山活动

中生代火山活动主要发生在晚侏罗世和早白垩世时期,研究区东北部及相邻晋东北地区是山西省中生代火山活动的主要地区,该区是燕山板内造山带西延的地区,燕山运动在此表现强烈。燕山活动在该区大致可分为五幕,从早到晚分别以中侏罗世门头沟群与长山峪群之间(Ⅰ幕),中侏罗世长山峪群与晚侏罗世东岭台群之间(Ⅱ幕),晚侏罗世滦平群与早白垩世中庄铺群之间(Ⅲ幕),早白垩世中庄铺群与左云组之间(Ⅳ幕),晚白垩世助马堡组与第三纪右玉玄武岩之间(Ⅴ幕)的不整合为代表。其中第Ⅲ幕的构造运动表现比较强烈,是本区燕山运动最主要的一幕,大面积的火山喷发和岩浆侵入均在此幕形成,以此幕划分燕山运动早期和晚期两个阶段,区域构造应力场主压应力方向由早期北西—南东向转为晚期北东—南西向,断裂构造主要有北东向和北西向两组,大体呈等间距分布,构成了网状断块构造基本轮廓,构造交叉部位岩浆活动频繁,中生代火山岩及火山构造大都分布在这两组断裂的交叉部位(见图4-10)。山西东北部火山活动自下而上可划分为三个旋回和五个喷发期(见表4-6)。

火山构造有相邻地区的较大规模的浑源火山断陷盆地,灵丘太白维山破火山口、灵丘塔地火山构造洼地。研究区内主要是一些规模较大的火山构造,繁峙义兴寨火山颈、耿庄火山颈、伯强爆发角砾岩、庄旺爆发角砾岩、代县滩上火山颈。

对79个各类熔岩的火山岩石化学特征分析(表4-9)可见本区火山熔岩的化学成分,以富碱、高钾、贫镁钙为特征。在里特曼指数图解(见图4-21)中各旋回火山岩的投影点主要分布于1.8~7线之间,中—基性岩主要分布于3.3~7线之间,属碱钙性组合。对于酸性岩组合类型的赖特硅—碱度指数图解(见图4-22)中,大部分投影点落于赖特的碱性岩区。在久野的碱—硅图解中(见图4-23)绝大部分投影点都落于碱性玄武岩区域。由此可知,本区火山岩属碱性玄武岩系列,岩浆来源的深度较大,推测应当来自上地幔。这反映了中生代燕山期岩浆活动的深度已达到上地幔,是陆壳强烈改造的表现。

2.燕山期中酸性侵入岩

研究区中酸性侵入岩集中分布在东北部地区,武铁山(1983)[100]李生元(2000)[52]等研究将其归纳为蚕—六—铁(花岗闪长岩—花岗岩)系列和太—老—刁(正长闪长岩—花岗闪长斑岩—花岗斑岩)系列,与山西中部的平—塔—紫(碱性偏碱性侵入岩系列)共同构成山西中生代中酸性侵入岩的完整组合。蚕—六—铁系列以花岗闪长岩、黑云母花岗岩为主,岩性特征偏酸性,化学成分中$SiO_2$、$K_2O$、$Na_2O$含量高,岩体一般为中小型岩株、岩枝,推断岩浆来源于地壳物质的重熔再生,属壳源重熔型。太—老—刁系列以正长闪长

表 4-9 燕山期海相火山岩石化学成分

| 旋回 | 喷发期 | 岩性 | 样品数 | SiO$_2$ | TiO$_2$ | Al$_2$O$_3$ | Fe$_2$O$_3$ | FeO | MnO | MgO | CaO | Na$_2$O | K$_2$O | P$_2$O$_5$ | B$_2$O$^+$ |
|---|---|---|---|---|---|---|---|---|---|---|---|---|---|---|---|
| 中庄铺 | 王家铺 | 碱长流纹岩 | 1 | 75.12 | 0.08 | 12.55 | 1.33 | 0.72 | 0.01 | 0.19 | 0.45 | 4.20 | 3.16 | 0.04 | 0.64 |
|  |  | 碱性玄武岩 | 1 | 50.91 | 1.88 | 18.63 | 3.70 | 6.19 | 0.40 | 2.32 | 6.96 | 4.06 | 1.56 | 3.44 | 2.96 |
|  | 西瓜园 | 流纹岩 | 2 | 74.47 | 0.31 | 12.83 | 0.98 | 0.38 | 0.05 | 0.27 | 0.36 | 3.84 | 1.51 | 0.01 |  |
| 涞平 | 大北沟 | 粗安岩 | 5 | 59.28 | 0.88 | 16.99 | 2.88 | 3.76 | 0.10 | 1.24 | 3.85 | 4.46 | 3.89 | 0.56 |  |
|  |  | 安山岩 | 5 | 57.96 | 0.93 | 16.38 | 3.09 | 3.69 | 0.13 | 2.00 | 4.77 | 4.03 | 3.62 | 0.50 |  |
|  |  | 玄武安山岩 | 11 | 52.85 | 1.36 | 17.09 | 3.31 | 4.45 | 0.59 | 3.38 | 5.88 | 3.63 | 2.90 | 0.68 | 1.30 |
|  |  | 玄武岩 | 2 | 51.69 | 1.00 | 14.17 | 3.13 | 4.94 | 0.20 | 8.52 | 7.13 | 3.00 | 2.83 | 0.42 |  |
|  |  | 碱性玄武岩 | 2 | 51.54 | 1.59 | 14.93 | 3.46 | 5.63 | 0.14 | 4.30 | 7.23 | 4.04 | 3.11 | 0.83 |  |
|  | 张家口 | 碱长流纹岩 | 13 | 74.41 | 0.15 | 12.76 | 1.24 | 0.86 | 0.10 | 0.23 | 0.56 | 4.18 | 1.74 | 0.04 |  |
|  |  | 英安流纹岩 | 5 | 71.59 | 0.16 | 13.71 | 1.39 | 0.79 | 0.09 | 0.17 | 0.86 | 4.43 | 4.00 | 0.04 |  |
|  |  | 英安岩 | 5 | 67.92 | 0.17 | 13.93 | 1.44 | 0.57 | 0.10 | 0.80 | 1.29 | 3.50 | 4.04 | 0.04 |  |
| 东岭台 | 白旗 | 英安岩 | 4 | 66.68 | 0.33 | 14.82 | 2.63 | 1.27 | 0.06 | 0.85 | 1.45 | 4.13 | 1.63 | 0.13 | 2.56 |
|  |  | 粗安岩 | 1 | 55.42 | 1.25 | 17.61 | 3.30 | 4.18 | 0.07 | 1.83 | 4.30 | 4.43 | 3.76 | 0.69 | 1.86 |
|  |  | 安山岩 | 1 | 55.18 | 1.14 | 16.61 | 3.23 | 4.56 | 0.12 | 3.42 | 4.38 | 4.10 | 3.29 | 0.51 | 3.69 |
|  |  | 碱性玄武岩 | 1 | 51.84 | 1.25 | 14.79 | 3.30 | 5.19 | 0.14 | 3.03 | 5.23 | 3.50 | 4.00 | 0.58 |  |
| 长山峪 | 后城 | 流纹质含角砾凝灰岩 | 1 | 67.15 | 0.10 | 11.46 | 1.50 | 0.20 | 0.04 | 1.45 | 4.39 | 0.14 | 3.28 | 0.00 |  |
|  |  | 流纹安山质火山角砾凝灰岩 | 2 | 71.25 | 0.18 | 13.34 | 1.46 | 0.54 | 0.05 | 0.60 | 1.47 | 2.74 | 5.14 | 0.08 |  |
|  |  | 英安流纹质角砾熔结凝灰岩 | 2 | 67.26 | 0.18 | 11.90 | 1.51 | 0.36 | 0.06 | 1.25 | 4.01 | 1.02 | 3.90 | 0.01 |  |
|  |  | 英安流纹质熔结凝灰岩 | 3 | 71.86 | 0.27 | 13.50 | 1.85 | 0.51 | 0.06 | 0.51 | 1.31 | 3.25 | 5.33 | 0.13 |  |
|  |  | 英安质熔结凝灰岩 | 3 | 67.42 | 0.35 | 15.10 | 1.88 | 0.52 | 0.06 | 0.76 | 1.93 | 2.82 | 6.36 | 0.09 |  |
|  | 磐髻山 | 含副长石粗安岩 | 1 | 52.54 | 1.30 | 15.68 | 3.33 | 4.99 | 0.07 | 2.66 | 6.95 | 3.75 | 3.28 | 0.58 |  |
|  |  | 碱性玄武岩 | 1 | 51.89 | 1.34 | 14.98 | 3.36 | 4.82 | 0.15 | 3.42 | 6.60 | 2.67 | 3.59 | 0.60 |  |
|  |  | 玄武安山岩 | 1 | 53.12 | 1.35 | 15.67 | 3.39 | 4.89 | 0.08 | 2.61 | 6.94 | 3.62 | 3.04 | 0.64 |  |

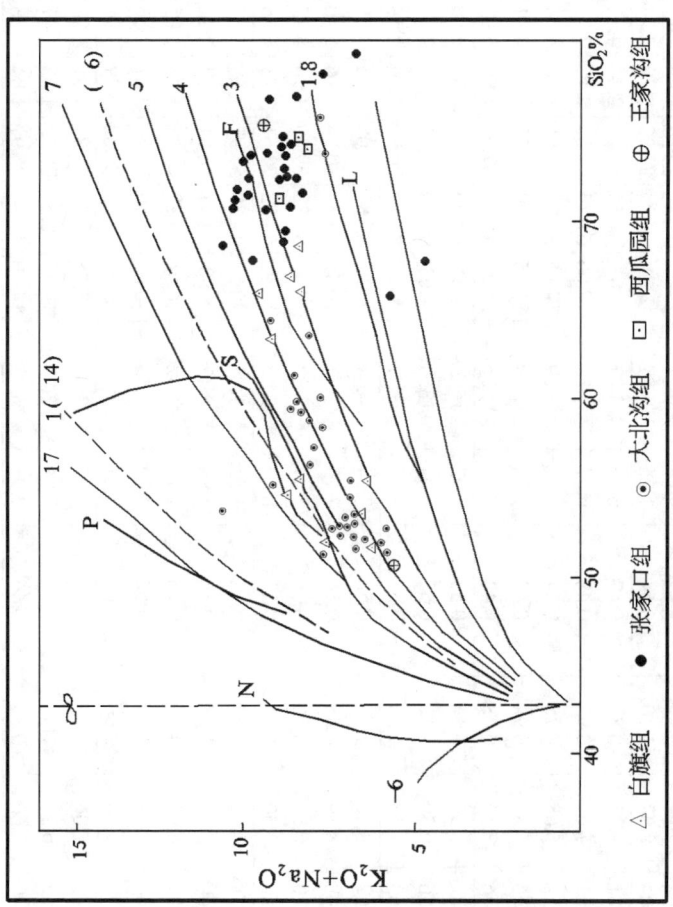

图 4-21 燕山期火山岩里特曼指数图解(引自文献 49)
与参数值表(引自文献 49)

| $CO_2$ | 灼失 | 总和 | $K_2O+Na_2O$ | $K_2O/Na_2O$ | $K_2O/K_2O+Na_2O$ | (PeO) | (PeO)/MgO | SI | FL | MB | AR | δ | τ | DI |
|---|---|---|---|---|---|---|---|---|---|---|---|---|---|---|
| 0.38 | | 100.60 | 9.36 | 1.23 | 0.55 | 1.62 | 8.51 | 1.68 | 95.41 | 90.21 | 4.65 | 2.73 | 104.38 | 96.68 |
| 0.24 | | 99.25 | 5.62 | 0.38 | 0.28 | 8.52 | 3.07 | 13.79 | 44.67 | 79.30 | 1.56 | 3.98 | 7.75 | 48.62 |
| | | 98.04 | 8.37 | 1.10 | 0.54 | 1.26 | 4.87 | 2.64 | 96.00 | 83.33 | 3.79 | 2.23 | 46.61 | 95.87 |
| | 1.92 | 99.81 | 8.35 | 0.87 | 0.47 | 6.35 | 5.37 | 7.61 | 68.55 | 84.25 | 2.34 | 4.32 | 14.66 | 71.26 |
| | 2.11 | 99.21 | 7.61 | 0.91 | 0.48 | 6.47 | 3.35 | 12.06 | 61.73 | 77.53 | 2.12 | 3.03 | 13.49 | 65.91 |
| | | 96.12 | 6.68 | 0.78 | 0.44 | | 3.29 | 14.95 | 51.15 | 76.05 | 1.80 | 4.54 | 10.65 | 54.18 |
| 0.50 | 1.63 | 96.66 | 5.83 | 0.94 | 0.49 | 7.75 | 1.19 | 31.95 | 44.99 | 55.28 | 1.76 | 3.91 | 11.17 | 45.00 |
| | 2.60 | 99.46 | 7.14 | 0.78 | 0.44 | 8.80 | 2.06 | 21.25 | 49.71 | 67.64 | 1.96 | 6.01 | 7.78 | 53.33 |
| | 0.76 | 100.03 | 8.92 | 1.14 | 0.53 | 1.92 | 15.27 | 2.31 | 94.09 | 90.96 | 4.34 | 2.60 | 61.92 | 94.78 |
| | 1.37 | 99.56 | 9.39 | 1.12 | 0.53 | 2.04 | 13.36 | 1.63 | 91.78 | 91.71 | 4.10 | 3.11 | 63.18 | 93.88 |
| | 5.85 | 99.63 | 7.53 | 1.20 | 0.54 | 1.87 | 3.37 | 8.48 | 84.10 | 70.94 | 2.70 | 2.39 | 75.35 | 88.73 |
| | 1.63 | 98.62 | 8.76 | 1.13 | 0.53 | 3.64 | 4.49 | 6.26 | 85.87 | 82.05 | 3.06 | 3.26 | 33.93 | 87.13 |
| | | 99.68 | 8.19 | 0.85 | 0.16 | 7.15 | 3.91 | 10.46 | 65.57 | 80.34 | 2.16 | 5.40 | 10.51 | 65.79 |
| | | 97.10 | 6.39 | 0.56 | 0.36 | 7.49 | 2.18 | 10.43 | 59.33 | 69.49 | 1.90 | 3.35 | 10.58 | 50.02 |
| 0.28 | 3.69 | 96.50 | 7.50 | 1.14 | 0.53 | 8.12 | 2.68 | 15.96 | 58.92 | 73.61 | 2.13 | 6.36 | 9.03 | 59.40 |
| | 10.35 | 100.06 | 4.02 | 4.43 | 0.82 | 1.55 | 1.07 | 20.22 | 47.80 | 53.97 | 1.68 | 0.67 | 107.20 | 72.16 |
| | 4.61 | 101.46 | 7.89 | 1.93 | 0.66 | 1.90 | 3.17 | 5.88 | 84.11 | 76.81 | 2.17 | 2.22 | 93.91 | 88.80 |
| | 7.66 | 99.87 | 4.92 | 4.21 | 0.76 | 1.72 | 1.42 | 16.05 | 55.78 | 59.31 | 1.20 | 1.05 | 100.03 | 75.74 |
| | 1.03 | 99.64 | 8.58 | 1.64 | 0.62 | 2.20 | 4.53 | 4.49 | 86.66 | 82.63 | 3.87 | 2.56 | 38.77 | 89.94 |
| | 2.73 | 100.92 | 9.18 | 2.66 | 0.62 | 2.21 | 3.98 | 7.29 | 79.20 | 78.62 | 1.99 | 3.95 | 35.45 | 85.83 |
| | 3.66 | 98.79 | 7.06 | 0.87 | 0.477 | 7.99 | 3.00 | 14.75 | 50.39 | 75.77 | 1.91 | 5.23 | 9.15 | 56.20 |
| | 5.10 | 99.52 | 6.26 | 1.35 | 0.57 | 7.84 | 2.29 | 19.15 | 48.68 | 70.52 | 1.25 | 1.41 | 9.19 | 52.76 |
| | 4.05 | 99.40 | 8.66 | 0.84 | 0.46 | 7.91 | 3.03 | 14.00 | 48.97 | 75.97 | 1.84 | 4.38 | 8.93 | 55.56 |

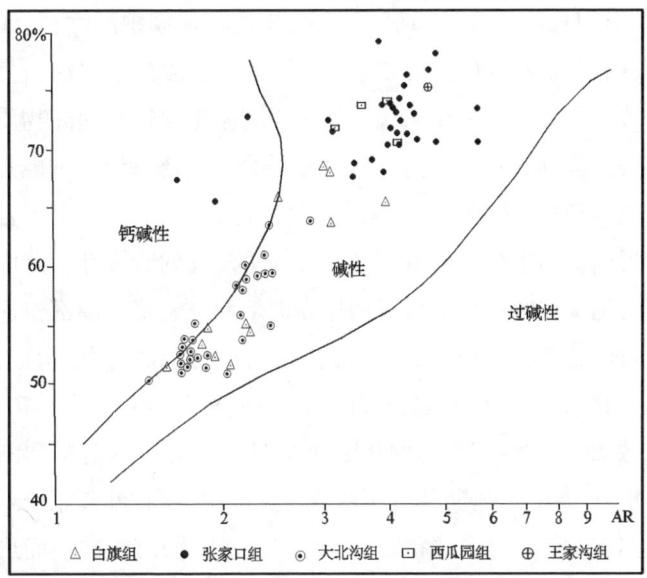

图 4-22 燕山期火山岩赖特硅—碱度指数图解(引自文献 49)

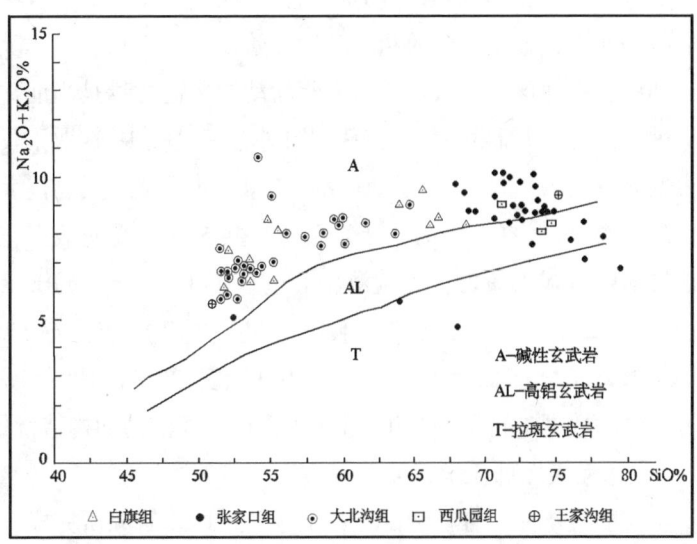

图 4-23 燕山期火山岩久野碱—硅图解(引自文献 49)

岩、花岗闪长斑岩和花岗斑岩为主,岩性特征偏中酸性,化学成分中 $K_2O$ 含量高,$Na_2O$ 偏低,$SiO_2$ 偏低,岩体一般为小岩株、岩筒、小岩床等形状,推断岩浆来源于上地幔的派生岩浆与地壳物质同熔和混染而成,属过渡性地壳同熔型。结合平—塔—紫系列碱性偏碱性岩属幔源型,来源于上地幔岩浆,进行综合分析,中生代岩浆活动表现出空间上分布的继承性和时间上发展的阶段性,燕山期由早期的壳源重熔型变为过渡型地壳同熔型,岩浆生成部位逐步向深处发展,空间上分布明显受控于北东向构造和北西向构造,形成大体上北东方向呈带,北西方向斜列呈排的规律(见图 4-10)。李生元(2000)[52]将其称为网状断裂系统,由 NE 向和 NW 向断裂构造密集分布构成,岩浆侵入于构造交叉部位。网状断裂系统继承了吕梁期 NE 向紧闭褶皱和韧性剪带以及 NW 向潜在破裂面形成的脆性断裂,在燕山期 NW-SE 向挤压过程中进一步加长加深并产生众多次级断裂,进而形成了网状断裂系统。

(四)新生代岩浆活动的构造环境背景分析

利用岩石地球化学分析探讨岩浆活动的构造背景是当前常用的一种方法。在对新生代繁峙玄武岩野外考察过程中,选取了具有代表性的塔西沟一带,进行了地质剖面实测,并采集了具有代表性层位的新鲜样品,在室内磨制成岩石薄片共 50 个,委托核工业北京地质研究院矿产资源监督检测中心进行了 12 组样品的微量元素分析测试,主要检测仪器使用 X 射线荧光光谱仪(ZSX Primus-II)、等离子体质谱仪(X Series II)(温度:20℃,湿度:35%)。通过测试的数据进行下列分析,进一步探讨岩浆活动的构造背景。

1.主量元素地球化学特征

全岩的主量元素分析测试在核工业北京地质研究所完成。主量元素用 XRF 方法测定,精度优于 5%,分析结果列于表 4-10。

表 4-10 繁峙玄武岩主量元素分析表

| 送样编号 | $SiO_2$ | $Al_2O_3$ | $Fe_2O_3$ | FeO | $TiO_2$ | CaO | MgO | $K_2O$ | $Na_2O$ | $P_2O_5$ | MnO | 总量 |
|---|---|---|---|---|---|---|---|---|---|---|---|---|
| FSX-12-B1 | 46.89 | 12.62 | 8.68 | 6.86 | 2.13 | 8.78 | 7.22 | 1.42 | 3.1 | 0.44 | 0.09 | 98.23 |
| FSX-15-B2 | 43.92 | 15.38 | 11.08 | 1.78 | 1.45 | 10.88 | 5.62 | 1.15 | 1.95 | 0.45 | 0.08 | 93.74 |
| FSX-19-B3 | 47.88 | 15.75 | 12.68 | 5.95 | 1.45 | 8.36 | 7.01 | 1.2 | 2.65 | 0.35 | 0.08 | 103.36 |
| FSX-29-B4 | 44.82 | 14.98 | 12.33 | 7.06 | 2.2 | 9.11 | 9.15 | 1.20 | 3.2 | 0.55 | 0.14 | 104.74 |
| FSX-36-B5 | 48.68 | 17.16 | 5.39 | 3.79 | 1.6 | 10.44 | 4.67 | 1.45 | 1.6 | 0.4 | 0.08 | 95.26 |
| FSX-38-B6 | 48.34 | 14.64 | 4.08 | 7.43 | 1.86 | 7.94 | 8.7 | 1.05 | 2.6 | 0.35 | 0.08 | 97.07 |
| FSX-67-B7 | 52.63 | 14.8 | 11.33 | 5.25 | 1.7 | 8.73 | 5.92 | 1.4 | 3.1 | 0.4 | 0.4 | 105.66 |
| FSX-82-B8 | 44.04 | 14.45 | 5.84 | 7.29 | 3.12 | 8.51 | 7.94 | 1.25 | 3.4 | 0.08 | 0.15 | 96.07 |
| FSX-99-B9 | 45.20 | 14.71 | 4.9 | 8.05 | 2.80 | 8.46 | 7.62 | 1.3 | 3.55 | 0.91 | 0.08 | 97.58 |
| FSX-114-B10 | 44.55 | 15.11 | 4.92 | 6.82 | 2.21 | 7.83 | 6.90 | 1.2 | 3.1 | 0.7 | 0.18 | 93.52 |
| FSX-H-B1 | 47.86 | 14.96 | 3.27 | 8.71 | 1.92 | 8.30 | 8.74 | 1.2 | 2.60 | 0 | 0.16 | 97.72 |
| 平均值 | 46.80 | 14.96 | 7.68 | 6.27 | 2.04 | 8.85 | 7.23 | 1.26 | 2.80 | 0.42 | 0.14 | 98.45 |

续表

| 送样编号 | TFe₂O₃ | AR | σ | ALK | A/CNK | K/N | 分异指数 |
|---|---|---|---|---|---|---|---|
| FSX-12-B1 | 15.54 | 1.54 | 4.58 | 4.52 | 0.56 | 0.46 | 32.15 |
| FSX-15-B2 | 12.86 | 1.27 | 2.82 | 3.1 | 0.64 | 0.59 | 20.9 |
| FSX-19-B3 | 18.63 | 1.38 | 4.4 | 3.85 | 0.76 | 0.45 | 23.28 |
| FSX-29-B4 | 19.39 | 1.45 | 4.65 | 4.4 | 0.65 | 0.38 | 28.71 |
| FSX-36-B5 | 9.18 | 1.25 | 1.26 | 3.05 | 0.74 | 0.91 | 29.45 |
| FSX-38-B6 | 11.51 | 1.39 | 2.08 | 3.65 | 0.74 | 0.40 | 29.05 |
| FSX-67-B7 | 16.58 | 1.47 | 2.6 | 4.5 | 0.66 | 0.45 | 34.57 |
| FSX-82-B8 | 13.13 | 1.51 | 8.17 | 4.65 | 0.65 | 0.37 | 33.71 |
| FSX-99-B9 | 12.95 | 1.53 | 7.46 | 4.85 | 0.65 | 0.37 | 37.08 |
| FSX-114-B10 | 11.74 | 1.46 | 4.55 | 4.3 | 0.73 | 0.39 | 35.64 |
| FSX-H-B1 | 11.98 | 1.39 | 2.54 | 3.8 | 0.72 | 0.46 | 29.75 |
| 平均值 | 13.95 | 1.42 | 4.10 | 4.06 | 0.68 | 0.47 | 27.71 |

全岩主量元素成分表明，样品 $SiO_2$ 含量变化范围43.92%~52.63%。$Al_2O_3$ 的含量变化范围 12.62%~17.16%，$TiO_2$ 含量变化范围 1.45%~3.12%，$Fe_2O_3$ 含量变化范围 4.08%~12.68%，FeO 含量变化范围 1.78%~8.71%，MnO 含量变化范围 0.08%~0.4%，MgO 含量变化范围 4.67%~9.15%，CaO 含量变化范围 7.83%~10.88%。样品的全碱含量变化不大(3.05%~4.85%)，且 $K_2O/Na_2O$ 的比值介于 0.37%~0.91%之间。由图4-24岩石系列 $K_2O$-$Na_2O$ 图解可知，11 件样品中有 9 件样品都属于钠质岩石，另外 2 件样品落入钾质岩石区内。在国际地科联推荐的火山岩分类命名的 TAS 图解（图4-25）上，所有样品均属碱性和亚碱性的玄武岩，其中碱性玄武岩样品又占绝大多数。整体上来讲，繁峙玄武岩属于一套钠质偏碱性的火山岩系列。

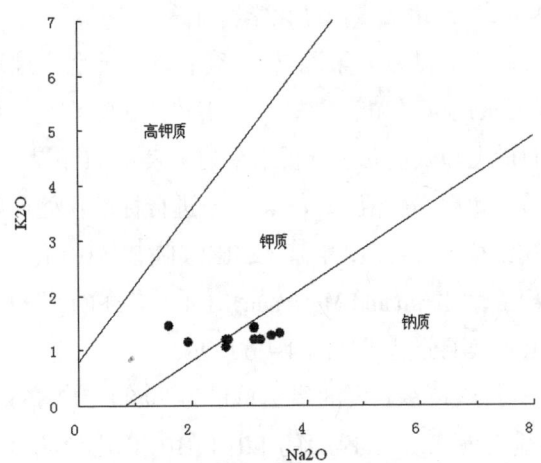

图 4-24　繁峙玄武岩 K2O- Na2O 图解

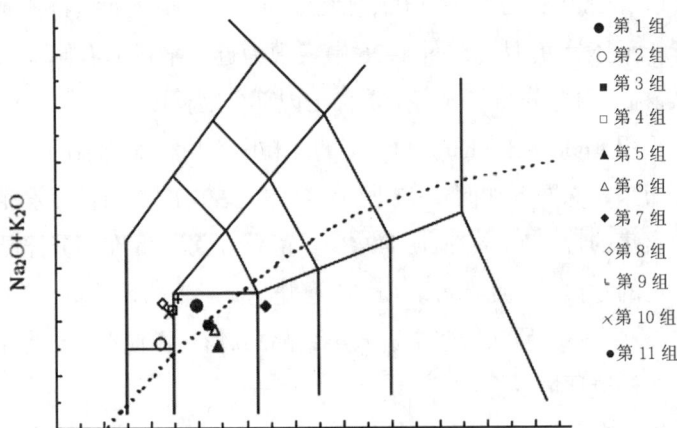

Pc-苦橄玄武岩;B-玄武岩;O1-玄武安山岩;O2-安山岩;O3-英安岩;R-流纹岩;S1-粗面玄武岩;S2-玄武质粗面安山岩;S3-粗面安山岩;T-粗面岩、粗面英安岩;F-副长石岩;U1-碱玄岩、碧玄岩;U2-响岩质碱玄岩;U3-碱玄质响岩;Ph-响岩;Ir-Irvine 分界线,上方为碱性,下方为亚碱性。

（Le Maitre R W （ed）. A Classification of Igneous Rocks and Glossary of Terms. Blackwell, Oxford, 1989, 193 pp）

图 4-25　繁峙玄武岩火山岩分类命名的 TAS 图解

2.稀土元素、微量元素地球化学特征

繁峙玄武岩的微量元素测试 12 套在核工业北京地质研究所完成,微量元素用 ICP-MS 方法测定(温度:20℃,湿度:30%)。所测火山岩的稀土和微量元素分析结果列于表 4-11 和表 4-12。

根据稀土元素丰度值(见表 4-11),进行标准化处理后得出其特征参数(见续表 4-11),包括 ΣREE、LREE/HREE、(La/Yb)N、δEu、δCe 等。用 Sun and McDonough1989 年的 C1 球粒陨石标准化后的稀土元素配分型式如图 4-26 所示。

总的来看,繁峙玄武岩的稀土总量为 $79.80\sim212.86\times10-6$,反应轻、重稀土元素分馏程度的 LREE/HREE 比值为 3.95~8.50、(La/Yb)N 值为 3.83~14.74。Eu 异常指数为 0.94~1.08,异常不明显。Ce 异常指数为 0.90~1.00,异常较为微弱。稀土元素特征属于轻稀土元素富集型,在图 4-26 中表现为近于平行的右倾平滑曲线,轻稀土内部分馏程度高于重稀土内部分馏程度。

采用 Anders&Ebihara 1982 年的球粒陨石值标准化后的微量元素分布型式蛛网图如图 4-27 所示,总体上表现出不相容元素相对略为富集的特点。Ba、Th、U、Hf、Cs 具正异常,Zr、Nb 在部分样品显示一定的亏损。过渡族元素 Cr、Ni 等普遍显示较明显的负异常,这主要是 Cr、Ni 容易从岩浆中进入早结晶的辉石、橄榄石中的缘故。

3. 构造环境的探讨

岩石中发育橄榄石包裹体(见照片 16),且造岩矿物中也多含橄榄石晶体,表明岩浆来源于上地幔。δEu=0.94 ~ 1.04(大于 0.7)(表 4-11),具基性岩浆分异特征。微量元素 $Nb^*$ 值 $(2Nb_N/(K_N+La_N))$,地幔标准化值为 0.93(接近 1)、$K^*$ 值 $(2K_N/(Ta_N+La_N))$,地幔标准化值)为 0.95,小于 1,表明岩浆与消减作用相关不大,且有非地壳物质加入。

表 4-11 繁峙玄武岩稀土元素分析表

| 送样编号 | La ($10^{-6}$) | Ce ($10^{-6}$) | Pr ($10^{-6}$) | Nd ($10^{-6}$) | Sm ($10^{-6}$) | Eu ($10^{-6}$) | Gd ($10^{-6}$) | Tb ($10^{-6}$) | Dy ($10^{-6}$) | Ho ($10^{-6}$) | Er ($10^{-6}$) | Tm ($10^{-6}$) | Yb ($10^{-6}$) | Lu ($10^{-6}$) | Y ($10^{-6}$) |
|---|---|---|---|---|---|---|---|---|---|---|---|---|---|---|---|
| FSX-12-B1 | 25.8 | 53.5 | 7.24 | 29.4 | 6.42 | 2.06 | 6.06 | 1.07 | 5.80 | 1.07 | 3.02 | 0.414 | 2.51 | 0.426 | 28.3 |
| FSX-15-B2 | 25.0 | 53.5 | 7.13 | 30.0 | 6.64 | 2.07 | 6.24 | 1.07 | 5.61 | 1.05 | 3.36 | 0.476 | 2.65 | 0.346 | 28.8 |
| FSX-19-B3 | 25.7 | 52.8 | 7.32 | 30.5 | 6.56 | 2.00 | 5.92 | 1.08 | 5.43 | 1.17 | 3.05 | 0.408 | 2.39 | 0.355 | 28.3 |
| FSX-29-B4 | 14.2 | 30.9 | 4.13 | 18.4 | 4.72 | 1.56 | 5.08 | 0.882 | 4.81 | 0.955 | 2.70 | 0.421 | 2.32 | 0.392 | 25.4 |
| FSX-36-B5 | 41.3 | 77.3 | 10.2 | 44.0 | 9.29 | 2.95 | 7.93 | 1.45 | 5.99 | 1.01 | 2.76 | 0.332 | 2.01 | 0.283 | 28.7 |
| FSX-38-B6 | 16.3 | 35.1 | 4.38 | 19.6 | 5.38 | 1.74 | 5.06 | 0.917 | 5.36 | 1.03 | 2.95 | 0.391 | 2.38 | 0.339 | 27.1 |
| FSX-67-B7 | 16.6 | 32.8 | 4.49 | 17.8 | 4.94 | 1.62 | 4.68 | 0.789 | 4.78 | 0.910 | 2.66 | 0.330 | 2.18 | 0.351 | 24.8 |
| FSX-82-B8 | 16.9 | 33.8 | 4.56 | 20.7 | 4.84 | 1.65 | 4.34 | 0.946 | 4.86 | 0.939 | 2.61 | 0.371 | 2.21 | 0.351 | 25.3 |
| FSX-99-B9 | 36.8 | 70.2 | 9.03 | 36.2 | 7.65 | 2.50 | 7.25 | 1.19 | 6.04 | 1.19 | 3.35 | 0.437 | 2.62 | 0.391 | 30.5 |
| FSX-114-B10 | 43.2 | 84.1 | 10.6 | 39.3 | 9.35 | 3.03 | 8.04 | 1.24 | 6.45 | 1.15 | 3.08 | 0.369 | 2.58 | 0.373 | 30.2 |
| FSX-118-B11 | 12.4 | 25.0 | 3.48 | 17.1 | 4.34 | 1.37 | 4.50 | 0.772 | 4.42 | 0.886 | 2.54 | 0.353 | 2.32 | 0.315 | 24.5 |
| FSX-H-B1 | 34.1 | 68.9 | 8.67 | 38.5 | 8.25 | 2.56 | 7.32 | 1.31 | 7.09 | 1.18 | 3.64 | 0.453 | 3.03 | 0.453 | 34.0 |

续表

| 送样编号 | ΣREE | LREE | HREE | LREE/HREE | (La/Yb)N | δEu | δCe |
|---|---|---|---|---|---|---|---|
| FSX-12-B1 | 144.79 | 124.42 | 20.37 | 6.11 | 7.37 | 0.99 | 0.94 |
| FSX-15-B2 | 145.14 | 124.34 | 20.80 | 5.98 | 6.77 | 0.97 | 0.97 |
| FSX-19-B3 | 144.68 | 124.88 | 19.80 | 6.31 | 7.71 | 0.96 | 0.93 |
| FSX-29-B4 | 91.47 | 73.91 | 17.56 | 4.21 | 4.39 | 0.97 | 0.98 |
| FSX-36-B5 | 206.81 | 185.04 | 21.77 | 8.50 | 14.74 | 1.02 | 0.90 |
| FSX-38-B6 | 100.93 | 82.50 | 18.43 | 4.48 | 4.91 | 1.00 | 1.00 |
| FSX-67-B7 | 94.93 | 78.25 | 16.68 | 4.69 | 5.46 | 1.01 | 0.91 |
| FSX-82-B8 | 99.08 | 82.45 | 16.63 | 4.96 | 5.49 | 1.08 | 0.93 |
| FSX-99-B9 | 184.85 | 162.38 | 22.47 | 7.23 | 10.08 | 1.01 | 0.92 |
| FSX-114-B10 | 212.86 | 189.58 | 23.28 | 8.14 | 12.01 | 1.04 | 0.94 |
| FSX-118-B11 | 79.80 | 63.69 | 16.11 | 3.95 | 3.83 | 0.94 | 0.92 |
| FSX-H-B1 | 185.46 | 160.98 | 24.48 | 6.58 | 8.07 | 0.99 | 0.96 |

表 4-12 繁峙玄武岩微量元素分析表

| 送样编号 | Li | Be | Sc | V | Cr | Co | Ni | Cu | Zn | Ga | Rb | Sr | Y | Nb | Mo |
|---|---|---|---|---|---|---|---|---|---|---|---|---|---|---|---|
| FSX-12-B1 | 6.21 | 1.57 | 24.9 | 207 | 205 | 43.4 | 99.4 | 65.4 | 116 | 20.2 | 19.1 | 594 | 28.3 | 25.6 | 5.74 |
| FSX-15-B2 | 7.56 | 1.52 | 23.9 | 211 | 175 | 38.1 | 70.3 | 65.3 | 110 | 20.9 | 13.0 | 1181 | 28.8 | 24.5 | 1.93 |
| FSX-19-B3 | 5.21 | 1.62 | 24.4 | 207 | 213 | 47.0 | 110 | 63.0 | 125 | 21.2 | 15.2 | 619 | 28.3 | 25.1 | 2.14 |
| FSX-29-B4 | 4.64 | 1.11 | 23.1 | 192 | 247 | 52.3 | 172 | 64.3 | 121 | 19.5 | 11.5 | 375 | 25.4 | 11.9 | 2.50 |
| FSX-36-B5 | 8.90 | 2.89 | 18.9 | 213 | 152 | 58.5 | 158 | 62.4 | 178 | 24.7 | 31.1 | 1021 | 28.7 | 51.2 | 2.42 |
| FSX-38-B6 | 5.13 | 1.38 | 26.3 | 207 | 285 | 60.2 | 214 | 89.6 | 133 | 20.9 | 13.0 | 411 | 27.1 | 16.2 | 2.51 |
| FSX-67-B7 | 5.79 | 1.27 | 21.1 | 183 | 236 | 52.5 | 167 | 79.5 | 141 | 19.7 | 11.6 | 440 | 24.8 | 14.5 | 2.44 |
| FSX-82-B8 | 4.32 | 1.26 | 22.6 | 192 | 270 | 52.3 | 173 | 69.8 | 113 | 19.3 | 12.6 | 368 | 25.3 | 15.3 | 2.17 |
| FSX-99-B9 | 7.36 | 1.71 | 26.3 | 238 | 180 | 56.2 | 168 | 64.9 | 164 | 21.2 | 14.2 | 900 | 30.5 | 47.9 | 3.17 |
| FSX-114-B10 | 5.80 | 1.96 | 21.9 | 188 | 161 | 52.5 | 150 | 63.1 | 134 | 23.8 | 21.1 | 1221 | 30.2 | 49.0 | 7.29 |
| FSX-118-B11 | 5.03 | 1.05 | 24.1 | 178 | 231 | 49.8 | 169 | 74.1 | 130 | 18.6 | 3.60 | 394 | 24.5 | 11.1 | 1.39 |
| FSX-H-B1 | 5.60 | 1.90 | 28.8 | 215 | 306 | 53.3 | 198 | 77.8 | 128 | 22.5 | 10.6 | 809 | 34.0 | 42.1 | 4.93 |

续表

| 送样编号 | Cd | In | Sb | Cs | Ba | Ta | W | Re | Tl | Pb | Bi | Th | U | Zr | Hf |
|---|---|---|---|---|---|---|---|---|---|---|---|---|---|---|---|
| FSX-12-B1 | 0.095 | 0.068 | 0.081 | 0.322 | 526 | 1.49 | 0.276 | 0.002 | 0.078 | 2.87 | 0.009 | 2.15 | 0.593 | 411 | 8.72 |
| FSX-15-B2 | 0.109 | 0.076 | 0.089 | 0.181 | 522 | 1.37 | 0.275 | 0.004 | 0.040 | 2.72 | 0.005 | 1.90 | 0.517 | 400 | 8.55 |
| FSX-19-B3 | 0.022 | 0.074 | 0.101 | 0.181 | 529 | 1.47 | 0.220 | 0.002 | 0.063 | 2.21 | 0.006 | 2.18 | 0.487 | 403 | 8.34 |
| FSX-29-B4 | 0.045 | 0.081 | 0.039 | 0.072 | 286 | 0.731 | 0.214 | 0.002 | 0.037 | 2.27 | 未检出 | 1.20 | 0.478 | 277 | 5.60 |
| FSX-36-B5 | 0.173 | 0.093 | 0.076 | 0.476 | 554 | 3.28 | 0.116 | 0.002 | 0.180 | 3.51 | 0.009 | 3.89 | 0.955 | 630 | 12.9 |
| FSX-38-B6 | 0.235 | 0.065 | 0.101 | 0.157 | 270 | 1.02 | 0.220 | 0.002 | 0.034 | 1.96 | 0.005 | 1.50 | 0.444 | 311 | 6.57 |
| FSX-67-B7 | 0.061 | 0.077 | 0.053 | 0.381 | 348 | 0.903 | 0.299 | 未检出 | 0.024 | 2.44 | 0.022 | 1.38 | 0.341 | 288 | 5.81 |
| FSX-82-B8 | 0.249 | 0.062 | 0.165 | 0.126 | 350 | 0.950 | 0.183 | 0.004 | 0.029 | 2.59 | 0.003 | 1.36 | 0.403 | 292 | 6.33 |
| FSX-99-B9 | 0.826 | 0.063 | 0.184 | 1.44 | 528 | 3.02 | 0.350 | 0.004 | 0.095 | 5.02 | 0.005 | 3.42 | 1.07 | 532 | 10.2 |
| FSX-114-B10 | 0.160 | 0.065 | 0.161 | 0.378 | 575 | 2.92 | 0.451 | 未检出 | 0.080 | 6.00 | 0.014 | 3.72 | 1.24 | 617 | 11.7 |
| FSX-118-B11 | 0.196 | 0.063 | 0.095 | 0.037 | 244 | 0.638 | 0.168 | 0.002 | 0.056 | 4.37 | 0.004 | 0.942 | 0.195 | 244 | 5.49 |
| FSX-H-B1 | 0.356 | 0.082 | 0.107 | 0.459 | 633 | 2.84 | 0.263 | 未检出 | 0.116 | 3.16 | 0.012 | 3.12 | 1.08 | 556 | 11.1 |

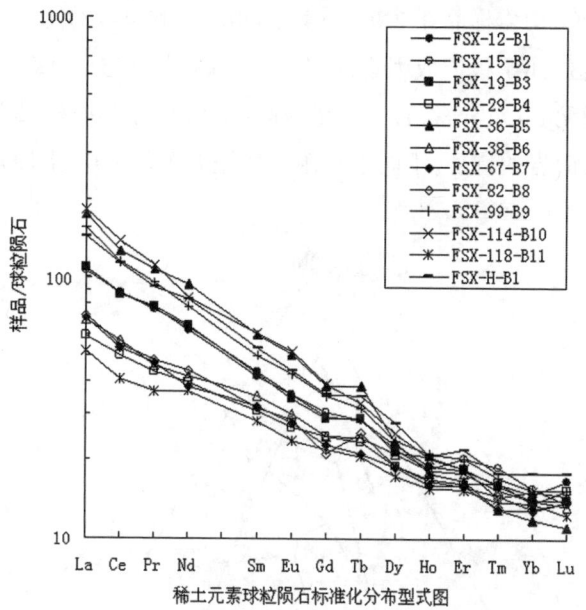

图 4-26 繁峙玄武岩火山岩稀土元素标准化分布型式图

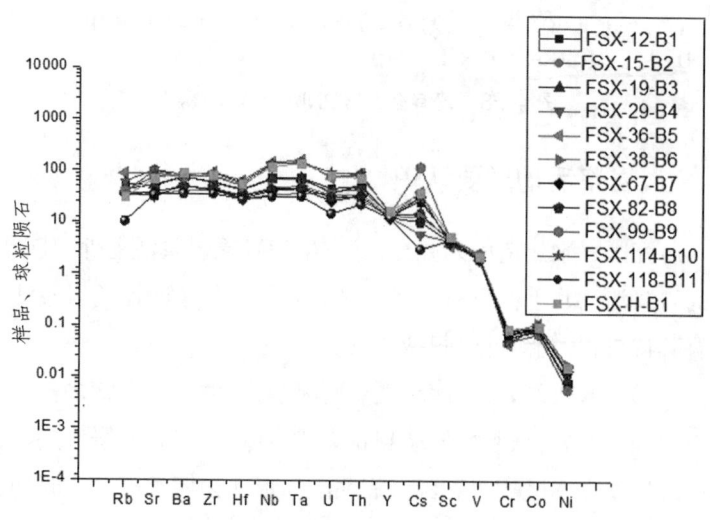

图 4-27 繁峙玄武岩微量元素分布型式蛛网图

12件火山岩样品在2Nb-Zr/4-Y图解上(图4-28)无一例外地落入A1区,属于板内成因玄武岩。岩石系列为碱性玄武岩系列,稀土元素无Eu负异常,$TiO_2$含量较高,平均值为2.04%,具有大陆裂谷型火山岩的特征,不同于与俯冲作用有关的火山岩$TiO_2$通常低于1.2%的事实。

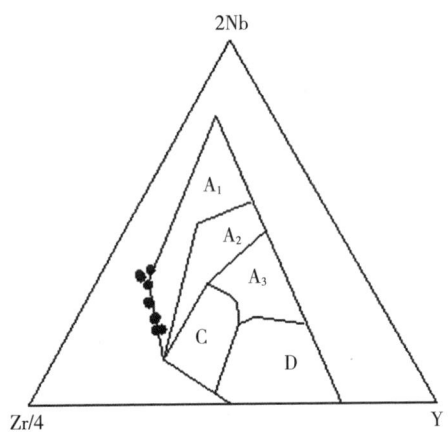

A1+A2-板内碱性玄武岩;A2+C-板内拉斑玄武岩;B-P型MORB;
D-N型MORB;C+D-火山弧玄武岩

图4-28 繁峙玄武岩2Nb-Zr/4-Y图解

## 五、岩浆活动重要认识

研究区岩浆建造序列齐全,除古生代缺乏岩浆活动外,其余时期的岩浆活动几乎都可以在研究区见到,但各个时期的岩浆活动各有其特点,其规律可以归纳如下。

(一)前寒武纪时期:活动强烈而频繁,岩性复杂产状多样。从火山岩到侵入岩,从基性岩墙到花岗质岩体,从幔源型侵入到地壳重熔改造型在本区均可看到,表明陆壳形成初期基底形成时期岩浆建造起到重要作用。

(二)中生代岩浆活动时期:以局部的强烈活动为特征。研究区靠近燕山造山带的东北部及邻区,发生了强烈的火山喷发活动以及中酸性岩浆活动,既有地壳重熔型也有幔源型岩浆活动,表明燕山活动的深度穿透地壳深达地幔,活动广度从1000多公里之远的辽东地区一直延伸到五台山北段,是陆壳改造的表现。

(三)新生代岩浆活动时期:特点是局部活动,岩性单一,深度巨大。表明此时陆壳拉张改造过程中深度切穿地壳深达地幔,形成地幔玄武岩浆顺裂谷上涌溢流。虽然其分布局限在新裂陷附近,但巨大的深度和多期次的溢流足以表明新生代喜马拉雅运动对陆壳的强烈改造。

(四)茶房口—居士山岩体的专题研究表明:前人描述的中生代居士山岩体应属于吕梁期,锆石测年显示形成年龄在1786–1797Ma之间。地球化学研究显示,居士山岩体与新发现的茶房口岩株群属于同源产物,推测深部为一个岩体,称为茶房口–居士山岩体。

(五)对繁峙玄武岩的野外考察发现:岩体北部塔西沟熔浆流向北方,而南部黄家庄南山梁残留岩体玄武岩气孔大头指向南方,表明溢流通道应在滹沱河裂陷河谷,确证了前人的推测。岩石地球化学研究显示:繁峙玄武岩岩石系列为碱性玄武岩系列,稀土元素无Eu负异常,$TiO_2$含量较高,具有大陆裂谷型火山岩的特征,岩石中发育橄榄石包裹体,且造岩矿物中也多含橄榄石晶体,表明岩浆来源于上地幔。

# 第五章　构造演化特征及动力学背景分析

地球的演化过程是不断进行的，当内外应力的不平衡达到一定程度时，就会产生突变，使地球及其表层寻求新的平衡，这种突变必然在陆壳上保留下某一阶段的构造格局，为研究区域内重大地质构造事件提供了信息。不同阶段之间往往有重要的构造形迹表现出来，诸如不整合界面、切穿不同时代地层的断裂构造、不同方向的构造线都是划分构造演化阶段的重要标志。

在对研究区内褶皱、不整合面以及重要断裂进行考察的基础上，归纳同时期的构造格局，分析构造背景的转变过程，总结构造演变规律，划分构造演化期。

## 一、基底构造特征

(一)前五台期构造特征

1.岢岚帚状构造

展布于岢岚县及其以南一带，由于沉积盖层的覆盖和吕梁期坳褶带的叠加，该古陆核构造面貌不很清晰。但从兴县界河口以南至临县汉高山之间，较大面积出露的界河口群所表现的构造形迹，和岢岚县马跑泉及宁武县芦草沟一带零星出露的界河口群的构造形迹相联系，显示了一个向北东方向收敛、向西撒开的帚状构造。

主要组成部分为芦芽山南背斜、界河口向斜、交娄申北背斜、交娄申南向斜和黑茶山至白家圪台间的褶皱群。帚状构造的内卷层为反时针扭动,外旋层为顺时针扭动(见图5-1)。

2.阜平帚状构造

位于太行山中段,大部分展布在河北省阜平县、平山县境内,少部分展布于山西省的灵丘县南部、繁峙县东南部、五台县东部和盂县东北部。为由阜平群构成的一系列弧形旋扭褶皱呈帚状构造。其中,背斜较为开阔,顶部平缓;向斜紧闭,两翼岩层产状由缓至陡,北翼一般较陡,甚至直立、倒转。褶皱轴总走向由南西向转向近东西向、北西西向、北西向。弧形向南西凸出,向西或向北西方向撒开,向东或北东向收敛。阜平群片理方向均与褶皱轴向一致。其内旋层呈逆时针方向旋扭,外旋层呈顺时针旋扭。

3.邻区的帚状构造

(1)阳高天镇旋卷构造

展布于镇川堡至大同市一线以东,桑干河以北地区,北部、东部跨入内蒙古自治区及河北省境内。总体呈北东东向延长的椭圆形,长约90km,宽约50km。主要由集宁群构成,被新生界广泛覆盖。其基本构造格架为一系列弧形褶皱构成的旋卷构造。西部在摩天岭、采凉山和圪东山一带,由四对背斜、向斜相间排列的正常褶曲组成;褶皱两翼岩层倾角较陡,一般为50—60°,最大的为80°,褶皱相对紧密;它们总体呈向西凸的弧形,并略显南部收敛、向北撒开的趋势。东部,在料高山至右所堡一带,由五对背斜、向斜相间排列的正常褶曲组成;褶皱两翼岩层倾角也较陡,一般为50—60°,最大的为80°,呈紧闭褶曲;构成钩状的褶皱群,显示向西收敛、向南东撒开的趋势。西部和东部均反映出其构造应力活动方式是外旋回层呈顺时针旋扭,内旋回层呈反时针旋扭。

(2)晋南帚状构造

展布于吕梁山南端、侯马南山及中条山北坡的广大地区,构成临汾—运城新裂陷的褶皱结晶基底。由于新生界广泛覆盖,涑水群构造出露零散,构造面貌不清晰,尚可以看出它是由一些弧形褶皱所构成的帚状构造。就其所出露的构造形迹主要有三带:南部边缘带,由雪花山背斜、庙前背斜构成,形成向南东凸出的弧形;中间带,在稷王山附近,由两个向斜的一个背斜构成,呈向东收敛、向北西撒开的小型帚状;北部边缘带,由禹门口至马头山间,走向为北西向的两个向斜和一个背斜及候马南山一带呈东西向的片麻理构造构成,呈向南南西方向凸出的弧形构造。其总体构造呈向北东方向收敛、向北西方向撒开,内旋层呈逆时针方向旋扭、外旋层呈顺时针旋扭的帚状构造(见图5-1)。

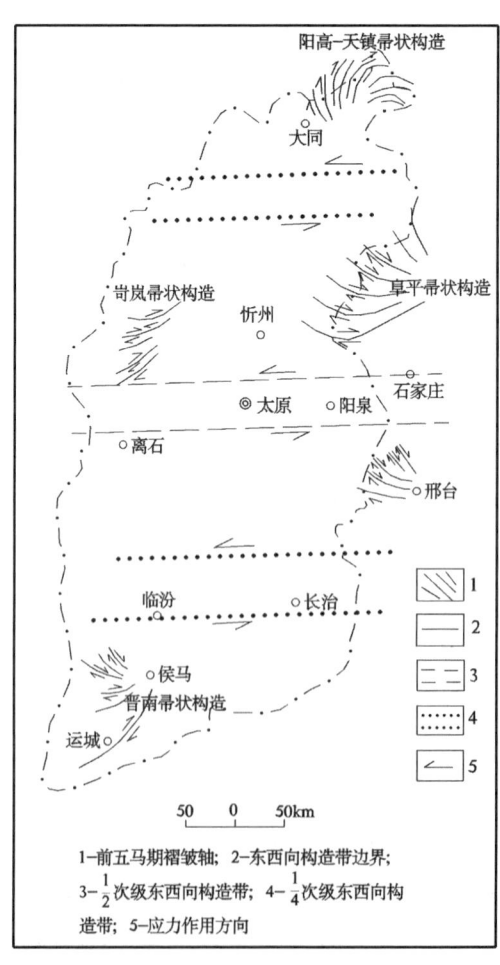

图 5-1 **山西旋卷构造分布图**(引自文献 49)

(二)五台期构造特征

1.云中山—五台山断褶带

以五台山区为主体,包括恒山、云中山、盂县北部部分地区在内的广大地区,是五台山块隆褶皱基底的主要组成部分。由于后期构造层的覆盖、叠加,被分隔成五部分。

(1)八塔—庄旺重褶带

①甘泉期褶皱:表现于石咀亚群,由于受后期探马石变动、金洞梁变动、吕梁运动的影响,使其褶皱形态极其复杂。甘泉期褶皱轴向为 $330\sim350°$ 之间。轴面向北东东倾,倾角 $15°$ 左右,呈近于平卧的褶皱。出露区有三处:东部,黄土嘴、大甘河、大插箭一线以东,钟耳寺、三十亩地、山塘湾一线以南,石咀亚群表现为早期平卧褶皱的正常翼。但在很多地点可以见到甘泉变动造成的平卧褶皱转折端,如:繁峙县口泉附近,由板峪口组底部石英岩构成的平卧向斜转折端,其褶皱枢纽走向 $340°$,倾向北东,倾角 $20°$;五台县石咀之南的黑崖堂附近平卧褶皱转折端较老层位倒扣在新层位之上。北部,繁峙县东山底—代县峨口一带,石咀亚群呈东西向展布,其原生构造表现为大型向形构造,为石咀亚群经甘泉变动形成平卧紧密向斜,再经后期叠加褶皱所形成。西部,马鬃以西、柏峪里西北一带,石咀亚群表现为正常背斜,是平卧褶皱受后期构造迭加成背斜的正常翼。

②探马石期褶皱、断裂:探马石变动含两幕,一幕主要使台怀亚群及前台怀亚群发生了强烈褶皱,使石咀亚群平卧褶皱再次重褶。根据高凡亚群底部不整合面的展平,台怀亚群早期褶皱轴面走向为 $60\sim80°$,倾向北西,倾角为 $10\sim20°$。随同褶皱产生有与轴面平行的推覆断层。二幕产生了较开阔而轴面较陡的褶皱,使一幕所产生的平卧向斜在开阔向斜部位得以保留。平卧向斜和断裂带经

二次构造变动叠加,地形再经剥蚀,在平面图上其褶皱轴线和断裂带呈"之"字形展布。随探马石变动一幕有五台期奥长花岗岩侵入,在相当绿片岩相的温压条件下,侵入岩体随之发生形变,岩石产生片麻理;岩体与围岩间产生韧性剪切断裂,从而使岩体推覆于台怀亚群之上,掩盖了台怀亚群底砾岩层。

③金洞梁期褶皱:金洞梁变动主要使高凡亚群强烈褶皱,并将部分台怀亚群卷入。根据豆村亚群底部不整合面展平,求得该期褶皱轴走向为 30~40°,倾向北西,倾角为 25~30°,属平卧褶皱。在殷家会村西、山碰西山等地高凡亚群洪寺组石英岩显示为紧闭向斜,在赵杲观、乞雨里等地局部地为平卧褶曲的倒转翼;大部分地区为正常翼。

(2)灵丘南山重褶带

展布于大寨口—神堂堡断裂以东的五台群分布区。是八塔—庄旺重褶带东延被断裂南推移的部分。该区石咀亚群构成平卧向斜,据统计作图法求得其早期褶皱轴面走向为 350°、向东倾斜、倾角为 20°,和五台山区甘泉变动的轴面产状一致。早期片理重褶显示了叠加于早期的平卧褶皱枢纽走向 50°,向北西倾斜,倾角为 30°,这和五台山区探马石变动一幕的轴面产状相一致。以滑车岭组为槽部的向斜是探马石变动二幕早期平卧向斜的正常翼重褶而成。木去顶变石英闪长岩与台怀亚群之间为一古断裂。

(3)龙华河重褶带

展布于盂县北部和五台县南部的五台群构成的褶皱构造。是滩上—庄旺重褶带向南延展部分。在五台县东峪口北东的沙崖村附近,石咀亚群板峪口组底部变质砾岩层呈现平卧向斜的转折端,其枢纽走向为 330°,倾向北东,倾角为 30°。在下社之西,测得台怀亚群褶皱枢纽走向为近东西向,倾角为 15~30°,亦呈平卧向斜。

(4)云中山重褶带

展布于云中山区,是滩上—庄旺重褶带的西延部分,由于后期断裂,地壳抬升仅保留了石咀亚群。其早期构造特征为平卧褶皱,在浮图峪早期褶皱枢纽走向为355°,倾角为53°,为平卧向斜的正常翼。由于后期褶皱叠加使其产生一系列较开阔的北东东向褶皱,自南向北,有赤水背斜、横河向斜、门闲石向斜、白崖河向斜、东沟门向斜和河峪向斜等。

(5)恒山重褶带

恒山地区的五台群仅保留有石咀亚群,其构造形态为紧闭的褶皱,呈东西向带状展布。北侧为早期褶皱形成的、紧闭的、轴面直立的、走向近东西向的朱家坊—白蟒神向斜;西南侧为晚期褶皱形成的、开阔的、走向为东西向的雁门关向斜;东南侧为北东向褶皱紧闭的平型关向斜。平型关向斜与朱家坊向斜在灵丘北山处有汇合的趋势,它们的展布是早期近南北向的同一向斜被后期北东向的褶皱改造的结果。雁门关向斜轴向呈变钩形,显然也是受后期褶皱重褶的结果。

2.袁家沟—周家沟断褶带

展布于吕梁山区岚县、方山县、娄烦县及交城县西北部,是吕梁块隆结晶基底的主要组成部分,由吕梁群构成。其展布方向与云中山—五台山断褶带可能同属一个大的断褶带,只不过中间被沉积盖层覆盖,在地表不相连而已。吕梁群在五台期至少经历了两次剧烈的褶皱。将岚河群底部不整合面展平,求得上吕梁群的早期褶皱轴走向为近南北向,轴面东倾,倾角为10°左右,主要为一个转折端在东部的平卧复向斜。出露于岚城以南和娄烦以北的中、上吕梁群是该平卧复向斜的倒转翼;袁家村、寺头、尖山等地大型鞍山式铁矿是该复向斜次级褶皱的转折端;尖山铁矿的主矿体厚近百米,是早期背斜转折端受后期褶皱叠加而成的向斜槽部。下吕梁群经受两期褶皱,将晚期褶皱枢纽展平后,求得早期褶皱枢纽走向为230°;晚期褶皱轴向为近南北向,与中、上吕梁群的早期褶皱轴向相一致,轴面南倾,倾角平缓,为近似平卧的复向斜,向斜转折端位于西南方向。下吕梁群分布区东南缘是该平卧向斜的转折端,其西北地区是平卧向斜的正常翼。

在中、下吕梁群之间,目前尚未发现正常的沉积接触关系,在杨湾、杏湾、宁家湾村东一线,下吕梁群顶部与混合岩化带、中吕梁群异常变质带(本来是绿片岩相,表现为角闪岩相),故推断该地带可能属于金洞梁变动的古断裂带。西川河断裂为晚期的平推断层(北西盘向西南、南东盘向北东平推)。

(三)吕梁期构造特征

1.东冶—豆村坳褶带

展布于五台山区,也是五台山块隆结晶基底的重要组成部分。构造形态表现为一个大型的复向斜,主轴方向为60°,西端扬起,东西长约90km,南北宽近40km。复向斜南部被古生界覆盖而出露不全,主体部分被多条垂直轴向的新生界河谷堆积物覆盖,由滹沱群构成的构造形迹仅在山脊处出露。复向斜北翼由豆村亚群组成,次级构造为一系列不对称的紧闭褶曲,次级向斜南翼产状缓,北翼产状陡立,甚至倒转;复向斜南翼主要由东冶亚群组成,次级褶曲轴向向南倾,北翼产状缓,南翼陡立,甚至倒转;复向斜槽部为郭家寨亚群,两侧伴以断裂(见图3-4)。其特征分述如下:

(1)复向斜北翼:由三个主要的次级复向斜间隔两个复背斜组成。出露范围西部宽,东部窄,最宽处达20km左右。每个次级复向斜由数个更次级的基本褶曲(向斜、背斜)组成。总计其基本褶曲达20个。

木山岭次级复向斜:位于最北侧,宽约3km;包括更次级的向斜三个,背斜两个。三个基本向斜槽部,由北向南,依次由四集庄组变质砾岩、南台组寿阳山段、南台组木山岭段组成。这些更次级向斜北翼北倾,倾角为40~50°。寿阳山背斜为更次级褶曲,核部为南台组寿阳山段下部,宽300m。

十家崖次级复向斜:位于次北侧,宽5km,由一系列更次级向斜,背斜组成。槽部最新地层为大石岭组盘道岭段,两翼为南台组。向斜北翼多为倒转,倾角50~70°,向斜南翼倾角20~30°。

谷泉山背斜:位于十家崖次级复向斜南侧,核部出露五台群绿色片岩(这里缺失四集庄组、南台组),背斜宽2km。

神仙垴次级复向斜:为复向斜北翼最南部,宽5km,包括一系列更次级褶曲,槽部最新层位为大石岭组南大贤段白云岩。褶曲仍表现为正常翼产状缓,倾角一般为10~20°;倒转翼产状陡50~80°;面倾角为40°左右。

(2)复向斜南翼

出露部分主要由两个次级复向斜及伴生的背斜组成。背斜、向斜转折部位还出现一些断裂。偏南部的为大关山复向斜,槽部地层为东冶亚群瑶池组,两翼为河边村组。向斜南翼陡立或倒转,向南倾,倾角70~80°;北翼平缓,倾角5~15°。偏北部的为天蓬垴复向斜,向斜槽部为天蓬垴组,两翼为北大兴组。向斜北翼地层正常,倾角60°左右;南翼地层倒转,倾角65°左右。复向斜南翼的断裂主要的有狐峪口—济生桥逆断裂,其断面向南倾,南盘上冲。

(3)复向斜槽部

复向斜槽部分布于尧岩山—雕王山—阁子岭一带,西部宽约2km,向东变窄(阁子岭处仅200m,再向东向斜消失),由郭家寨亚群组成。向斜北翼倒转(北倾),倾角为60~80°;南翼正常,倾角为

35~45°。沿槽部北有大断裂分布,断裂面北倾,倾角为60~70°,北盘上冲,使豆村亚群逆冲于郭家寨亚群之上。东端,豆村亚群逆冲于东冶亚群之上。

(4)复向斜东部仰起区

展布于豆村、蒋坊以东的滹沱群分布区。以中央断裂为界,北翼次级复向斜仅有一个,槽部由大石岭组成,更次级向斜北翼倒转、南翼平缓;复向斜南翼由轴面向南倾的回龙底向斜、窑子上背斜、马头口向斜、香炉石背斜、红石头向斜等组成。在台山河谷一带,复向斜东端进一步仰起,由四集庄组、南台组构成的镇海寺背斜和主要由大石岭组构成的白头庵向斜(槽部为青石村组、纹山组)、海会庵向斜。二向斜的倒翼均被逆断层破坏。引人注目的现象是在刘定寺以东至石佛村之间,出现一些走向北西的向斜(其槽部为东冶亚群),其小褶皱的枢纽均向西斜倾,倾角35~40°。表明北北西向向斜是东部仰起端所造成,相伴出现的是这一带的滹沱群变质程度骤然增高达角闪岩相。可能是石佛岩体于吕梁运动再活动有关。

(5)复向斜西部仰起端

展布忻口—奇村一带,为北翼的偏南侧的次级复向斜,其他部分为新生界覆盖,更次级向斜北翼倒转,南翼正常,轴面向北倾,倾角为20~30°。

(6)龙王堂次级复向斜

展布于代县龙王堂一带。主要由四集庄组构成的次级复向斜。其北翼为倒转,倾角陡;南翼为正常,倾角缓;轴面北倾,倾角为50°左右。为东冶—豆村坳褶带北翼的组成部分。

2.岚河坳褶带

展布于吕梁山中、北段,是吕梁山块隆结晶基底的重要组成部分。为一个不完整的大型复向斜,轴向为北东－南西向。复向斜北翼,自南东向北西依次为西马坊次级复向斜、寨上－白家圪台次级复向斜、黑茶山次级复向斜;复向南东翼仅有宝塔山向斜。

西马坊次级复向斜:由数个更次级的向斜、背斜构成。向斜槽部为后马鬃组千枚岩夹白云大理岩;两翼为前马鬃组、风子山组石英岩和变质砾岩等。向斜规模不大,宽0.5~1km,出露长5~10km;呈紧闭的线状褶曲,轴面北倾,南翼正常而平缓。

寨上—白家圪台次级复向斜:由野鸡山群构成,长约100km,宽3~16km。北部宽阔,由两个更次级向斜、一个背斜构成,轴面向北西倾,向斜西北翼倒转,倾角陡;东南翼正常,倾角缓。南部狭窄,仅表现为一简单的同倾向斜,轴面向北西倾;北西侧伴随有一逆冲断裂。

黑茶山次级复向斜:由黑茶山群变质砾岩构成,出露不完全,长10km,宽2km。其西北翼倒转,东南翼正常,轴面向西北倾斜。

宝塔山向斜:由岚河群构成,轴面向南东倾,南东翼倒转,西北翼正常并被乱石村断裂断落未出露。向斜西南端仰起,东北端被新生界掩盖,出露长12~14km,宽2~3km。

## 二、中生代构造特征

研究区中生代构造格局呈北东向斜列,从西向东依次为偏关—神池块坪(主体为五寨背斜)、宁武—静乐块坳(主体为宁武复向斜)和五台山块隆(由五台复背斜与系舟山复向斜组成)(见图5-2)。

(一)偏关—神池块坪

位于吕梁—太行断块的西北角,北界在右玉县坪堡—马道头一线(大致在北纬40°略偏南),东南界在神池—五寨—岢岚一线。

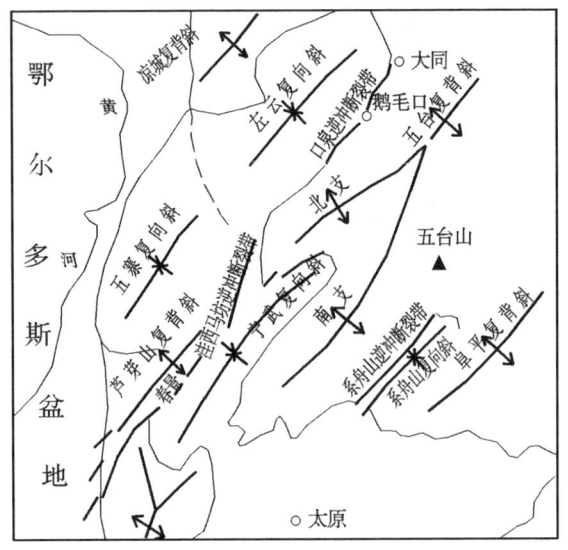

图 5-2 研究区中生代构造格局图（引自文献 58）

南北向长约 100km，北宽南窄的三角形。出露地层以寒武系、奥陶系为主，局部残留石炭系，侏罗系分布于北东端，新生界分布较广但厚度不大，块坪褶皱基底为中、下太古界。中部有燕山期中酸性侵入岩零星分布。沉积盖层产状较平缓，略呈波状起伏，倾角一般不超过 10°。块坪内的构造形迹有四组。北东向构造：为该区的主要构造，明显的有三个集中带。中带：分布于利民堡—八角及以北一带，长 35km，宽 2km，从北东向西南依次有黑驼山断层、利民堡断层、上八角断层。其走向为北东向，断层面大部分倾向南东，破碎带宽窄不一，不同程度的发育有断层角砾岩，岩层局部受挤压呈直立状。八角山以北的北东向断裂控制了大马军营磨石山正长闪长岩侵入体的分布。北带：分布于偏关县南东陈家营—尚峪，长约 25km，宽 15km，主要为相互平行展布的四个背向斜，轴向为北东向，褶曲较开阔，两翼不对称，向斜南东翼陡，北西翼平缓，形成挠曲褶皱,背斜则与之相反。南带:在神池县以南,成组分布的北东向断裂构成偏关—神池块坪与吕梁块隆的分界。

东西向构造:形迹比较微弱,只见于南北两侧。北侧为坪堡以南的燕家堡逆断层、三层洞逆断层可作为与内蒙古断块的分界断裂,二者走向280°左右,长约12km。断层面倾向北北东,倾角80°。北盘向南逆冲,均为高角度逆冲断层。断层破碎带内可见糜棱岩化,挤压现象也明显。南侧岢岚逆断层是与吕梁块隆的分界断裂,走向近东西,延长约20km,多被掩盖,南盘向北盘逆冲。

南北向构造:形迹零散而微弱,多以褶皱形式出现,分布于本构造区中部及南部。主要有五寨—神池一带的塔子会东背斜、贺职背斜、下石会向斜、西水界东背斜、下水头背斜等。褶皱开阔平缓,基本对称,两翼岩层倾角一般小于10°。下水头背斜控制了王家泉正长闪长岩体的分布。另外,于平鲁县城以北的西水界(东)断层,以南的黑驼山东侧及东南侧的断层,均为近南北向正断层;后二者东盘下降,西盘上升,构成了偏关—神池块坪与云岗块坳、桑干河新裂陷的分界断裂。

北北东向构造:仅见于神池县—五寨县间。其北段显示为向斜构造,即东湖向斜,特征是开阔、对称、两翼倾角小于10°;南段为五寨县至经堂寺间的一组地堑式断裂。二者分布在一个方向上,可能有成因联系。

另外,块坪南缘新构造活动也较明显,沿南缘神池—五寨—岢岚一线,有北东、北北东、东西向的断裂,新生代以来,其北侧下陷,形成三角形的五寨断陷堆积小盆地,叠加在中生代构造之上。

(二)宁武—静乐块坳

展布于芦芽山与云中山之间,北东起自雁门关,南西至娄烦县,长约160km,宽约30km。块坳显示为自北东向南西掀斜的复向斜，其北西侧以春景洼－西马坊枢纽逆冲断裂与属于吕梁山块隆的芦芽山—赤坚岭掀斜背斜相接，南东侧以芦家庄—娄烦枢纽逆冲断裂与五台山块隆相接。据块坳内构造特征可分为三级。

中段：宁武—轩岗到新堡—杜家村之间，表现为简单的向斜构造。槽部在段家岭—迭台寺—宁化堡一线，由中侏罗统天池河组构成。两翼地层产状较陡，由三叠系、二叠系、石炭系、奥陶系、寒武系等构成，局部地段出露太古界变质岩系。

北段（宁武、轩岗以北的地段）：为复向斜的掀起端，发育有大量的北东向正断层，向斜槽部地层为中三叠统二马营组，两翼地层和中段两翼地层基本相同。

南段（新堡—杜家杜以南地段）：由于第四系大面积覆盖次级构造形迹不清楚，仅两翼岩层倾角较陡，甚至直立、倒转。

宁武—静乐块坳的两条边界断裂表现了很有趣的特征。北西边界的春景洼—西马坊枢纽逆冲断裂走向为 30~35°；其北段断面向南东倾，倾角为 35~55°，南东盘向北西盘逆冲（见照片 19），在春景洼附近可见到中奥陶统上马家沟组逆冲到二叠系下石盒子组之上（见图 5-3）；其南段断面向北西倾，倾角很缓，北西盘向南东盘逆冲，在西马坊附近岚河群逆冲到上石炭统和下二叠统之上（见图 5-4）。南北两段表现了相反的逆冲方向，呈枢纽断裂的特征，其扭动的支点在新堡一带。因此，这一带地层表现了产状陡立，而未见断开。南东边界的芦家庄—娄烦断裂和北西边界断裂相似，也表现了枢纽逆冲断裂的特征，唯扭动方向正好相反。该断层的北段（芦家庄—杜家村），断裂面北西倾，北西盘向南东盘逆冲，于多处造成太古界片麻岩逆冲于寒武系、奥陶系之上，或奥陶系逆冲于二叠系之上的现象；断层南段（康家会西柳科—娄烦），断层多被第四系黄土掩盖，但一些地段仍可见到断面向南东倾，南东盘向北西逆冲,使前寒武系变质岩逆冲于寒武系之上。这两段向相反方向逆冲的扭性断裂的支点,在双路以东。宁武—静乐块坳所表现的掀斜复向斜和两侧的枢纽逆冲断裂的形成是相关联的,也是协调一致的。复向斜北东部分掀起,整个向斜则向两侧逆冲;复向斜南西部分相对下斜,相邻的两侧向复向斜逆冲。复向斜及两侧边界断裂的特征,说明了宁武—静乐块坳是在特定的边界条件——基底断裂控制下挤压而形成的。

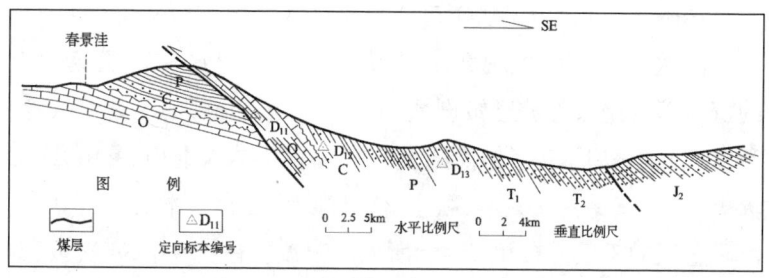

图 5-3　春景洼—西马坊枢纽逆冲断裂(北段)剖面图(引自文献 58)

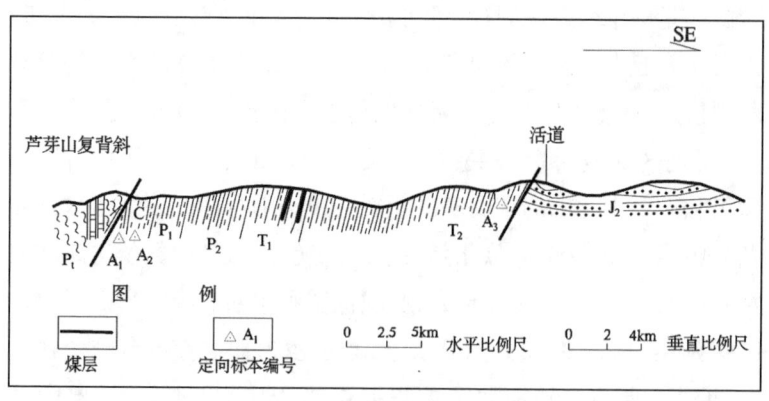

图 5-4　春景洼－西马坊枢纽逆冲断裂(南段)剖面图(引自文献 58)

(三)五台山块隆

位于山西东北部以恒山、五台山、系舟山、云中山为主体的地区,呈北东向展布。北东以唐河断裂与燕山断块相接,北部以恒山北侧断裂与桑干河新裂陷分界,西部以芦家庄－娄烦断裂与沁水块坳和晋中新裂陷为界,向东延入河北省境内。块隆的基底大部分裸露,由五台期的云中山—五台山断褶带、吕梁期的豆村—东冶坳褶带和东部的阜平古陆核(主要在河北省境内)所组成。在该块隆之上叠加发育有滹沱河新裂陷。根据构造特征,该块隆可进一步分为五部分。

1.恒山—五台山穹状隆起

位于该块隆的北、中部,约占块隆面积的三分之二。隆起之上的沉积盖层绝大部分已被剥蚀,但一些高山之巅(如应县三条岭、梨树坪)、断裂下陷处(如代县馒头山、繁峙县岩头北山、憨山)或古火山口中(繁峙县义兴寨、耿庄、代县滩上、五台县木山岭)还可见沉积盖层的零星分布和保存。所见沉积盖层有长城系、寒武系、奥陶系、石炭系及二叠系(后二者仅见于火山口塌陷),说明恒山、五台山区是中生代以来的构造隆起区,并非长期不接受沉积的古陆。该穹状隆起上一系列的北东向逆冲断层和北西向张扭性断裂及沿断裂侵入、喷出的中酸性岩浆岩也是中生代构造变动产物。

北东东向逆冲断裂主要的有发育于恒山山区的馒头山对冲断裂组和五台山北部的东山底冲断裂。馒头山对冲断裂组由数条冲断裂组成,延长25km,除北部一条向南逆冲外,其他数条均向北逆冲,它们之间形成一个小地堑,其间保留了中寒武统。东山底逆冲断裂延长50km,断层面向北西倾,倾角40°,使北盘五台群变粒岩逆冲到南盘的倒转褶曲了的长城系高于庄组、寒武系、奥陶系之上。

北西向断裂在恒山山区的应县双钱树以东,直至唐河大断裂之间广为发育,断裂面向东倾或向西倾都有,但大致以浑源县官司儿村为界,西部的多向西倾,东部的多向东倾。所以基本上形成阶梯状地垒。

五台山区北西向断裂也很发育,较大的(自西向东)有青社—张仙堡断裂、王家会—高凡断裂、甘泉—西窑断裂、耿庄—太平沟—古花岩断裂等。这些断裂的走向为北北西、北西,延长在15-30km,多表现为张扭断裂,断裂面向东倾,东盘下降。

2.系舟山断褶带

其形成与系舟山断裂关系密切。系舟山断裂呈北东向,全长为65km。根据其特征可分为三段。南段(小五台—定襄县瓦扎坪):表现为一系列向南东逆冲的断裂,形成叠瓦状构造,使滹沱群白云岩、五台期片麻状花岗岩逆冲于寒武系之上,由于后期的侵蚀作用形成"飞来峰"。中段(五台县神喜—茹村):断裂面倾向北西,为正断层性质。北段(茹村以北):北西盘东冶亚群逆冲于倒转了的长城系高于庄组和寒武系之上。

在紧靠系舟山断裂的南东侧,形成了不对称的向斜构造——系舟山掀斜凹陷,其西翼地层产状陡立甚至倒转。向斜核部地层为石炭系、二叠系,由于后期河流侵蚀仅保留于分水岭,自北东向南西,依次有娑婆寺、西天和、白家庄、董家堰等地,其中西天和、白家庄二地的面积较大,为五台山区仅有的蕴煤盆地。在该凹陷的北段,还有平行系舟山断裂的一条逆冲断裂——殊宫寺—大甘河断裂,也表现为北西盘的东冶亚群向南东盘长城系高于庄组、寒武系逆冲。

另外,五台山块隆自新生代以来,又显示了明显的活动,均表现为南东侧抬升,北西侧下陷,在北西侧形成了新生代盆地。除较大的滹沱河裂陷盆地外,在五台山尚有东冶、台城、茹村、智家村、豆村、少军梁等一系列小型山间盆地。

## 三、新生代叠加裂谷带

(一)滹沱新裂陷

位于忻(州)定(襄)盆地和滹沱河上游谷地,地平面呈鱼钩状,全部叠加于五台块隆之上。由三个次级凹陷组成。

代县凹陷:展布于滹沱河上游的代县、繁峙县一带,呈北东东向延伸,全长100km,宽10km左右。其南侧以五台山北侧山前断裂为界,靠近断裂一侧下陷深度大,在代县一带基岩埋深约500m。基岩向北逐渐掀起,呈箕状凹陷。

原平凹陷:展布于崞阳镇至忻州奇村一带,呈北北东向延伸,长50km,宽15km。其两侧均为同生断裂所限,中心地带的基岩埋深约300m左右。

忻定凹陷:展布于忻州市、定襄县一带,呈北东东向延伸,长40km,宽25km。其南侧以系舟山断裂为界,近断裂一侧下陷约500m,其北侧下陷较浅,也呈箕状凹陷。

经物探测量及钻探验证,滹沱河新裂陷的基底为前长城系变质岩及侵入岩。在定襄以北地区,基底为角闪花岗岩岩体,该地区在中生代为隆起区;新生代以来,呈反向发育,下降而成新裂陷,在繁峙一带堆积了老第三纪的"繁峙玄武岩"及上新统、更新统的沉积。该新裂陷地震记录很多,1959年,原平一带发生过5.5级地震,其边缘地带第四系中的断裂多处可见到;另原平凹陷奇村附近有温泉数个。可见,滹沱河新裂陷至今仍在继续发展着。

(二)主要断裂特征

滹沱河新裂陷的展布形状受新生代同时期的断裂控制,这些断裂迄今为止仍在不同程度的活动,造成忻定盆地为地震多发地区。主要断裂发育于盆地与山地交界地带,从北向南依次为:

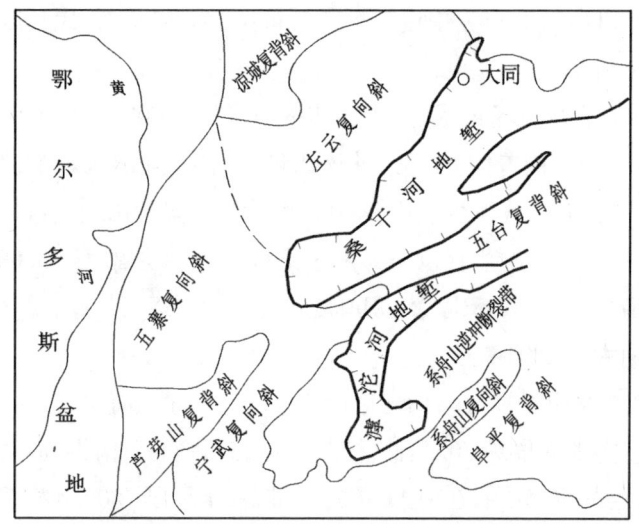

图 5-5 研究区及周边新生代构造格局图（引自文献 58）

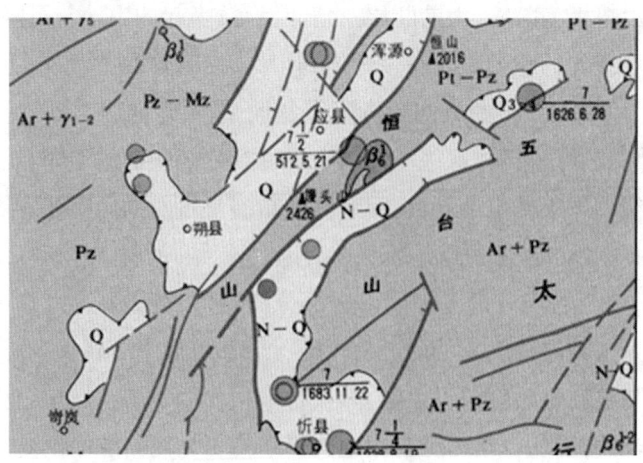

图 5-6 五台山及邻区新构造遥感解译图（引自文献 102）

1.恒山南麓断裂：长约 40Km，走向 50°左右，在繁峙玄武岩一带被玄武岩层覆盖，第四纪时期活动性减弱，虽为代县凹陷的北界断裂，但地貌不明显，盆地与山地逐渐过渡。在代县太和岭村东一

189

带,出露断层面,可见中更新世离石黄土被断层错断,代县以东的富家窑村东,可见晚更新世马兰黄土被明显错断。

2.五台山北麓断裂:长约95Km,走向50~60°,为高角度正断层。该断裂控制着代县凹陷,使该凹陷的沉降中心位于断裂北侧的代县附近,新生代沉积量达2400m,断裂上升盘的山地与盆地平均高差约700m,新生代以来,两盘垂直差异运动幅度达3000m左右。沿凹陷走向,新生代沉积厚度自北东向西逐渐加厚,说明其断距西南大、东北小。

3.系舟山断裂:长约109km,走向50°,断面倾向北西,倾角60°左右。其西南段约50km长,控制着定襄凹陷的东南界,活动性很强,凹陷的沉降中心在南王、董村一带,新生界厚1800m,相邻山地相对高差1000m左右,两盘垂直差异运动幅度为2800左右。沿断裂带山势极为险峻,山前断层三角面发育,隆起的山地与沉降平原呈显著差异的地貌。北东段延伸到山区,控制着宏道、东冶、五台、茹村、豆村五个小的第四纪拗陷小盆地,它们走向为北西,呈北东向顺断裂顺序排列,这些小盆地中未见到第四纪前的河湖相沉积,第四纪沉积厚度也不大,说明系舟山断裂是自西南向东北发展的。

4.五台山西麓断裂:是原平凹陷的东界,走向20°左右,长约40km,是五台山北麓断裂的南延部分,转折点在原平苏龙口一带,从苏龙口到停旨头一带的五台山前,分布着由中更新世湖相亚粘土到晚更新世砂砾层组成的台地,台地顶面覆盖马兰黄土,台地前缘受断裂控制,台地后缘与山地交界地带可见到断层面出露。

5.云中山山前断裂:是原平凹陷的西界,走向20°左右,长约60km,第四纪以来断裂西侧垂直差异运动较小,盆地边缘为黄土丘陵,有的为黄土台地,反映了盆地西部与山地不断地整体上升。

6.系舟山西麓断裂:走向近南北,是系舟山断裂的南延,呈一右旋剪切的正斜滑断裂,断面西倾,倾角约70°。断裂东盘为古生代灰岩,西盘为第四纪沉积。断裂破碎带宽10多米,破碎带中多见有中、晚更新世的黄土块。石岭关村东的断裂带上,有多处冲沟发生一致的右旋扭动,冲沟中的阶地被错断变形,断裂带以西被错动的黄土梁一致向北平移,形成新月形断面,使基岩沟脊与黄土沟脊互不相连。

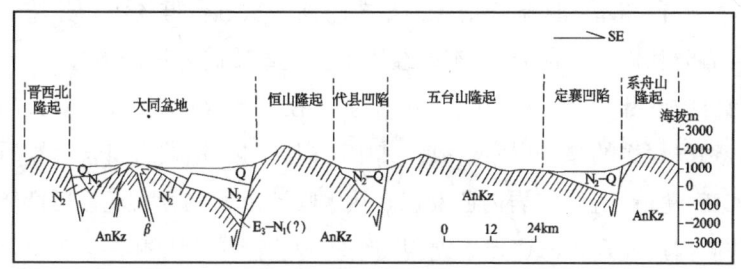

图5-7　晋北地貌格局剖面图(引自文献97)

## 四、动力背景演变分析

从上述各时期构造特征可以看出,五台山及其邻区的构造演变有着明显的阶段性,各阶段的构造特征具有明显差异,这与区域构造动力背景有着密切的关系。

(一)前五台期动力背景——陆核旋卷

由于前五台期地层出露较少,且经历构造变动时长次多,就区内遗留的岢岚帚状构造与阜平帚状构造的地质构造形迹,以及与相邻地区阳高—天镇、晋南帚状构造相结合分析,可见其共同的特点是:①均表现为以褶皱为主的旋卷构造;②旋扭方向相同,都是内旋层反时针,外旋层顺时针扭动;③形状构成椭圆形或穹形;④其上少有上太古界和下元古界的沉积地层,是古隆起的陆核特征。由此,前五台期研究区应该有两个古陆核形成,一是阜平古陆核,二是岢岚古陆核。它们在地壳形成的早期,稳定坚硬地块尚未出现,没有特定的边界条件下,受到一组大致东西向的扭压应力作用而成。其动力来源推测为地球自转引起的各种不均衡应力,它们作用在厚度薄,温度高,尚未坚硬的原始地壳碎块(陆核)时,使这些陆核发生旋转运动,从而形成旋卷构造(见图5-1)。

(二)五台期动力背景——陆块碰撞

五台期是本区陆壳增生的重要时期,从五台群的沉积建造岩浆活动和构造特征分析,本区经历了一次重要的陆块碰撞过程。五台群中下部(石咀亚群和台怀亚群),由镁铁质火山岩、长英质火山岩到沉积岩的绿岩层序组成,其中金岗库组、柏枝岩组含硅铁质(BIF)建造。五台绿岩内还发现有热水喷流沉积物[103],五台后坪硫铁矿内还发现古海底黑烟囱相关结构构造记录[104],这些岩矿组合表明五台期早期,处于深海—半深海环境,具有剧烈的火山活动(见照片20)并伴有强烈的水热活动过程,从分布状况看,为呈东北方向的裂陷海槽。五台群中上部高凡亚群则由陆缘碎屑建造组成,沉积韵律明显,其中发育递变层、交错层、包卷层理、水平层理及鲍马序列[59],属近源海相浊积岩系,李江海等[75-76]研究认为,属沉积于前陆盆地发育早期欠补偿深水环境,与造山楔加载减薄的被动大陆边缘有关。结合其中广泛发育有五台期花岗类岩体,以及大规模平卧褶皱,逆增断层,紧闭褶皱,多期面理构造的发育,表明发生了强烈的碰撞造山作用。依据现代碰撞造山理论[63,71,75],将五台山变质基底划分为多个构造单元,由北西向东南依次为:TTG杂岩、五台群火山沉积岩、前陆冲断带及前陆盆地、被动陆缘沉积及基底(见图5-8)。从五台期变质岩区的构造式样分析,五台期新太古代经历了活动陆缘俯冲——碰撞造山过程[54],重大地质事件序列为[105],①2600-2560Ma;大陆活动边缘沉积富铝泥砂质岩,伴随金岗库岩组大洋拉斑玄武岩喷发;②2560–2530Ma:大洋消减转化为岛弧环境,形成以太平沟—岩头岛弧钙碱性玄武岩,石佛、北台、光明寺等钠质花岗岩体侵位;③2530–2510Ma:碰撞造山产生紧闭

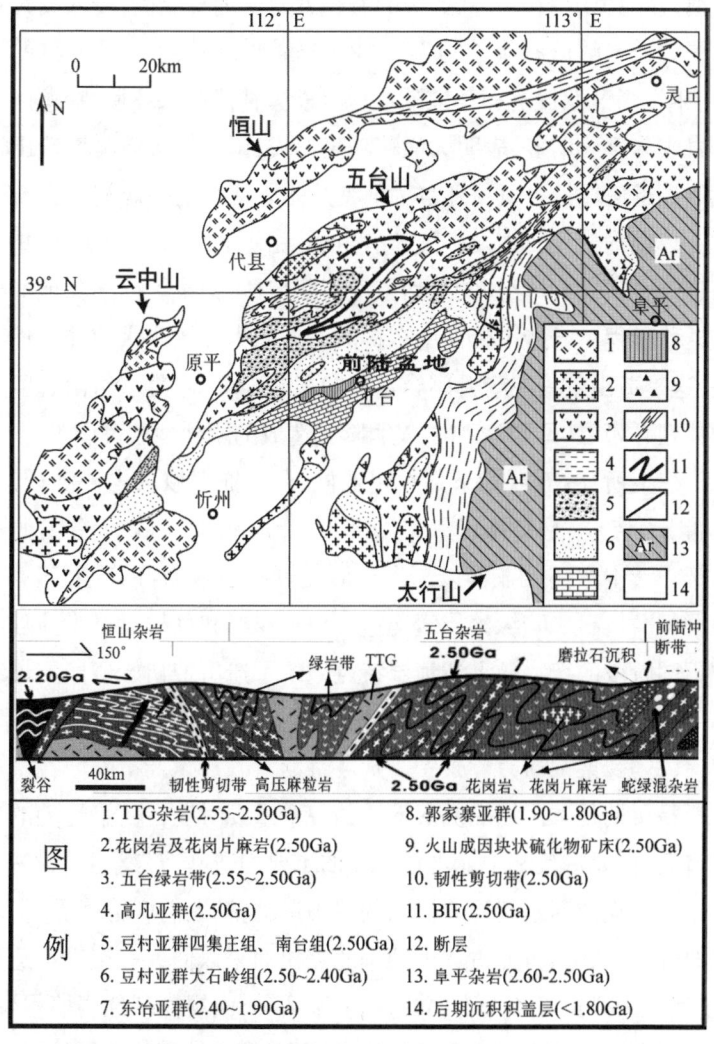

图 5-8 五台山变质基底地质图及其构造剖面(引自文献 104)

褶皱、冲断构造,各岩片相互叠加,构造叠置。峨口、王家会钙碱性花岗岩侵位,造山带发生绿片相—角闪岩相变质。随着造山带加厚,地壳加载,减薄了被动大陆边缘,在造山带东南侧形成了前陆盆地,盆地里沉积了高凡亚群的海相近源复理石建造,侵入高凡亚群中辉长岩的锆石年龄均为 $2528\pm6Ma^{[63]}$,提供了高凡亚群的沉积上限。高凡亚群沉积于前陆盆地早期欠补偿深水环境,物源区花岗岩成分显著增多,表明大面积陆壳形成,记录了大陆碰撞造山造成陆壳迅速增长。豆村亚群为弱变质—未变质的粗碎屑磨拉石建造,由碎屑岩、泥质岩及碳酸盐岩组成。由下到上各组地层(四集庄组、南台组、大石岭组)向东南依次不断超覆,记录了前陆盆地的构造迁移过程,与造山带向南东扩展,演化为开阔浅水前陆盆地有关,这是造山带最终隆升闭合过程的记录,其中四集庄组出现巨厚的陆相砾岩层(见照片 21),表明隆升造成的剧烈地貌高差。

综上所述:五台期下部石咀亚群、台怀亚群以火山—沉积(绿岩带)为特点,是岛弧及弧后盆地环境陆缘增生、碰撞造山的产物[63,106],中部高凡亚群以深海近源复理石建造为特点,上部豆村亚群为磨拉石—陆缘碎屑岩建造。高凡亚群和豆村亚群为前陆盆地不同阶段的产物,上述地层特点记录了造山带初始碰撞到最终隆升剥蚀的完整过程[75]。

(三)吕梁期动力背景——伸展拼贴

吕梁期是本区结晶基底形成的一个重要时期,吕梁运动的含义,代表古元古代和中元古代分界的重要构造幕。吕梁运动最初概念是华北克拉通最终稳定固结的造山运动,被人们广泛接受。但新的研究[107]认为,古元古代末期华北克拉通是以伸展—裂解构造为主,表现为拗拉谷系发育,非造山岩浆活动,大规模基性岩墙侵位,以及早期变质基底隆升等地质构造特征。本区发育的地层特征,岩浆活动和构造样式也证明了这一点。滹沱群地层分布在五台山南坡，是一套轻微变质和强烈构造变形的沉积岩系，由变质砾岩、石英岩、千枚岩、板岩、白云岩、大理岩及少量变玄武岩等组成。其沉积岩石具有许多反映地层层序和沉积相的原生构造，如波谷浅而宽的对称型浪成波痕、槽状斜层理、韵律层和泥裂等，表明它们除顶部是内陆盆地沉积外；总体上是滨海-浅海相沉积。但是下部许多岩层之间有沉积间断或火山活动，说明早期沉积盆地并不稳定。同位素年龄资料表明它们形成于1800～2400百万年之间。因此，滹沱古裂陷属典型的拗拉槽式古元古代活动带（见图5-9）。

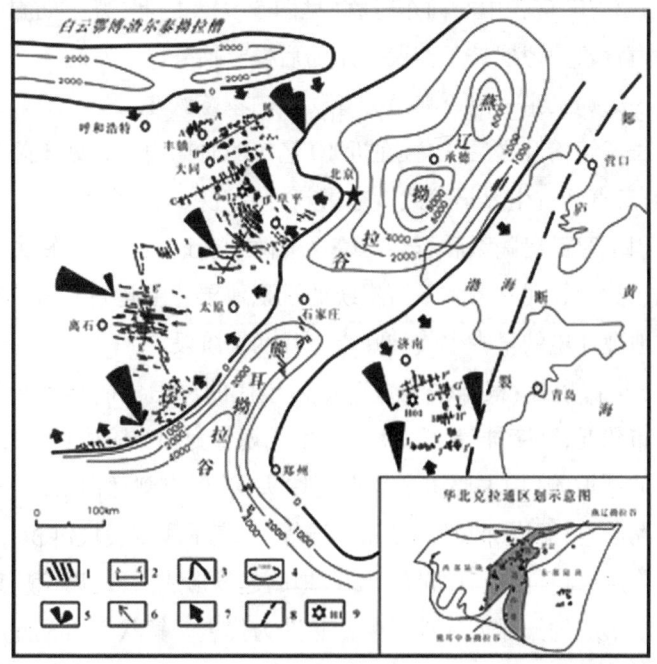

1.岩墙群；2.测线；3.拗拉谷边界；4.拗拉谷沉积等厚线；5.岩墙走向玫瑰图；
6.岩墙侵位方向；7.扩张方向；8.郯庐断裂带；9.彩样点

图5-9 华北克拉通古元古代末拗拉谷和岩墙群的空间关系（引自文献108）

(四)晋宁期动力背景——稳定抬升

吕梁运动之后,本区地壳进入相对稳定阶段,长城系地层仅在局部分布,主要由常洲沟组(松林村石英砂岩,厚度上百米)和高于庄组(茶房子白云岩,厚约200米,由3个岩段组成)[59]。结合华北克拉通中元古代的构造格局,本区在中元古代初期应处于燕山太行坳拉谷西缘的构造位置,随着中元古初期坳拉谷的发育,本区形成了坳拉谷边缘的长城系沉积盖层,并在坳拉谷外缘相邻地区发育有基性岩墙侵位。坳拉谷发育与基性岩墙侵位表明了伸展作用的动力背景,长城系以后沉积地层的缺失表明本区随后发生了抬升,坳拉谷的沉积中心向东迁移(见图5-9)。因此,晋宁期本区所处动力背景为地层处于伸展作用随后稳定抬升。

(五)加里东—海西期动力背景——振荡飘移

长城纪抬升之后,本区在近10亿年的时期内一直处于隆起剥蚀状态,直到古生界早寒武世才重新接受沉积。整个古生界,研究区沉积了寒武奥陶系和石炭二叠系的两大套地层,中间缺失上奥陶统、志留系、泥盆系和下石炭统的沉积地层。由此划分为具有不同古地理环境的早古生代和晚古生代两个阶段。

1.早古生代:根据华北地台早古生代的沉积建造类型和特征及分布状况,陈荣坤等[109],将早古生代划分为四个阶段:①台地形成前的缓坡阶段:主要由辛集期至馒头期,形成潮坪白云岩,浅水陆源粉砂岩、泥岩和潮下泥岩、灰岩等,代表了浅水缓坡沉积环境,构造稳定,海平面上升缓慢。②台地的建设形成阶段:以徐庄期至张夏期形成的鲕滩型颗粒碳酸盐建造为代表。鲕状灰岩是此时的代表性沉积地层。此时海平面快速上升并保持持续高水位期,各地处于稳定的状态,不断向海方向侧向加积和海平面方向垂向加积,形成鲕滩层序。此时发生过一次南升北降的不均一升降运动(翘翘板运动)。③台地形成后的缓坡发育阶段:形成晚寒武世风暴型颗粒碳酸盐建造为特征,崮山组、长山组和凤山组的竹叶状灰岩是代表性地层。沉积格架为南浅北深,但海侵范围更广泛,构造相对稳定,海平面上升较快,物源供给和碳酸盐产生率相对较小,沉积了一套潮坪沉积、缓坡风暴砾屑沉积和浅海盆地沉积序列。④台地的抬升,暴露和发育终止阶段:早奥陶世晚期北部受古亚洲壳的俯冲,使台地北部上翘和内部抬升,形成稳定型瘤状碳酸盐—碳酸盐建造,随后在进一步南北向挤压下,台地整体抬升,海水退出全区。此次上升运动一般称为晋冀鲁豫变动[49]。

2.晚古生代:华北晚古生代发育的一套海陆交互相地层,代表此时大型陆表海盆地的古地理环境背景。华北地台经历了早古生代加里东运动后,南北被拼贴碰撞,形成南北有边,西隆东倾的巨大箕状盆地[56]。晚古生代沉积充填即在此华北盆地中展开。研究区石炭二叠系沉积了从中石碳系本溪组起到晚二叠石千峰组的地层。地层特征表明了从陆表海、海岸平原到冲积平原三大沉积环境。中石炭世末开始,华北地台形成一个不断扩大的陆表海,从东向西海侵,到晚石炭世和早二叠世即太原组和山西组,本区处于陆表海海岸平原的海陆交互时期,形成重要的含煤建造。从中二叠世到晚二叠世,即下石盒子组到石千峰组,本区处于冲积平原的河湖相沉积环境,发育了一套不含煤的杂色陆源碎屑岩建造。海水向东南退去,表明受海西运动影响北部隆起强烈。

寒武纪以来,华北块体一直处于漂移状态,并处于振荡性不均衡升降运动(跷跷板式运动)。冯岩等[110]研究表明,早寒武纪华北块体的古地磁数据显示,华北块体位于南半球13°左右。早古生代早期(寒武—奥陶纪)华北块体以逆时针旋转运动为主,奥陶纪时华北块体的古纬度未发生明显的变化,缓慢地向北漂移,仍然处于南半球的低纬度地区。晚奥陶世起华北块体开始快速北移,到晚古生代,华北块体已经越过赤道,处于北半球低纬度地区,志留—泥盆纪时,华北块体仍位于赤道附近(见图5-8),从早寒武世至晚二叠世华北块体向北漂移约3000 km。

**图5-10 华北块体古生代以来运动特征示意图**(引自文献110)

(六)印支—燕山期构造背景分析—多向挤压

印支期在海西期北部隆起的基础上,继续继承了北部继续隆升的构造格局,三叠系地层与二叠系连续沉积,原来的大华北盆地面积在不断缩小,冲积平原坡降增大,远离海水,气候变干变热,本区沉积了宁静盆地中保留的陆相沉积层,主要有冲积平原河流相及平原闭流盆地的河湖交替相及湖泊相沉积地层。

随后的燕山期是研究区构造格局形成的重要时期。华北克拉通盆地在南部受扬子地块与华北地块陆内碰撞作用,北部受西伯利亚地块向南碰撞,东部受太平洋板块的剪切俯冲挤压活动,形成多向挤压的局面,华北盆地继续缩小演变成鄂尔多斯内陆盆地。研究区东北部靠紧燕山活动带,发生强烈的岩浆活动和火山喷发,西部宁静盆地仍属大鄂尔多斯盆地的组成部分,沉积了侏罗系的河湖相含煤碎屑岩地层,但侏罗系古流向显示宁静盆地西侧吕梁山北段已隆升,使宁静盆地河流向东流动。到白垩纪,鄂尔多斯盆地继续缩小,本区全面降升,遭受剥蚀。经历了印支—燕山期的多向挤压作用后,研究区的基本构造格局得到定型,基本特征是:北东向背向斜相间排列和逆掩断层发育(见图5-2)。

(七)喜山期构造背景分析——拉张裂陷

喜山期华北板块受力作用主要来自东侧太平洋板块俯冲和西南侧印度板块碰撞的远程效应。新生代喜山期,由于华夏大陆东侧的太平洋板块俯冲角变陡,速度变慢,即俯冲回卷[111],加之华北板块大规模的软流圈上涌,使构造应力场由燕山期的挤压转变为近东西向的拉张应力为主导;而西南部印度板块同时向欧亚板块碰撞,造成向北偏东的推挤力,使华北板块形成北东向剪切应力,再加华北板块北部西伯利亚板块的阻挡,使华北板块处于以引张为主的复杂构造应力作用下[84],而研究区内燕山期受挤压作用而定型的北东向构造格局此时控制了拉张开裂的方向和位置。随着汾渭裂谷系的开张,便在研究区形成了滹沱河裂谷盆地,叠加在中生代构造体系之上。

## 五、研究区构造演化重要认识

从上述各研究区构造演化序列和动力背景分析可以看出,研究区各个时期的构造格局和动力背景具有明确的差异性和阶段性,总结归纳,研究区以构造格局演变可以划分出3个阶段,再按照动力背景转变细分为7个演化期。

(一)研究区构造格局鲜明的可以划分为3个阶段:

1.基底遗留构造格局:主要通过遗留在变质基底地层内的信息来进行识别,记录了陆壳形成早期构造活动和形变的过程,具有多期次变形、以褶皱为主、局部残存的特点。

2.中生代定型的构造格局:卷入的地层保持了所有的克拉通盖层,最终在挤压作用下形成背向斜相间排列,逆掩断层发育的特征,构造格局的主导方向以北东向为主。具有分布广泛,变形强烈,褶皱和断裂共生的特点,形成研究区现今构造格局的框架。

3.新生代叠加构造:拉张形成的裂谷沉陷盆地鲜明地有别于挤压形成的中生代构造格局,而裂谷盆地边缘高角度正断层的展布方向又明确继承了中生代构造格局的方向。具有分布局限在新裂陷区,明显叠加在中生代构造格局上的特点。强烈的隆升与下陷垂直差异运动为主,高角度正断层控制裂陷的格局,玄武岩浆溢出表明张裂深达地幔,现今地震多发表明仍在持续活动。

(二)按照不同的动力背景特点可以细分为7个期次:

1.前五台期:以陆核旋扭和旋卷运动为特征,表明陆壳形成初期无固定边界条件下,非刚性时期的活动特点,动力背景特征为陆核旋卷。

2.五台期:以陆块碰撞造山运动为特征,是早期板块运动的遗存,碰撞造成的近水平韧性剪切带、蛇绿岩残留体、堆积混杂岩带、岛弧岩浆岩带及复理石、磨拉石建造都表明此时强烈的陆块碰撞造山运动,动力背景特征为陆块碰撞。

3.吕梁期:以板块内部伸展、挤压、再伸展活动为特征,裂谷内沉积—火山建造,山间磨拉石建造、大规模花岗质岩侵入、后期伸展性基性岩墙侵入。表明了这一时期的特点,动力背景特征为伸展拼贴。

4.晋宁期:以稳定抬升为主,板内坳拉槽沉积发展到隆起剥蚀,沉积地层缺失,动力背景特征为稳定抬升。

5.加里东—海西期:以板块从低纬度向高纬度漂移伴随着振荡性升降运动为主的活动。飘移过程中的跷跷板式振荡升降运动使板块内部不时出现海侵海退,形成稳定的沉积盖层,动力背景特征为振荡漂移。

6.印支—燕山期：以多向挤压为主，形成北北东向的褶皱、断裂构造，确定了研究区现今的构造格局，动力背景特征为多向挤压。

7.喜山期：以裂谷式沉陷为主，叠加在中生代构造格局之上，形成迄今仍在持续活动的新生代裂谷断陷盆地，动力背景特征为拉张裂陷。

# 第六章 五台山及其邻区陆壳演化模式建立

## 一、模式建立的原则与途径

(一)原则的确定

地壳运动演化是地球科学中的一个根本问题,它涉及很多的地学领域和地质作用,既是一个重要的理论问题,又与生产实践紧密联系。阐明区域地质发展演化的规律,建立形成演化模式,对矿产资源勘查、地壳稳定性评价以地质灾害防治都具有重要的指导意义。

形成演化模式的建立,实质上就是区域地质演化史的分析,通过对研究区建造与改造的分析、形成与形变的分析、拉张与挤压的分析、深部与浅部的分析、区域与宏观的分析,找出不同时期的鲜明的特点进行归纳总结,完整地阐述形成演化的过程。然而,大量地质事实说明,地壳上复杂构造区,在漫长地质过程中,历经多期次的构造运动影响和多阶段的构造演化过程,其构造格局、构造环境、造山运动和造山带类型,动力背景都可发生多次变化与转变。因此,模式的建立必须遵循一定的原则,针对五台山及其邻区地层出露齐全,构造形变复杂和岩浆活动频繁的特征,在建立模式时应遵循如下原则。

1.建造连续的原则。建造是陆壳形成的物质基础,是陆壳演化过程的物质反映,形变与改造是建立在建造的基础之上的,是地壳运动的结果或具体表现,也是建造形成的存在方式。地壳运动的发展是渐变与突变对立统一的过程,当地壳运动内外力平衡时,处于渐变积累过程,当内外力不平衡达到一定程度时,必然要产生突变,以寻求新的平衡。因此,渐变过程是一个建造连续的过程,无论是沉积建造还是岩浆建造,在连续过程中必然具有共同的特点和紧密的联系。遵循建造连续的原则就是要将建造连续的各时期归并成不同的阶段来反映陆壳一定时期沉积建造、岩浆活动、构造形变、变质程度以及应力系统的共同特点和内在联系。

2.改造鲜明的原则。地壳运动的突变对已有建造必然产生改造,每次改造代表一次构造事件的发生,但改造影响的尺度,在时间和空间都是有大有小的。如果将每次小尺度的改造都作为一个阶段来区分,漫长的地质历史会有数量巨大的构造事件发生,也会产生数量繁多的构造现象,因此,遵循改造鲜明的原则是陆壳演化阶段划分中非常重要的关键问题。掌握了解区域内重大的地质构造事件,找出研究区范围内具有鲜明改造特点的重要地质事实作为依据,是建立演化模式、划分演化阶段的关键所在。

3.动力背景一致的原则。某一时期的构造运动性质,制约着同一时期的构造环境,并产生与这种构造运动—构造环境相应的构造类型和改造类型,这就是说构造运动发生、发展过程中,建造与改造、形成与形变,总是密切联系,相辅相成,统一在一个大的构造动力背景之下的。区域地质构造格局显然是地应力作用于地壳的结果,作用力的大小、快慢、方向的不均一和改变,被作用物质的组分、结构条件的不均一和改变,都会对区域构造格局产生约束,但不论如何变化,其结果都是统一动力背景作用所致。因此,动力背景一致是陆壳演化阶段划分的前提条件。准确把握研究区构造格局,构造环境与动力背景相一致,是建立演化模式的重中之重。

(二)模式建立的途径

准确划分演化阶段,是模式建立的基础。根据前述应遵循的原则,阶段划分的前提是动力背景一致性的原则,关键是改造鲜明的原则,重要的是建造连续的原则。为此,通过以下分析作为模式建立的途径。

1.地层接触关系的剖析:分析地层或岩系之间不同的接触关系类型,来区分建造与改造的时期,是一种常用的方法。研究区由于地层发育较为齐全,从太古界至新生界各个时期均有出露,为地层接触关系的分析奠定了基础,然而,地层缺失地区和变质岩区认真观测和分析,准确厘定地层接触关系是十分重要的。因此,必须结合构造演化背景、古地理环境和变质作用,准确辨别地层接触关系。

2.沉积建造与岩浆建造的剖析:建造与改造是相伴生的两个方面的地质作用,在一定的构造阶段和构造部位,会形成特定组分结构的沉积建造和岩浆建造的产物,这些建造往往与构造沉积环境和背景紧密相关,如造山作用过程常有密切关联的磨拉石建造出现,而仔细研究,磨拉石建造又有海相的和陆相之分,分别称为下磨拉石建造与上磨拉石建造,它们分别表明特定的沉积环境和构造背景。岩浆作用产生的岩浆建造同样与构造运动密切联系,构造运动往往控制着岩浆建造的时间、空间、组分及喷发、侵位形式。如前寒武纪早期特定类型的岩浆建造,太古宙地壳早期阶段的TTG岩套,对认识早期地壳组成与构造特征有特殊意义,变质火山—沉积建造形成的绿岩带对阐明相应时期的地质环境和构造运动有特定意义。变质基底中的多期基性岩墙的时期与产状,对查明不同阶段构造运动方式与构造应力场状态有重要意义。通过认真的沉积建造和岩浆建造剖析,有助于理解和阐述地壳的运动过程。

3.形变特征、形变序列与成生联系的剖析:一定的构造形态和变形特征,产生于一定的地质时期与地质环境,起源于某些范围内一定方式的构造运动。由于不同构造运动界面所分析的不同构造层,具有不同的物质组分与岩石力学性质,必然具有不同形变特征与构造变形序列。而在地壳上多数地区都经受过不止一次的构造运动,因而不同时期多次构造运动以及与之相关系的构造变动、岩浆活动、变质作用及成矿作用会相互叠加、复合在一起,构成错综复杂的地质构造格局。为此,必须通过对形变特征的分析、确定形变序列,筛分构造形成-形变的成生联系,把同一构造带、构造体系视为统一整体,筛分和鉴别不同构造运动以及与其密切相关的地质事件,查明不同构造运动的时期、性质、期次划分与演化过程。

(三)研究区地质演化阶段划分

按照建造连续、改造鲜明和动力背景一致的三个原则,在地层接触关系剖析,沉积建造与岩浆建造剖析和形变特征、形变序列与成生联系剖析的基础上,把研究区陆壳形成演化过程划分为3个阶段和7个期(见图6-1)。

即三个阶段分别为:基底形成阶段:太古宙——古元古代(3800-1800Ma);盖层形成阶段(1800-150Ma)和改造破坏阶段(150-0Ma)。七个期分别为:Ⅰ:陆核形成期(3800-2800 Ma);Ⅱ:陆块碰撞期(2800-2500 Ma);Ⅲ:基底改造期(2500-1800 Ma);Ⅳ:盖层形成期(1800-540 Ma);Ⅴ:盖层发展期(540-150 Ma);Ⅵ:挤压改造期(150-120 Ma);Ⅶ:拉张破坏期(120-0 Ma)。

## 二、基底形成阶段

### (一)陆核形成期

现有资料证明,华北板块在 38 亿年前已有古老的陆壳存在,刘敦一等 1991 年[112]在辽宁鞍山附近发现了 3804±Ma 花岗质古陆壳的残块,证明了这一点。研究区东部邻区河北阜平岩群内大柳树黑云母斜长片麻岩,锆石铀铅年龄为 2800±190 Ma[113],表明属于高变质区的阜平陆块 2800 Ma 之前已有陆壳存在,研究区北邻的恒山杂岩集宁群与阜平陆地一样,同属高级变质区,钱祥麟等在内蒙古发现集宁群浅水沉积的孔兹岩套不整合在灰色片麻岩之上,推测存在老于 2800-2900 Ma 的硅铝壳或花岗质岩壳[114],恒山地区的董庄表壳岩[74]代表了这一时期的陆壳。白瑾[115]等根据太古界的构造样式以及深层磁性界面等深线[116]的资料,将华北古陆块划分了 6 个陆核分别为:东胜、赤峰、辽吉、临汾、渤海 和 济宁陆核

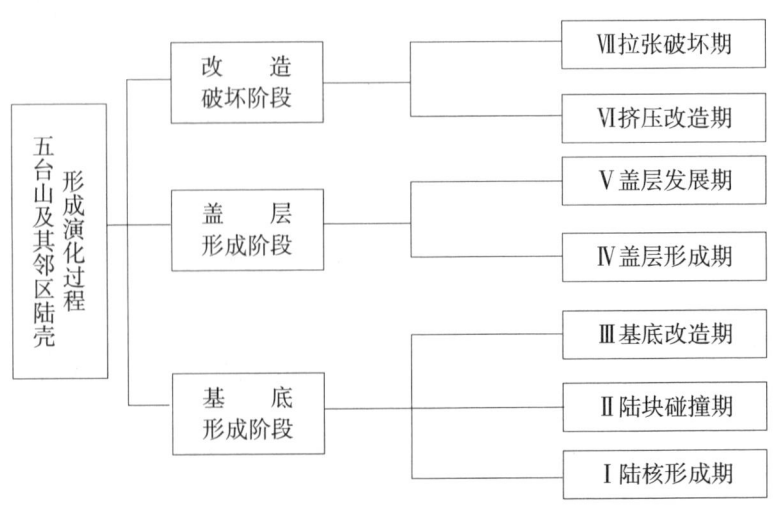

图 6-1 五台山及其邻区陆壳形成演化阶段划分图

(见图6-2,),各陆核中部的麻粒岩相——角闪岩相岩石形成于阜平期(3.0-2.8Ga以前)[2]。研究区及周边残留的旋扭状构造形迹正是陆核形成期的产物。综上所述,研究区在阜平期应处于两个小陆核的边缘地带即阜平陆核和恒山陆核之间。此时的陆核尚未形成坚硬地块,在发生碰撞、聚合过程中发生旋转运动,保留了内旋层呈反时针钮动的旋扭或旋卷构造。直到2800 Ma太古代第一次强烈的地壳变动——铁堡运动使阜平群及其相当地层发生了扭压作用下的褶皱、隆起。

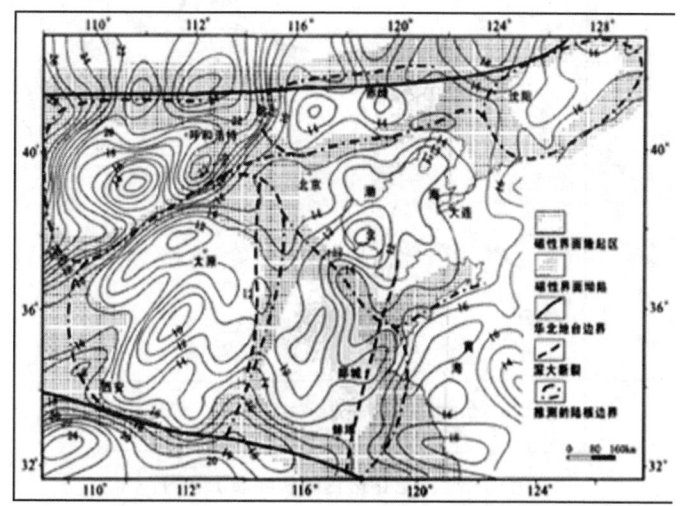

图6-2 华北古陆核分布图(参考文献116)

(二)陆块碰撞期

研究区五台期构造形迹可识别出云中山-五台山断褶带和袁家村-周家沟断褶带,这两个断褶带展布方向相同,可能同属一个大的断褶带[49]。对研究区晚太古代的构造运动演变过程,李继亮等[71]提出可用碰撞造山带理论去认识,认为五台群中有不同变级别的岩石和大大小小的基性岩和超基性岩块,应该用混杂带和复理石推覆体的概念来认识和划分。李江海[72]重新鉴定了龙泉关群的性质,认为实际上是一个大型韧性剪切带,王凯怡[73]提出五台山金岗库组内超基性岩块为蛇绿混杂岩。李继亮[71]分析发现车厂—北台岩体、石佛岩体、王家会岩体、峨口岩体、光明带岩体等具有片麻状构造,并受多期变质,地球化学分析显示为岛弧型I型和S型花岗岩,组成车厂古岛弧,被碰撞推覆在一起或呈叠瓦状冲断席交替重复出现。

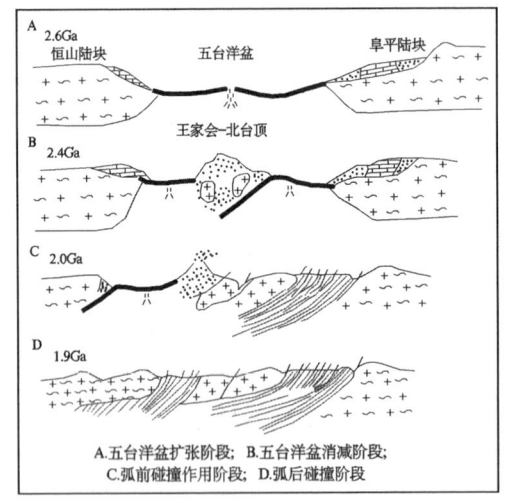

图 6-3 五台山区古陆块碰撞示意图

显然,研究区晚太古代发生了陆块之间的撞碰造山作用,大致过程为:五台期初,阜平陆核和恒山陆核之间存在陆间裂谷海盆(五台海槽),海盆内沉积了下部复理石陆源碎屑岩夹碳酸盐岩建造和中部的拉斑玄武质火山岩建造,形成火山—沉积岩系(变质绿岩带)。晚期发生碰撞阜平陆块与恒山陆块拼贴在一起,五台群中下部岩层被挤成碎片,推覆在两陆块之间的拼贴带上,同时发生强烈形变、变质并被花岗岩侵位(见图 6-3,)[71]。这个过程与赵国春等[69,70,77-78,117-123]描述的华北板块是由东部陆块与西部陆块沿中部造山带撞碰拼贴在一起的大构造背景相吻合,(见图6-4),进一步证明了区域构造运动必然与大构造背景具有一致性的正确认识。

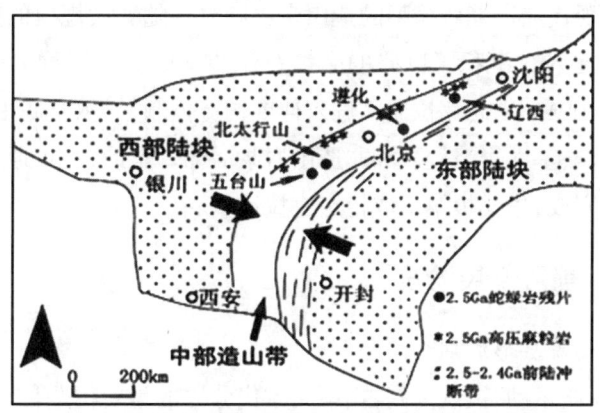

图6-4 五台山变质基底区域构造背景图(引自文献76)

(三)基底改造期

滹沱群地层展示了一系列夹有火山活动的滨海—浅海相沉积,由变质砾岩、石英岩、千枚岩、板岩、白云岩、大理岩及少量变玄武岩组成,其沉积岩石具有反映地层层序和沉积相的原生构造;波痕、槽状斜层理、韵律层和泥裂等(见照片22-23)。下部岩层之间沉积间断和火山活动说明沉积盆地并不稳定。地层的展布形态为一个大型的复向斜,主轴方向60°,西端扬起,东西长约90km,南北宽约40km。地层经历了轻微变质和强烈的构造变形(褶皱与断裂)。翟明国[124]等认为,滹沱群原岩代表了陆内裂谷盆地的沉积建造,位于古元古代晋豫活动带的范围。晋豫活动带的华北克拉通古元古代形成的板内裂陷带(陆内造山带)(见图5-9)。研究认为在2300-1950Ma期间,华北克拉通经历了一次基底陆块的拉伸—破裂事件,研究区,东冶—豆村坳褶带及岚河坳褶带沉积了含火山岩的不稳定沉积岩,克拉通基底开裂并出现少量陆相玄武岩喷发,是一次不彻底的地块离散过程,随后,大约在1850Ma期间,华北克拉通经历了一次挤压事件,导致了裂陷盆地闭合和焊接,形成了晋豫类似现代陆—陆碰撞型的造山带,同时伴随着大规模的花岗质岩浆岩侵入,沉积了巨厚的磨拉石建造(郭家寨亚群),此后,1800-1700Ma华北克拉通又进入伸展构造体制,导致基底抬升,产生裂陷槽、基性岩墙侵入和非造山岩浆活动。至此,克拉通基底焊结改造完成,华北板块形成稳定克拉通基底。

## 三、盖层发展阶段

(一)盖层形成期

"吕梁运动"被认为是古、中元古代分界的重要构造幕,华北克拉通主体在吕梁运动主幕(1850-1800Ma)固结华北区域地质研究中最广泛的地质概念之一。尽管新的研究[125]认为"吕梁运动"并非造山运动,而是古元古代末期以伸展—裂解构造为主,表现为拗拉谷系发育,大规模基墙侵位以及变质基底降升等特征有别于造山带的活动特征,但是,从中元古代未变形和未变质的大规模基性岩墙侵入到克拉通基底来看,"吕梁运动"使华北克拉通基底固结是无可辩驳的事实。吕梁运动之后华北板块便进入了克拉通盖层形成发展的阶段。

研究区盖层的发展以长城系地层沉积为起点,开始了长达16亿年的盖层发展时期。而盖层的形成期可理解为中晚元古代首先在燕辽—中条拗拉槽发育起来的裂谷沉积建造(长城系常洲沟组松林村石英砂岩),以及随后广泛扩展的陆表海碳酸盐沉积(长城系高于庄组茶房子灰岩)(见图6-5)。中元古代长城系以来,整个华北进入准地台稳定发育阶段,准地台发生广泛的海侵,但研究区处于吕梁运动之后的五台山隆起区,呈东低西高,北低南高,因此仅在局部形成了间断的盖层——长城系地层,这与华北局部地区长城系以来厚达万米的中晚元古地层沉积是有区别的。高于庄组沉积以后,华北地台再次整体上升(杨庄上升),海水退缩到燕山东段极小范围内,此后,研究区一直处于隆升剥蚀的状态,长久的剥蚀逐渐形成准平原化,为古生代海侵和盖层稳定发展奠定了基础。

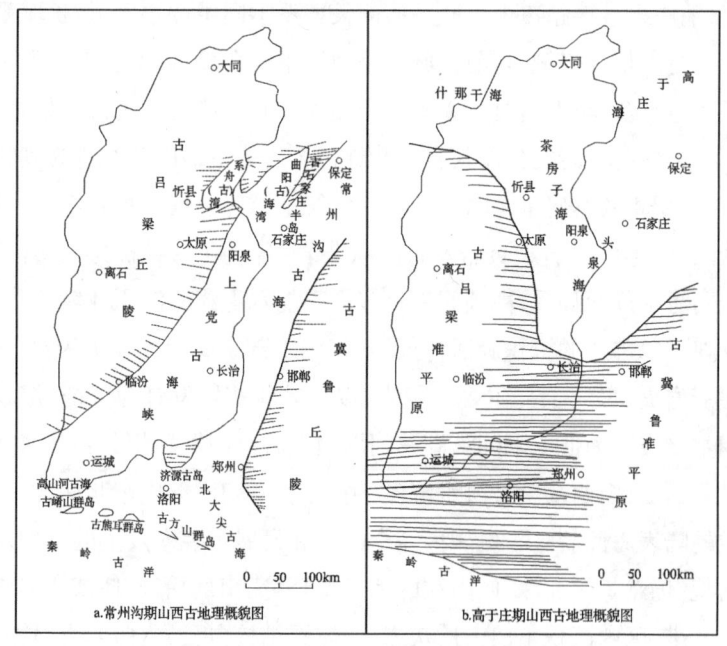

图 6-5 山西长城纪古地理概貌图

(二)盖层发展期

从研究区广泛发育和连续沉积的地层特征分析,自早寒武世末期开始一直稳定发育到中侏罗世。因此,可将从 $\in_1$-$J_2$ 这一时期看作是盖层稳定发展期。这一时期的共同特点是:振荡抬升,稳定沉积,变形微弱,整体统一。但沉积间断表明,盖层稳定发展经历了三个不同沉积环境的时期，形成三套稳定连续的盖层沉积地层。

1. 寒武奥陶沉积盖层

研究区在经历了杨庄上升后长期处于剥蚀夷平作用，与华北板块一样，缺失寒武纪初期沉积，直到早寒武纪晚期（毛庄期），海水才进入本区，在此后的寒武—奥陶纪，进入稳定同步沉降，内有弱差异升降的面式沉积现象。区内寒武系沉积缺失辛集组、馒头组，毛庄组直接超覆于长城系或前长城系不同层位之上，与长城系为平行不整合接触，与前长城系呈角度不整合接触，毛庄组以上到凤山组齐全，与上覆奥陶系呈整合接触。寒武系三个统特征如下：下统毛庄组以砖红色泥灰岩、紫红色页岩为主，以砖红色为其特征，沉积相基本属于潮间泻湖相。中统下部为紫红色页岩，中上部为灰岩、鲕状灰岩夹页岩及竹叶状灰岩，普遍含海绿石为其特征，表明海水逐渐加深，由潮间带逐步向高能水下浅滩沉积环境转变，反映了海进式的沉积旋回特征。上统中下部主要为竹叶状灰岩、薄层灰岩夹页岩，上部主要为灰岩，以竹叶状灰岩发育为特征，沉积相主要表现为低能潮间泻湖—间歇高能的潮间堤坝相。到晚寒武世凤山期，山西全境被海水淹没，由于南部抬升，形成东北深，西南浅的陆表海面貌。早奥陶世完全继承和发展了晚寒武世的古地理面貌，仍然是东北深，西南浅的陆表海环境。南部抬升，使咸化海逐步北进，区内沉积了白云质灰岩、含燧石结核白云岩、白云岩、竹叶状灰岩、结核状灰岩及黄绿色页岩等潮下局限海与广海陆相环境的浅海沉积，由于海水咸化，出现了白云质灰岩和白云岩。中奥陶世开始，海水再次进入山西全境，海水变深，恢复了陆表浅海环境，海水仍是北东深，南西浅，并不时发生自北而南的海进、海退，使研究区沉积了上、下马家沟组巨厚层的灰黄色泥灰岩、灰岩、白云质灰岩、角砾状灰岩、豹皮状灰岩及钙质页岩等浅海相碳酸盐沉积建造。

（2）石炭二叠沉积盖层

华北板块的晋冀鲁豫上升使研究区与整个山西一样，从中奥陶世末—中石炭世初约150Ma左右的时间内处于受侵蚀剥蚀的环境。长期的侵蚀、剥蚀，古风化剥蚀面已夷平为准平原，并残集了大量的铁、铝物质，海侵的到来使山西全境迅速成为滨岸泻湖－潮坪环境，大量的铁、铝物质带入海水中，沉积于低凹的泻湖中，成为著名的"山西式铁矿"和铝土矿沉积，这就是石炭系中统的本溪组，反映了从古风壳陆相沉积建造到海陆交互相沉积建造的海水侵入过程，随后的石炭纪，山西多次海进海退，研究区形成海陆交互相的含煤建造，沉积了砂岩、页岩、灰岩和煤层，西部的宁武煤田和东部五台煤产地保留了此时的沉积地层。随着海水向东南退去，二叠世时期，古地理环境由滨海平原转变为近海冲积平原，沉积了陆相河湖沉积物。下石盒子时期，平原地势差异小，曲流河发育，河漫滩、湖泊、沼泽星罗棋布，植物繁盛，沉积物以黑灰、灰黄、灰绿砂页岩为主，局部仍有薄煤线。上石盒子组气候逐渐变热，沉积物为以杏黄、绿紫、蓝灰、紫色为主的砂泥页岩，植物减少。石千峰期气候变得炎热干燥，沉积物呈现砖红、鲜红色，植物很难生长，古地理环境仍属曲流河体系的冲积平原，但与海的距离逐渐变远。

（3）中生代盖层：中生代研究区继续保持冲积平原的古地理面貌，但距海还很远，北部受印支运动影响，地势相对升高，冲积平原的坡降增大，河流发育为辫状河流，气候更加干燥炎热，沉积的刘家沟组和尚沟组红色长石砂岩夹粉砂岩、细砂岩等陆相沉积证明了这一点，中三叠世气候较早三叠世略显湿润温暖，沉积了二马营组和铜川组灰、灰白、黄绿色长石砂岩夹紫红色砂质泥岩的河湖相沉积物。从地层分布来看，研究区三叠世地貌应东高西低，西部原平西部及宁静直到保德南部均有三叠系存在,古流向研究,河流指向西南,此时研究区宁静盆地应属于鄂尔多斯盆地的一部分。东部五台山－恒山地区未见三叠纪地层,即使五台南部的残留构造小盆地和北部火山口塌陷物也只保存到石炭二叠纪地层,说明鄂尔多斯盆地的东边界应该为原平西部和宁静盆地东部一带。随着印支运动的发展,研究区再次隆升剥蚀,缺失了晚三叠世和早侏罗世的沉积,直到中侏罗世燕山运动使山西受到挤压,出现不均衡的拗褶隆升和下陷,研究区西部宁武静乐一带拗陷成盆地,沉积了部分中侏罗世的地层,从下至上为大同组、云岗组、天池河组。大同组为灰色、灰白色、灰黑色砂岩及页岩,含煤层的河湖相含煤碎屑岩沉积建造,云岗组为灰色及灰绿色长石砂岩或石英砂岩夹紫色、暗紫色砂质泥岩、砂岩,且有暗紫红色的凝灰质砂岩、流纹质凝灰岩等含火山岩屑的沉积物,火山碎屑岩北东相对发育,西南相对减少,标明火山碎屑来源宁静盆地的东北部。天池河组为厚层巨厚层的紫红色长石砂岩夹少量紫红色、砂质泥岩,是一套氧化条件下的河湖相红色碎屑岩沉积物。宁静盆地部分侏罗系地层的古流向统计显示向东方向,表明此时西侧吕梁山北段已经隆升。随着燕山运动(晚侏罗世)的加剧,研究区的盖层发展走向改造阶段,连续和稳定的发展时期结束,进入挤压、伸展、褶皱、破裂等强烈的改造破坏阶段。

综合盖层发展期,近4亿年的时期,是研究区稳定构造环境下沉积盖层稳定发展的时期,沉积了三套平行不整合的盖层,标明此期间,构造活动仅以振荡升降为主,未出现强烈的变形,盖层中无岩浆岩的侵入也说明稳定平静的沉积环境。

## 四、改造破坏阶段

印支运动末期,华北板块南北与相邻板块开始碰撞拼贴为古中国大陆,而随后的燕山运动受到多方向的挤压力,古太平洋的封闭使东部太平洋板块对华北板块产生了作用。研究区尽管距离较远,但东部与燕山造山带相邻地区仍然受到强烈的作用,形成晋东北网状断裂系统[52]和浑源、灵丘、繁峙等地的火山喷发。燕山运动意味着研究区陆壳结束了稳定发展阶段,进入了克拉通的改造破坏阶段。这个阶段从研究区地层缺失和构造形变来看,可从晚侏罗世起直到现在一直处于改造破坏,分别为晚侏罗世—白垩世的挤压改造期和第三纪以来的拉张破坏期。

(一)挤压改造期

晚侏罗世是燕山运动的强烈活动期,山西绝大部分受挤压从断块形式差异上升遭受侵蚀,缺失以后的地层,仅在个别构造盆地中发育有白垩纪以后的地层,和一些火山盆地发育有晚侏罗纪火山岩沉积地层。强烈的挤压使研究区形成北北东向构造格局,从西向东依次为偏关—神池块坪、宁静向斜盆地、五台山复背斜、系舟山掀斜向斜盆地相间的雁状排列格局,并有大型逆掩断层发育。从陆壳演化来看,中元古代以来缓慢发展起来的克拉通块体受到了强烈的挤压改造作用,出现了褶皱和断裂并存的构造形变,并伴有局部(东北部)岩浆活动和火山喷发。

(二)拉张破坏期

进入白垩纪以后,华北板块构造应力体系发生了转折,由挤压状态转换为伸展状态,翟明国等[82]研究认为华北东部构造体系转换起始于150-140Ma,结束于110-100Ma,峰值为120Ma。早白垩世时期,构造活动以岩石圈扩张作用为主,挤压作用相对较弱,岩石圈发生了巨量减薄(华北克拉通破坏),地壳发生伸展变形,导致了裂陷盆地和裂谷的形成发育[126]。此时研究区继续处于侵蚀作用,而周边构造环境发生了变化,东部发生张裂,发育了一系列裂陷盆地[127],西部鄂尔多斯地块也受到构造变形以扩张为主的作用力影响,在鄂尔多斯西南缘和西部边缘发育了断陷盆地[128]。始新世开始,受喜马拉雅运动的影响,鄂尔多斯周缘逐渐发育一系列的断陷带,其中东缘即为山西断陷(裂谷)带,由南向北依次为运城断陷盆地、临汾断陷盆地,晋中断陷盆地,滹沱断陷盆地和桑干河断陷盆地。赵俊峰等研究表明[129],这些断陷发生的时间不一,运城断陷和桑干河断陷在古新世末—始新世形成,其余三个断陷在晚中新世—上新世才开始产生,而研究区滹沱河裂陷北部的繁峙玄武岩溢出于始新世,说明在南北,运城断陷和桑干河断陷形成的同时研究区也开始了张裂活动。与滹沱裂陷相对应的是周边山地的差异降升。综上所述,拉张破坏期不仅形成叠加在中生代挤压格局之上的裂陷盆地,形成相对高差巨大的崇山峻岭,而且裂陷深入地幔,导致地幔玄武岩浆上涌、溢流,对陆壳产生进一步的深刻改造。

## 五、重要认识

本章对山西中北部陆壳形成演化过程进行了全面的总结和归纳,在对研究区地层建造序列、岩浆建造序列和构造演化序列分析的基础上,提出了形成演化模式。

(一)对于形成演化模式的构建,笔者提出了建立演化模式的三个原则:建造连续性原则,改造鲜明性原则和动力背景一致性原则;提出了确定演化阶段划分的三个途径:地层接触关系剖析的途径,沉积建造与岩浆建造剖析的途径,形变特征、形变序列与成生联系剖析的途径。对区域地质研究的方法进行了创新性的探讨。

# 第六章
## 五台山及其邻区陆壳演化模式建立

（二）研究区陆壳演化过程可划分为3个阶段7个期（见图6-6）。3个阶段的划分，突出了建造连续性原则和改造鲜明性原

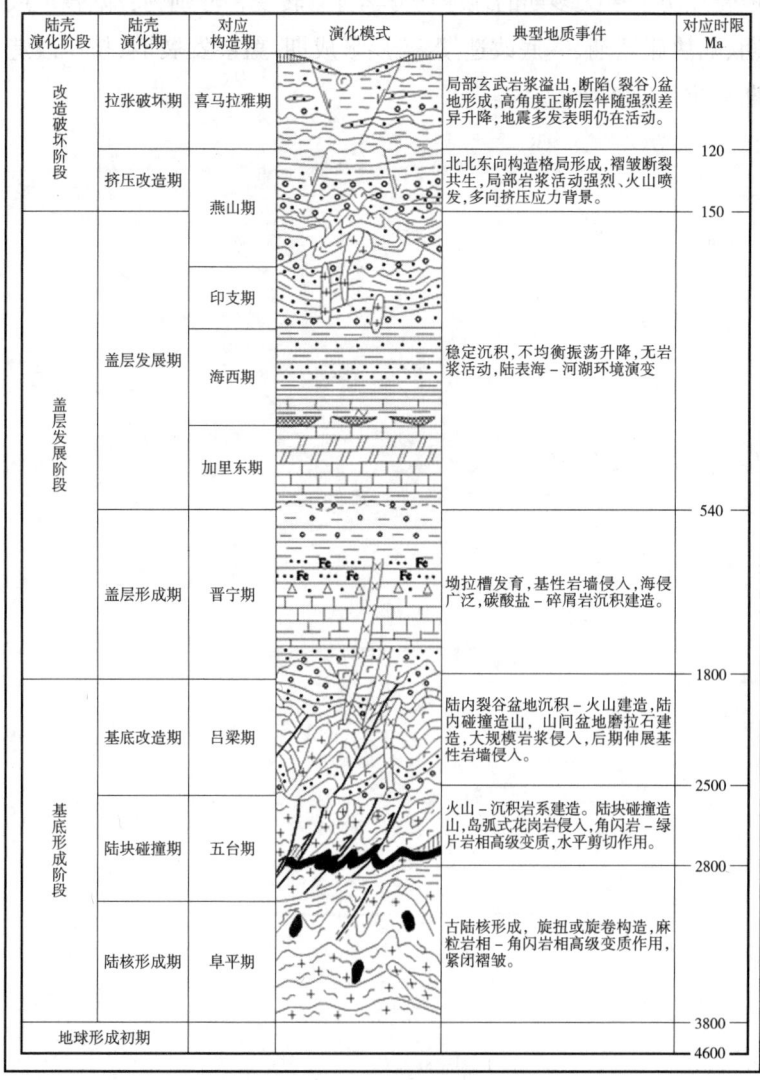

图6-6 五台山及其邻区陆壳演化模式图

则,划分为:基底形成阶段、盖层发展阶段和改造破坏阶段。7个演化期的划分是在此基础上考虑动力背景一致性的细分,能够反映地壳经历了多次多期的地球动力学背景转变,分别为:陆核形成期、陆块碰撞期、基底改造期、盖层形成期、盖层发展期、挤压改造期和拉张破坏期。

# 参考文献

[1]肖庆辉等:《岩石圈的结构造与动力学》,载《当代地质科学前沿》,中国地质大学出版社1993年版。

[2]万天丰:《中国大地构造学纲要》,地质出版社2004年版。

[3] 周安朝:《华北地块北缘晚古生代盆地演化及盆山耦合关系》,煤炭工业出版社2002年版。

[4]巫建华、刘帅:《大地构造学概论与中国大地构造学纲要》,地质出版社2008年版。

[5]黄邦强、张朝文、金以钟:《大地构造学基础及中国区域构造概要》,地质出版社1984年版。

[6]牛树银、孙爱群、王宝德:《地幔热柱与资源环境》,地质出版社2007年版。

[7]北京地质学院区域地质教研室:《中国区域地质》,中国工业出版社1963年版。

[8] 杨森楠、杨魏然:《中国区域大地构造学》,地质出版社1985年版。

[9]程裕淇:《中国区域地质概论》,地质出版社1994年版。

[10]车自成等:《中国及其邻区区域大地构造学》,科学出版社2002年版。

[11]黄汲清等:《中国大地构造基本特征——三百万分之一中国大地构造说明书》,地质出版社1964年版。

[12]黄汲清等:《中国及邻区特提斯海的演化》,地质出版社1987年版。

[13]任纪舜等:《中国大地构造及其演变(1:400万中国大地构造简要说明)》,科学出版社1980年版。

[14]任纪舜等:《中国东部及邻区大陆岩石圈的构造演化与成矿》,科学出版社1990年版。

[15]王鸿祯等:《中国古大陆边缘中、新元古代及古生代构造演化》,地质出版社1994年版。

[16]任纪舜等:《从全球看中国大地构造——中国及邻区大地构造图简要说明》,地质出版社2000年版。

[17]李四光:《地质力学概论》,地质出版社1973年版。

[18]马宗晋等:《地球构造与动力学》,广东科技出版社2003年版。

[19]马文璞:《区域构造解析——方法理论和中国板块构造》,地质出版社1992年版。

[20]云金表等:《大地构造学与中国区域地质》,哈尔滨工程大学出版社2002年版。

[21]李晓波:《造山带的结构过程和动力学》,载《当代地质科学前沿》,中国地质大学出版社1993年版。

[22]葛肖虹:《华北造山带的形成史》,《地质论评》1989,35(3):第254—261页。

[23]张国伟等:《大陆造山带成因研究》,载《当代地质科学前沿》,中国地质大学出版社1993年版。

[24]赵宗溥:《试论陆内型造山作用——以秦岭—大别造山带

为例》,《地质科学》1995,30(1):第 19—28 页。

[25]杨巍然等:《大陆裂谷对比》,中国地质大学出版社 1995 年版。

[26] 宋鸿林:《燕山式板内造山带基本特征与动力学探讨》,《地学前缘》1999,6(4):第 309—36 页。

[27]崔盛芹:《全球性中——新生代陆内造山作用与造山带》,《地学前缘》1999,6(4):第 183—293 页。

[28] 张长厚:《初论板内造山带》,《地学前缘》1999,6(4):第 295—308 页。

[29]王成善、李祥辉:《沉积盆地分析原理与方法》,高等教育出版社 2003 年版。

[30]刘树臣:《盆地分析与动力学》,载《当代地质科学前沿》,中国地质大学出版社 1993 年版。

[31]王玉新:《鄂尔多斯西缘褶皱——冲断带及其前陆盆地的形成与形变》,中国地质大学出版社 1991 年版。

[32]刘和甫、梁慧社、蔡立国等:《天山两侧前陆冲断系构造样式与前陆盆地演化》,《地球科学》1994,19(6):第 727—741 页。

[33]刘和甫、夏义平、殷进垠等:《走滑造山带与盆地祸合机制》,《地学前缘》1999,6(3):第 121—132 页。

[34] 刘和甫:《盆地——山岭耦合体系与地球动力学机制》,《地球科学》2001,26(6):第 581—596 页。

[35] 李思田:《沉积盆地的动力学分析》,《地学前缘》1995,2(3~4):第 1—8 页。

[36]牛树银、孙爱群、白文吉:《造山带与相邻盆地间物质的横向迁移》,《地学前缘》1995,2(1~2):第 85 页—92 页。

[37]王清晨、李忠:《盆山耦合与沉积盆地成因》,《沉积学报》

2003,21(1):第24—31页。

[38]王瑜:《中生代以来华北地区造山带与盆地的演化及动力学》,地质出版社1998年版。

[39]李忠、李任伟、孙枢等:《合肥盆地南部侏罗系砂岩碎屑成分及其物源构造属性》,《岩石学报》1999,15(3):第438—445页。

[40]周安朝:《浅谈造山带与沉积盆地的关系》,《太原理工大学报》2002,33(4):第449—456页。

[41]汪泽成、刘和甫、熊宝贤等:《从前陆盆地充填地层分析盆山耦合关系》,《地球科学》2001,26(1):第33—39页。

[42]郑洪波等:《新疆叶城晚新生代山前盆地演化与青藏高原北缘的隆升》,《沉积学报》2002,20(2):第274—281页。

[43]刘少峰、柯爱蓉、吴丽云等:《鄂尔多斯西南缘前陆盆地沉积物物源分析及其构造意义》,《沉积学报》1997,15(1):第156—160页。

[44]山西省地质局区域地质调查队:《1:20万五寨幅(J-49-X)区域地质调查报告》,1980年版。

[45]山西省地质局区域地质测量队:《1:20万静乐幅(J-49-XVI)地质图说明书》,1972年版。

[46]山西省地质局:《1:20万原平幅(J-49-XI)忻县幅(J-49-XVⅡ)地质说明书》,1972年版。

[47]地质部山西省地质局:《1:20万平型关幅(J-49-XⅡ)地质图说明书》,1967年版。

[48]地质部山西省地质局:《1:20万盂县幅(J-49-XVⅢ)地质图说明书》,1965年版。

[49]山西省地质矿产局:《山西省区域地质志》,地质出版社1989年版。

[50] 山西省地质矿产局:《山西省岩石地层》,地质出版社1997年版。

[51] 李树勋等:《五台山区变质沉积铁矿地质》,吉林科学技术出版社1986年版。

[52] 李生元等:《晋东北次火山岩型银锰金矿》,中国地质大学出版社2000年版。

[53] 骆辉等:《五台山绿岩带铁建造金矿》,地质出版社1994年版。

[54] 田永清:《五台山——恒山绿岩带地质及金的成矿作用》,山西科学技术出版社1991年版。

[55] 陈钟惠等:《鄂尔多斯盆地东缘晚古生代含煤岩系的沉积环境和聚煤规律》,中国地质大学出版社1989年版。

[56] 尚冠雄:《华北地台期古生代煤地质学研究》,山西科学技术出版社1997年版。

[57] 周安朝:《大同期古生代含煤盆地地质学研究》,煤炭工业出版社2010年版。

[58] 赵重远、刘池洋:《华北克拉通沉积盆地形成与演化及油气赋存》,西北大学出版社1990年版。

[59] 白瑾等:《五台山前寒武纪地质》,天津科学技术出版社1986年版。

[60] 刘敦一、伍家善:《太行山——五台山区前寒武纪变质岩系同位素地质年代学研究》,《中国地质科学院地质研究所所刊》1984,19:第23—38页。

[61] 伍家善、刘敦一、金龙国:《五台山区滹沱群变质基性熔岩中锆石年龄》,《地质论评》1986,32(2):第178—184页。

[62] 白瑾等:《五台花岗绿岩单颗粒锆石U–Pb法同位素年龄

及其可能的地质涵义》,《天津地质矿产研究所所刊》1992,25:第1325—1330页。

[63] 王凯怡、郝杰:《山西五台山-恒山地区晚太古代-早元古代若干关键地质问题的再认识:单颗粒锆石离子探针质谱年龄提出的地质制约》,《地质科学》2000,35(2):第175~184页。

[64] 王凯怡、Wilde S. A.:《2002 山西五台地区大洼梁花岗岩的 SHRIMP 锆石 U-Pb 精确年龄》,《岩石矿物学杂志》21 (4):第407—411页。

[65] Wilde S.A., *SHRIMP U-Pb zircon dating of granites and gneisses in the Taihangshan-Wutaishan area: Implications for the timing of crustal growth in the North China craton*. Chinese Science Bulltin. 1998,43(supplement):144-145.

[66] Wilde S. A., Zhou X. H., Nemchin A. A., et al., 2003. *Mesozoic Crust-Mantle Interaction beneath the North China Craton: A Consequence of the Dispersal of Gondwanalandand Accretion of Asia*. Geology, 31: 817-820.

[67] 王汝铮:《早元古代滹沱群玄武岩 Rb-Sr、Sm-Nb 同位素体系研究》,《前寒武纪研究进展》1997,20(1):第35—43页。

[68] 李江海等:《华北克拉通对前寒武纪超大陆旋回的基本制约》,《岩石学报》2001,17(2):第177~186页。

[69] Li J. H. Kusky T. M., Huang X. N.. *Archean Podiform Chromitites and Mantle Tectonites in Ophiolitic Mélange, North China Craton: A Record of Early Oceanic MantleProcesses*. GSA Today,. 2002,12(7): 4-11.

[70] Kroener A., Wilde S. A., Li J. H., et al. *Age and Evolution of a Late Archean to Paleoproterozoic Upper to Lower Crustal Section*

in the Wutaishan/Hengshan/Fuping Terrane of Northern China. Journal of Asian Earth Sciences .2005,24(5): 577–595.

[71]李继亮、王凯怡、王清晨等:《五台山早元古代碰撞造山带初步认识》,《地质科学》1990,25(1):第1—11页。

[72]李江海、钱祥麟:《太行山北段龙泉关剪切带研究》,《山西地质》1991,6(1):第17页。

[73]王凯怡、郝杰、周少平:《单颗粒锆石离子探针质谱定年结果对五台造山事件的制约》,《科学通报》1997,42(12):第1295—1298页。

[74]孙淑芬、朱士兴:《中国五台山滹沱群豆村亚群(约24亿年)微古植物新发现》,《微体古生物学报》1998,15(3):第286—293页。

[75]李江海、钱祥麟:《恒山绿岩带的构造特征——晚太古代大陆裂谷作用证据》,《华北地质矿产杂志》1995,10(2):第181—189页。

[76]李江海、牛向龙、Kusky T.M., Polat A.:《从全球对比探讨华北克拉通早期演化与板块构造过程》,《地学前缘》2004,11(3):第320—330页。

[77]Kusky T. M., Li J. H.. *Is the Dongwanzi Complex an Archean Ophiolite? Response to Zhai, M., Zhao, G.,Zhang, Q. Science*.2002, 295(5557).

[78] Kusky T.M., Li J.H., Paleoproterozoic tectonic evolution of the north China craton [J]. Journal of Asian Earth Sciences.2003,22: 383–397.

[79] Zhao G.C., Wilde S. A., Cawood P. A., Sun M., Archean blocks and their boundaries in the North China Craton: lithological,

geochemical, structural and P‐T path constraints and tectonic evolution[J]. Precambrian Research, 2001,107(1~2):45-73.

[80]吴昌华、钟长汀:《华北陆台中段吕梁期的南西-北东向碰撞》,《前寒武纪研究进展》1998,21(3):第28页。

[81] Zhao G. C., Sun M., Wilde S. A., et al. *Late Archean to Paleoproterozoic evolution of the North China Craton: Key issues revisited*. Precambrian Research, 2005, 136: 177-202.

[82]翟明国、卞爱国:《华北克拉通新太古代末超大陆拼合及古元古代末—中元古代裂解》,《中国科学（D）》2000,30（12）:第129—137页。

[83]孙继源、邢集善:《华北板内深部构造与区域找矿》,《华北地质矿产杂志》1994,9(1):第74—85页。

[84]邢集善等:《华北板内深部构造》,《山西地震》2002,(4):第3—12页。

[85]邢作云等:《汾渭裂谷系与造山带耦合关系及形成机制研究》,《地学前缘》2005,12(2):第248—262页。

[86]邢作云等:《华北地区两个世代深部构造的识别及其意义》,《地质论评》2006,52(4):第433~442页。

[87]刘超辉等:《山西芦芽山早元古代紫苏花岗岩的成因地球化学和Nd同位素证据》,《自然科学进展》2005,15(11):第1374—1382页。

[88]王月然等:《五台山古元古代晚期的动力学背景:王家会花岗岩地球化学的制约》,《北京大学学报（自然科学版）》2005,41(6):第840—850页。

[89]耿元生等:《吕梁地区古元古代花岗岩浆作用——来自同位素年代学的证据》,《岩石学报》2006,22(2):第305—314页。

[90] 邵济安等:《华北北部中生代岩墙群》,《岩石学报》2002,18(3):第312—318页。

[91] 彭澎等:《华北克拉通1.8Ga镁铁质岩墙群的地球化学特征及其地质意义》,《岩石学报》2004,20(3):第439—456页。

[92] 邓起东等:《山西高原六棱山北麓断裂晚第四纪运动学特征初步研究》,《山西地震》1994,16(4):第339—342页。

[93] 张世民等:《忻定盆地周缘山地的层状地貌与第四纪阶段性隆升》,《山西地震》2008,30(1):第187—201页。

[94] 杨耀华:《山西中部系舟山一带新生代构造特征》,《华北国土资源》2010,(2):第22—24页。

[95] 贾明等:《山西代县碾子沟金红石矿床地质特征及经济意义研究》,《地质与勘探》2006,42(6):第42—46页。

[96] 孙占亮等:《山西五台地区系舟山逆冲推覆构造地质特征》,《地质调查与研究》2004,27(1):第28—34页。

[97] 国家地震局《鄂尔多斯周缘活动断裂系》课题组:《鄂尔多斯周缘活动断裂系》,地震出版社1988年版。

[98] 邢集善等:《山西省深部地球物理综合研究报告》,山西省地质矿产局物理探矿队1991年版。

[99]《中国地质图集》编委会:《中国地质图集》,地质出版社2002年版。

[100] 山西省地质局区域地质调查队:《一比二十万区调总结丛书》,山西省地质局区域地质调查队1978年—1984年。

[101] 侯贵廷、李江海、钱祥麟:《晋北地区中元古代岩墙群的岩石地化特征和大地构造背景》,《岩石学报》2001,17(1):第352—357页。

[102] 王乃樑等:《山西地堑系新生代沉积与构造地貌》,科学

出版社1996年版。

［103］袁国屏:《五台绿岩带发现喷气岩建造》,《山西地质》1988,3(1):第86页。

［104］Li J.H., Kusky T.M. et al..*Neoarchean Massive Sulfide of Wutai Mountain North China:A Black Smoker Chimney and Mound Complex Within 2.5Ga Old Oceanic Crust.* Precambrian Ophiolites and Related Rocks: 2004,1002–1014.

［105］赵祯祥等:《五台山新太古代碰撞造山带的形成及构造岩片划分》,《地质调查与研究》2004,27(1):第5—12页。

［106］Wang Kaiyi, Li J.L., Hao J., Li J.H., Zhou S.P..*The Wutaishan orogenic belt within the Shanxi Province, northern China: a record of late Archaean collision tectonics.* Precambrian Research, 1996,78:95–103.

［107］李江海、钱祥麟:《"吕梁运动"新认识》,《地球科学》2000,25(1):第15—20页。

［108］侯贵廷等:《华北晚前寒武纪镁铁质岩墙群的流动构造及侵位机制》,《地质学报》2003,77(2):第210—216页。

［109］陈荣坤、孟祥代:《华北地台产古生代沉积建造及台地演化》,《岩相古地理》1993,13(4):第46—54页。

［110］冯岩等:《古大陆再造与中国主要块体运动特征》,《海洋地质前沿》2011,27(7):第41—49页。

［111］费琪:《中新生代中国及邻区板块碰撞、旋转及离散模式初探》,《地球科学》1987,12(5):第463—475页。

［112］Liu Dunyi,Nutman A. P.,Compston W. et al. *Remnant of> 3800Ma crust in the Chinese part of the Sino-Korean Craton.* Geology, 20:339-342.

[113]吴昌华、李惠民、钟长汀等:《阜平片麻岩和湾子片麻岩的单颗粒锆石铀铅年龄——阜平杂岩并非一统太古界基底的年代学证据》,《前寒武纪研究进展》2000,23(3):第129—139页。

[114]Qian,X.etc. *Archean crustal evolution of Northern China craton.Workshop on the growth of continental crust.* Oxford,GRB,1987.

[115]白瑾等:《中国前寒武纪地壳演化》,地质出版社1996年版。

[116]管志宁等:《磁性界面反演及华北地区深部地质结构的推断》,载《中国东部区域地球物理研究专集,勘查地球物理勘查地球化学文集》(第6集),地质出版社1987年版。

[117]Zhao G. C., Cawood P.A., Lu L. Z.. *Petrology and P-T history of the Wutai amphibolites: implications for tectonic evolution of the Wutai Complex, China.* Precambrian Research.1999,93(2):181-199.

[118]Zhao G. C., Cawood P.A., Wilde S. A., Sun M..*Review of global 2.1-1.8 Ga orogens: implications for a pre-Rodinia supercontinent.* Earth-Science Review.2002,59:125-162.

[119]Zhao G. C., Cawood P.A., Wilde S. A., Sun M., Lu L. Z.. *Metamorphism of basement rocks in the Central Zone of the North China Craton: implications for Paleoproterozoic tectonic evolution.* Precambrian Research.2000,103(1-2):55-88.

[120]Zhao G. C., Sun M., Wilde S. A.. *A comment on "Correlations between the Eastern Block of the North China Craton and the Southern Indian block of the Indian Shield: an Archaean to palaeoproterozoic link"—Reply.* Precambrian Research.2003,127(4):381-

383.

[121]Zhao G. C., Wilde S. A., Cawood P. A., Lu L. Z.. *Tectonothermal history of the basement rocks in the western zone of the North China Craton and its tectonic implications*. Tectonophysics.1999,310(1-4):37-53.

[122]Zhao G. C., Wilde S. A., Cawood P. A., Lu L. Z.. *Petrology and P-T path of the Fuping mafic granulites: implications for tectonic evolution of the central zone of the North China craton*. Journal of Metamorphic Geology.2000,18(4):375-391.

[123]Zhao G. C., Wilde S. A., Cawood P. A., Sun M.. *SHIMP U-Pb zircon ages of the Fuping Complex: implications for accretion and assembly of the North China Craton*. American Journal Sciences.2002,302:191-226.

[124] 翟明国等:《华北克拉通古元古代构造事件》,《岩石学报》2007,23(11):第2665—2682页。

[125]刘树文、李江海、潘元明等:《太行山—恒山太古代古老陆块年代学和地球化学制约》,《自然科学进展》2008,12(8):第826—832页。

[126]张岳桥、廖昌珍:《晚中生代—新生代构造体制转换与鄂尔多斯盆地改造》,《中国地质》2006,33(1):第28—40页。

[127]朱光等:《华北克拉通东部早白垩世伸展盆地的发育过程及其对克拉通破坏的指示》,《地质通报》2008,27(10):第1594—1604页。

[128]翟明国、孟庆任、刘建明等:《华北东部中生代构造体制转折峰期的主要地质效应和形成动力学探讨》,《地学前缘》2004,11(3):第285—297页。

[129]赵俊峰、刘池洋、王晓梅:《吕梁山地区中—新生代隆升演化探讨》,《地质论评》2009,55(5):第664—672页。

[130]李江海、钱祥麟、谷永昌:《华北克拉通古元古代区域构造格架及其板块构造演化》,《地球科学》1998,23(3):第230—235页。

[131]Unrug R.. *The assembly of Gondwanaland*. Episodes, 1996, 19(1/2): 11-20.

# 附 录

照片 1 铁堡不整合面

照片 2 红石头高于庄组底部不整合面

照片3　原平芦家庄寒武系剖面

照片4　三叠系二马营组大型板状层理

照片5　侏罗系天池河组交错层理

照片 6　侏罗系底部巨砾岩层

照片 7　莲花山花岗岩体

照片 8　系舟山逆掩断层

照片9　茶房口2#岩体

照片10　居士山岩体

照片 11 居士山岩体与石灰岩沉积接触

照片 12 繁峙玄武岩柱状节理

照片13 繁峙玄武岩杏仁状构造

照片14 繁峙玄武岩熔流指向北(塔西沟)

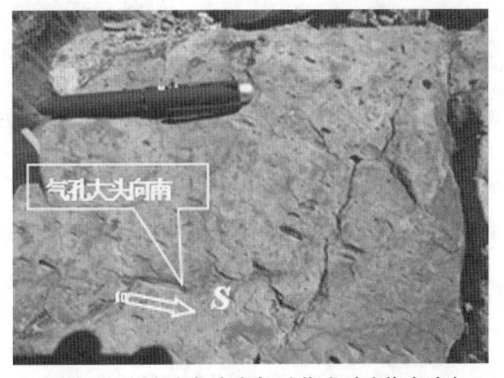
照片15 繁峙玄武岩气孔指向南(黄家庄)

照片 16　玄武岩橄榄石包体

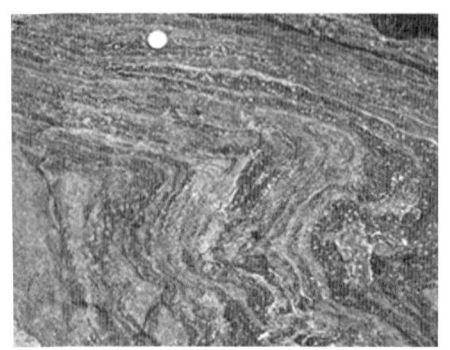

照片 17　五台绿岩带褶皱变形

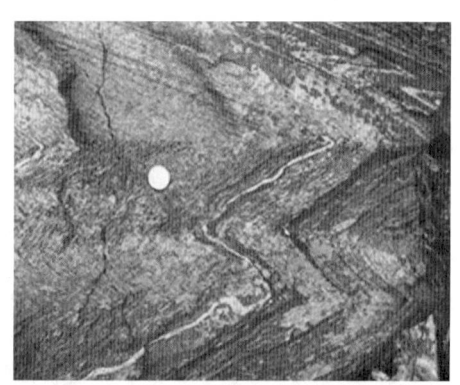

照片 18　云中山片麻岩褶皱变形

照片19 春景洼-西马坊枢纽逆冲断裂

照片20 新太古代枕状熔岩

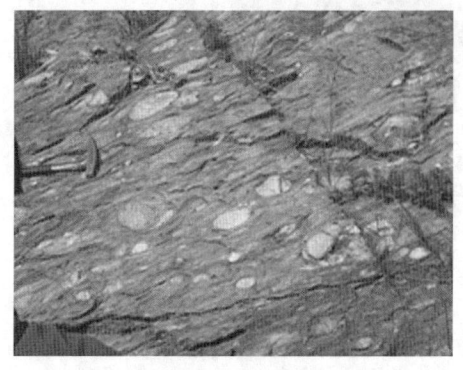

照片21 四集庄组砾岩(磨拉石建造)

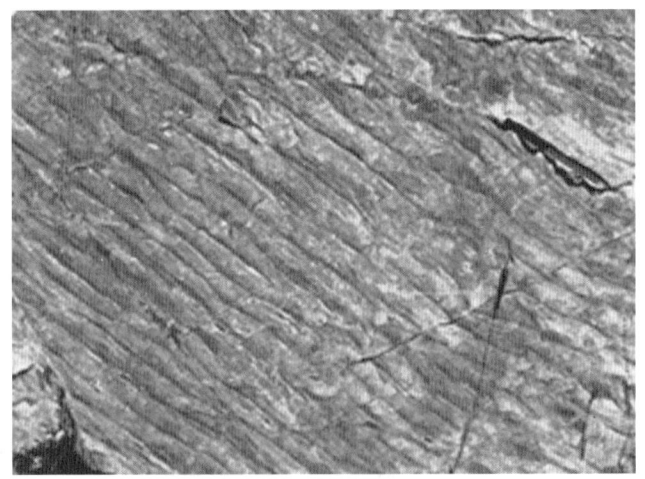

照片 22　大石岭组砂岩的波痕构造

照片 23　郭家寨亚群中的雨雹痕

说明：照片 1,2,7,16,17,20,21,22,23 引自《五台山地质公园画册》，其余为作者自拍。